U0269759

内 容 简 介

本书从油菜生产实践出发，系统地介绍了我国油菜科学施肥、施药的单项技术和配套技术，建立了适合于不同生态区的油菜化肥农药减施综合技术模式，在油菜核心产区进行了模式验证，为油菜产业绿色发展提供了科学依据。

本书内容丰富全面、结合生产实际，针对性强、可操作性高，具有较强的实用性和生产指导作用，可供各级农业技术推广部门在指导油菜生产时阅读和参考。

绿色农业·化肥农药减量增效系列丛书

油菜化肥农药高效施用技术与集成模式

王积军　鲁剑巍　丛日环　等　著

中国农业出版社
北　京

著　者　名　单

全国农业技术推广服务中心　王积军　陈常兵　张　哲　刘　芳　陈志群　张　曦

华中农业大学　鲁剑巍　丛日环　任　涛　李小坤　陆志峰　刘诗诗　丁广大　张洋洋　程家森　黄俊斌　杨　龙　郑　露　吴明德　姜道宏　谢甲涛　付艳苹　廖宜涛　廖庆喜　周玮峰　陈玲英

中国农业科学院油料作物研究所　廖　星　秦　璐　谢立华　顾炽明　李银水　方小平　程晓晖　陈坤荣　陈　旺　黄军艳　刘　凡　曾令益

四川省农业科学院土壤肥料研究所　刘定辉　刘　勇　陈红琳

安徽省农业科学院作物研究所　侯树敏　郝仲萍

湖南农业大学　宋海星　张振华　张秋平　袁哲明　官　梅　贺志鹏

内蒙古农牧业科学院　李子钦　宋培玲　郭　晨

南京农业大学　郭世伟　段亚冰　周明国　赵海燕

华南农业大学　孙少龙　樊小林　李中华

西南大学　李楠楠　梁　颖　余　洋

扬州大学　左青松　冷锁虎

安徽农业大学　高智谋　潘月敏　朱宗河　檀根甲　李桂亭　陈方新　羊国根　蒋冰心

西北农林科技大学　高亚军

农业农村部南京农业机械化研究所　秦维彩　孙　竹　薛新宇

中国科学院武汉植物园　王　利

云南省农业科学院经济作物研究所　符明联　赵凯琴　李根泽　罗延青　张云云

云南省农业科学院农业环境资源研究所　陈　华

贵州省油料研究所　肖华贵　饶　勇

贵州省土壤肥料研究所　魏全全

陕西省杂交油菜研究中心　杨建利　李永红　王春丽　张　智　李建厂　张振兰　王美宁

信阳农林学院　肖荣英

河南省农业科学院经济作物研究所　朱家成

安徽省农业科学院土壤肥料研究所　武　际　王　慧

湖南省土壤肥料研究所　鲁艳红

江西省农业科学院作物研究所　宋来强　熊　洁

江苏省农业科学院　高建芹　彭　琦

浙江省农业科学院　华水金　林宝刚

甘肃省农业科学院　王　婷　郑　果

青海省农林科学院　李月梅　王瑞生

湖北省油菜办公室　鲁明星　蔡俊松　尹　亮　陈爱武　程　泰

云南省农业技术推广总站　李竹仙

贵州省农业技术推广总站　凡　迪　冯文豪

四川省农业技术推广总站　薛晓斌

重庆市农业技术推广总站　刘　丽　刘　伟

安徽省农业技术推广总站　刘　磊

湖南省农业技术推广总站　陈　双　刘登魁　卢　明　肖剑峰

江西省农业技术推广总站　孙明珠　曹开蔚

江苏省农业技术推广总站　陈　震

浙江省农业技术推广中心　怀　燕

青海省农业技术推广总站　史瑞琪

呼伦贝尔市农业技术推广服务中心　王丽君　魏晓军

腾冲市农业技术推广所　杨兆春　段正培　谢芹芳

黄冈市农业科学院　常海滨　黄　威

湖州市农业科学研究院　朱建方　任　韵

武穴市农业农村局　程应德　梅少华　周志华　潘学艺　夏起昕

应城市农业技术推广中心　杨志远

荆州市荆州区农业技术推广中心　邹家龙

绵阳市安州区农业农村局　钟思成

遵义市播州区农业农村局　姚高学　曾令琴　陈德珍　徐志丹　刘　垚　赵　洪

黔西县农业农村局　胡　燕　李　华　罗庆川　高　英

金沙县农业农村局　邹成华

罗平县种子管理站　雷元宽　李庆刚
重庆市南川区农业技术推广中心　宋　敏　周志淑
重庆市永川区种子推广站　杜喜翠　张建红
秀山土家族苗族自治县农业综合服务中心　许洪富
衡阳县农业技术服务中心　李　洁　肖用煤
衡阳县农业农村局　江　煜
当涂县农业技术推广中心　张元宝　吴金水　胡现荣
东台市农业技术推广中心　王国平
启东市农业技术推广中心　顾圣林
开化县农业技术推广中心　汪明德
安福县农业技术推广中心　朱智亮
互助土族自治县农业技术推广中心　王发忠　王宗昌　杨　超

前言
FOREWORD

油菜是我国的主要油料作物，种植面积超过1亿亩*。施肥、施药作为农业生产的关键技术措施在油菜生产中发挥了重要的支撑作用。与此同时，油菜化肥和农药施用不科学、用量大、效率低及新技术应用滞后等问题普遍存在，与发达国家的差距巨大。我国部分区域油菜种植的化肥总投入量高达25～30千克/亩（折纯），氮、磷肥利用率分别不到30%和20%。施肥过量导致肥料利用率低和施肥不足导致减产的现象同时并存；药剂用量过量1～2倍，平均利用率不到40%，防效不足50%。化肥农药用量大、效率低，既增加了油菜种植成本，又带来了巨大的环境压力。因此，开展油菜化肥农药减施技术研究，并集成推广不同生态类型区综合技术模式，对降低油菜生产成本、稳定油菜种植面积、推动油菜产业绿色高效可持续发展具有十分重要的意义。

在此背景下，依托国家重点研发计划“油菜化肥农药减施增效技术集成研究与示范”项目（2018YFD0200900）和国家油菜产业技术体系建设项目的支持，笔者组织项目参与单位及有关专家系统地总结研究成果，同心协力撰写了本书。全书分为4章，第一章是油菜化肥高效施用与替代关键技术，第二章是油菜农药高效施用与替代关键技术，第三章是将油菜高效施肥施药技术在不同区域组装、熟化、集成的油菜区域化肥农药减施增效技术模式，第四章是将这些区域施肥施药技术模式在油菜核心种植区进行模式验证。本书的特点是既有施肥施药单项技术，也有综合技术模式；既可以独立使用，也可以综合配套。本书以高效施肥施药技术为核心，同时吸纳优质品种、轻简化栽培等多方面技术，创新性、实用性很强。希望这些部分能够有机融合，在更大范围内供有关科研人员、各级农业技术推广人员、肥料和农药生产与销售人员及新型生产经营主体参考。

本书的编写得到了项目全体参与人员的支持，编写人员是“油菜两减”

---

* 亩为非法定计量单位，1亩=1/15公顷。——编者注

项目的所有参与者，包括参加“油菜两减”项目的所有专家和各级农业技术推广人员。为了编写本书，2019 年 6 月“油菜两减”项目执行专家组专门召开会议，讨论书稿提纲、编写安排及时间节点；在项目各课题主持人鲁剑巍、王积军、程家森、廖星、刘定辉、侯树敏、宋海星、李子钦等专家的组织下，项目组成员分工协作、密切配合，于 2020 年 10 月完成初稿；随后华中农业大学丛日环博士在阅读全部书稿的基础上将修改完善意见反馈给各位编写者，于 2020 年 12 月完成全书修改稿；丛日环博士和刘诗诗博士随后对书稿进行统稿，最后由王积军研究员和鲁剑巍教授审核定稿。在此一并对所有作者表示衷心的感谢。

由于编者水平有限，并且我国农业生产日新月异，一些新的生产模式和技术不断涌现，书中不足之处在所难免，敬请广大读者批评指正。

著　者

2020 年 10 月

目　录
CONTENTS

第一章 <<<
油菜化肥高效施用与替代关键技术

一、油菜施肥总量控制与区域调节技术

（一）长江上游冬油菜区

包括四川、重庆、贵州、云南四省份及湖北西部、陕西南部冬油菜区。

1. 施肥原则

①依据测土配方施肥结果，确定氮磷钾肥合理用量，绿色高效施肥。②氮肥分次施用，适当降低氮肥基施用量，高产田块抓好薹肥施用，中低产田块简化施肥环节。③依据土壤有效硼含量状况，适量补充硼肥（优质硼砂 0.7～1.0 千克/亩）；提倡施用含镁肥料。④增施有机肥，提倡有机无机肥配合，加大秸秆还田力度。⑤酸化严重土壤增施碱性肥料或施用石灰。⑥肥料施用应与其他高产优质栽培技术相结合，尤其要注意提高种植密度、开沟降渍、防除杂草。⑦根肿病生产区域注意选用抗病品种。

2. 施肥建议

①推荐 20－11－10（$N-P_2O_5-K_2O$，含硼）或相近配方专用肥作基肥；有条件产区可推荐 25－7－8（$N-P_2O_5-K_2O$，含硼）或相近配方的油菜专用缓（控）释配方肥。②产量水平 200 千克/亩以上：前茬作物为水稻时，配方肥推荐用量 50 千克/亩，越冬苗肥追施尿素 5～8 千克/亩，薹肥追施尿素 5～8 千克/亩；或者一次性施用油菜专用缓（控）释配方肥 60 千克/亩。前茬作物为烟草或大豆时可酌情减少施肥量 10%左右。③产量水平 150～200 千克/亩：前茬作物为水稻时，配方肥推荐用量 40～50 千克/亩，越冬苗肥追施尿素 5～8 千克/亩，薹肥追施尿素 3～5 千克/亩；或者一次性施用油菜专用缓（控）释配方肥 50 千克/亩。前茬作物为烟草或大豆时可酌情减少施肥量 10%左右。④产量水平 100～150 千克/亩：前茬作物为水稻时，配方肥推荐用量 35～40 千克/亩，越冬苗肥追施尿素 5～8 千克/亩；或者一次性施用油菜专用缓（控）释配方肥 40 千克/亩。前茬作物为烟草或大豆时可酌情减少施肥量 10%左右。⑤产量水平 100 千克/亩以下：配方肥推荐用量 30～40 千克/亩；或者一次性施用油菜专用缓（控）释配方肥 30 千克/亩。

（二）长江中下游冬油菜区

包括安徽、江苏、浙江三省和湖北大部。

1. 施肥原则

①依据测土配方施肥结果，确定氮磷钾肥合理用量，适当减少氮磷肥用量，确定氮磷钾肥合理配比。②移栽油菜基肥深施，直播油菜种肥异位同播，做到肥料集中施用，提高养分利用效率。③依据土壤有效硼含量状况，适量补充硼肥（优质硼砂 0.5～0.6 千克/亩）。④加大秸秆还田力度，提倡有机无机肥配合。⑤酸化严重土壤增施碱性肥料或施用石灰。⑥肥料施用应与其他高产优质栽培技术相结合，尤其需要注意提高种植密度、防除杂草，直播油菜适当提早播期。⑦注意防控菌核病。

2. 施肥建议

①推荐 24－9－7（N－P_2O_5－K_2O，含硼）或相近配方专用肥作基肥；有条件的产区可推荐 25－7－8（N－P_2O_5－K_2O，含硼）或相近配方的油菜专用缓（控）释配方肥。②产量水平 200 千克/亩以上：配方肥推荐用量 50 千克/亩，越冬苗肥追施尿素 5～8 千克/亩，薹肥追施尿素 5～8 千克/亩和氯化钾 5～6 千克/亩；或者一次性施用油菜专用缓（控）释配方肥 60 千克/亩。③产量水平 150～200 千克/亩：配方肥推荐用量 40～50 千克/亩，越冬苗肥追施尿素 5～8 千克/亩，薹肥追施尿素 3～5 千克/亩和氯化钾 3～5 千克/亩；或者一次性施用油菜专用缓（控）释配方肥 50 千克/亩。④产量水平 100～150 千克/亩：配方肥推荐用量 35～40 千克/亩，薹肥追施尿素 5～8 千克/亩；或者一次性施用油菜专用缓（控）释配方肥 40 千克/亩。⑤产量水平 100 千克/亩以下：配方肥推荐用量 25～30 千克/亩，薹肥追施尿素 3～5 千克/亩；或者一次性施用油菜专用缓（控）释配方肥 30 千克/亩。

（三）三熟制冬油菜区

包括湖南、江西两省及广西北部、湖北南部。

1. 施肥原则

①依据测土配方施肥结果，确定氮磷钾肥合理用量和配比，重视薹肥施用。②依据土壤中微量元素养分状况，施用足量硼肥（优质硼砂 0.7～1.0 千克/亩），补充镁肥（MgO 1.5～2.0 千克/亩），提倡施用含硫肥料。③加大秸秆还田力度，提倡有机无机肥配合。④酸化严重土壤增施碱性肥料或施用石灰。⑤提高油菜种植密度，注意开好厢沟，防止田块渍水，防除杂草。⑥注意防控菌核病。

2. 施肥建议

①推荐 18－8－9（N－P_2O_5－K_2O，含硼）或相近配方专用肥作基肥；有

条件的产区可推荐25－7－8（$N-P_2O_5-K_2O$，含硼、镁）或相近配方的油菜专用缓（控）释配方肥。②产量水平180千克/亩以上：配方肥推荐用量50千克/亩，薹肥追施尿素5～8千克/亩；或者一次性施用油菜专用缓（控）释配方肥50千克/亩。③产量水平150～180千克/亩：配方肥推荐用量40～45千克/亩，薹肥追施尿素5～8千克/亩；或者一次性施用油菜专用缓（控）释配方肥40～50千克/亩。④产量水平100～150千克/亩：配方肥推荐用量35～40千克/亩，薹肥追施尿素3～5千克/亩；或者一次性施用油菜专用缓（控）释配方肥40千克/亩。⑤产量水平100千克/亩以下：配方肥推荐用量25～30千克/亩，薹肥追施尿素3～5千克/亩；或者一次性施用油菜专用缓（控）释配方肥30千克/亩。

（四）黄淮冬油菜区

主要包括河南、甘肃和陕西关中冬油菜区。

1. 施肥原则

①依据测土配方施肥结果，确定氮磷钾肥合理用量，适当减少氮钾肥用量，确定氮磷钾肥合理配比。②移栽油菜基肥深施，直播油菜种肥异位同播，做到肥料集中施用，提高养分利用效率。③依据土壤有效硼含量状况，适量补充硼肥（优质硼砂0.5～0.6千克/亩）。④加大秸秆还田力度，提倡秸秆覆盖保温保墒，提倡有机无机肥配合。⑤肥料施用应与其他高产优质栽培技术相结合，尤其需要注意提高种植密度，提倡应用节水抗旱技术。

2. 施肥建议

①推荐20－12－8（$N-P_2O_5-K_2O$，含硼）或相近配方作基肥；有条件的产区可推荐18－8－6（$N-P_2O_5-K_2O$，含硼）或相近配方的油菜专用缓（控）释配方肥。②产量水平200千克/亩以上：配方肥推荐用量50千克/亩，越冬苗肥追施尿素5～8千克/亩，薹肥追施尿素3～5千克/亩；或者一次性施用油菜专用缓（控）释配方肥60千克/亩。③产量水平150～200千克/亩：配方肥推荐用量40～50千克/亩，越冬苗肥追施尿素5～8千克/亩；或者一次性施用油菜专用缓（控）释配方肥50千克/亩。④产量水平100～150千克/亩：配方肥推荐用量35～40千克/亩，越冬苗肥追施尿素5～8千克/亩；或者一次性施用油菜专用缓（控）释配方肥40千克/亩。⑤产量水平100千克/亩以下：配方肥推荐用量25～30千克/亩，越冬苗肥追施尿素3～5千克/亩；或者一次性施用油菜专用缓（控）释配方肥30千克/亩。

（五）北方春油菜区

包括内蒙古、青海、甘肃、新疆和西藏春油菜区。

1. 施肥原则

①充分利用测土配方施肥技术成果，科学施肥。提倡施用春油菜专用配方肥。②补施硼肥、锌肥和硫肥。③增施有机肥，利用油菜收获后的水热资源种植绿肥。④基肥施于6～8厘米土层。⑤做好土壤集墒、保墒工作，利用水肥协同作用，提高养分利用效率，促进油菜生长。

2. 施肥建议

①产量水平150千克/亩以下：氮肥（N）6～8千克/亩；磷肥（P_2O_5）4千克/亩；钾肥（K_2O）2.5千克/亩；硫酸锌1千克/亩；硼砂0.5千克/亩。②产量水平150～200千克/亩以上：氮肥（N）8～9千克/亩；磷肥（P_2O_5）5千克/亩；钾肥（K_2O）2.5千克/亩；硫酸锌1.5千克/亩；硼砂0.75千克/亩。③产量水平200千克/亩以上：氮肥（N）9～11千克/亩；磷肥（P_2O_5）5～6千克/亩；钾肥（K_2O）3.0千克/亩；硫酸锌1.5千克/亩；硼砂1.0千克/亩。④有条件时，推荐施用28-12-8（$N-P_2O_5-K_2O$）或相近配方的春油菜专用肥（加硼和锌），根据目标产量推荐用量为20～30千克/亩，一般一次性基施。根据苗情可在薹期追施尿素2～5千克/亩。

（六）研发者联系方式

华中农业大学联系人：鲁剑巍，邮箱：lujianwei@mail. hzau. edu. cn。

（本节撰稿人：鲁剑巍）

二、油菜高产高效生产4R施肥技术

（一）技术简介

科学施肥原则上要做到4个正确（Right，简称R），即正确的养分种类、正确的施肥量、正确的施肥时间、正确的施肥位置，这些构成了科学施肥技术，也就是4R技术。

（二）技术的关键要点

第一个关键技术是施用正确的养分种类。油菜生长发育需要吸收17种必需营养元素，其中大部分养分土壤能够提供。但在我国油菜主产区，5种养分的土壤供应量有限且需要通过施肥来提供，它们是氮、磷、钾、硼和镁。我国油菜种植区几乎所有的田块都需要施氮、90%的田块需要施磷、85%的田块需要施钾和硼、75%的田块需要施镁。这5种养分中，氮、磷和钾称为肥料三要素，需要量大，几乎所有的作物都要通过施肥来补充。而硼是对油菜极其特殊的一种微量元素肥料，有无硼不种油菜之说。镁是近年来发现的油菜生产中新的养分限制因子。其他12种养分土壤基本能够满足目前油菜产量的需要，可以不用再施肥，如果盲目施用就是浪费，有时还会由于养分元素间的拮抗效应而产生负面作用。需要注意的是，随着目前高产品种的推广及长期忽视有机肥的应用，部分油菜主产区土壤缺硫和缺锌的现象口益扩大，应该根据土壤检测结果通过施肥的方式来补充相应的其他缺乏养分。油菜施肥主要是施用氮、磷、钾、硼、镁肥，高产区域尽可能施用一些硫肥和锌肥。

第二个关键技术是确定合适的养分用量。肥料对于作物如同粮食对于人一样，吃不饱会导致生长发育不好、身体差，而不科学的大吃大喝则会营养过剩，产生负面作用。给作物施肥应根据作物对养分的需要量、土壤对养分的供应量来科学确定施肥量，也就是测土配方施肥。具体到油菜，根据近10多年来的测土配方施肥结果，在亩产150千克油菜籽的情况下，大概一季需要施用纯氮8～11千克、纯磷3～4千克、纯钾4千克左右、合格的硼砂0.50～0.75千克、氧化镁1.5～3.0千克。如果油菜籽的产量水平达到每亩180～200千克，则要在以上施肥水平上增加15%～20%。在确定施肥量上应遵循“施增产肥、施经济肥、施环保肥”的原则。农业农村部每年秋季都发布科学施肥指导意见，可以在农业技术推广网站和农民日报上查到相关技术信息。也可咨询各级农业技术推广部门。

第三个关键技术是确定正确的施肥时间。油菜是一种前期养分积累型作物，即油菜在生长前期能够在体内积累大量的养分供后期再利用，尤其是目前直播油菜在苗期如果生长健壮、生物量大对越冬期抵抗不良环境气候的影响非常重要，所以笔者提出了直播冬油菜的施用策略：前促后稳，即70%左右的氮肥与全部的磷肥、钾肥、硼肥、镁肥用作基肥，余下30%的氮肥作薹肥施用，这也适应于油菜种植时的稻草覆盖还田、油菜轻简化省力种植需求。

第四个关键技术是将肥料施到正确的位置。施肥的目的是让作物吸收利用。作物的根系是吸收养分和水分最为重要的部分，因此将肥料施在根系最集中的区域可有效提高作物对养分的吸收效率。油菜的根系主要集中在土层10厘米的区域，因此基肥要深施，而不是撒施在土壤表面。撒施在土壤表面的氮易挥发，氮和其他养分还容易随降雨而流失。

（三）研发者联系方式

华中农业大学联系人：鲁剑巍，邮箱：lujianwei@mail. hzau. edu. cn。

（本节撰稿人：鲁剑巍、张洋洋）

三、油菜专用同步营养肥料施用技术

（一）技术研发的背景及意义

当前，我国油菜化肥施用普遍存在施肥过量、配比不科学、施用种类单一等现象，造成肥料利用率低以及严重的生态环境污染。作为世界油料消费大国，油料供应却长期处于短缺状态。因此，保证我国油料作物的安全生产至关重要。油菜作为我国重要的油料作物，具有需肥量大、需肥时间长的特点。然而，我国油菜科学施肥的基础研究和应用研究相对薄弱，缺乏有针对性的肥料产品和相应的实用技术。近年来，油菜的生产方式也发生了重大改变，耗时费力的生产方式已不适应时代要求。可以看出，油菜肥料新配方的研发、施肥新技术的开展和应用迫在眉睫。

包膜肥料由核心肥料与包膜层两部分构成，是公认能明显提高养分利用率的肥料。其中，疏水包膜层可以防止肥料迅速溶解而流失。此外，膜层上的微孔供水分进入包膜内溶解肥料，以调控养分释放，从而提高肥料利用率，减少养分流失和环境污染。同时，包膜肥可一次或少次施用而满足作物整个生育期的需求，适应了现代农业劳动力短缺对肥料和施肥的轻简要求。然而，目前市场上的包膜肥料品种众多，品质也参差不齐，缺乏针对性较强且效果较好的油菜专用同步营养肥料。

针对我国油菜按需精准施肥、优化肥料结构、改进施肥方法等决定化肥减量增效的共性技术存在水平不高的问题，本技术根据油菜需肥规律以及典型主栽区生态气候、土壤保肥供肥性能等，并结合优势产区的高产栽培措施，研发了适于油菜的专用同步营养肥料并对其大田试验效果进行评估。油菜专用同步营养肥实现了1次性基肥施用，将常规施肥次数由3次减到1次，解决了当前劳动力缺乏、耗时费力的生产方式等问题。同时，节省了投入成本，迎合了现代农业的发展趋势，保证了稳产或增产，提高了施肥效率和收益，为我国油菜产业科学施肥的发展提供技术支持。

（二）技术研究的主要结果

本技术按照统一方案，分别在安徽当涂、河南信阳、湖北沙洋、湖南安仁和江苏高淳及高邮试验点布置试验。安徽省当涂县及江苏省高邮市和高淳区地处长江下游，地势以平原为主，属亚热带湿润季风性气候，全年平均气温17.0℃左右，年平均降水量为1 000～1 400毫米。河南省信阳市和湖北省沙洋县地处长江中游地区，是农业农村部《优势农产品区域布局规划》中长江中游冬油菜种植优势区域，属亚热带向暖温带过渡区，雨热同季。湖南省安仁县地处长江以南，属中亚热带季风湿润气候，具有热量充足、雨量充沛集中、春温多变、夏秋多旱、严冬期短、暑热期长的气候特点。各试验主产区优越的自然条件和气候资源有利于油菜生长和发展多熟制种植，生产潜力高。

1. 油菜专用同步营养肥料的配制

油菜专用同步营养肥料运用肥料缓释技术，延长肥料养分释放时间，提高其有效性。

核心肥料：常规尿素。包膜材料：植物油、固化剂、催化剂。

油菜专用同步营养肥料的结构如图 1-1 所示。

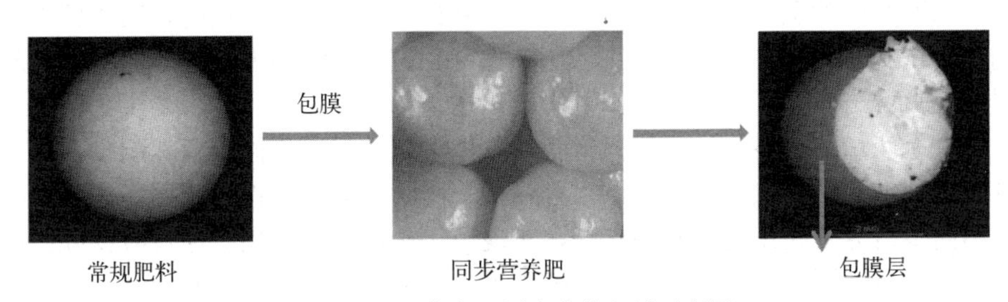

图 1-1　油菜专用同步营养肥料示意图

油菜专用控释尿素特性：

（1）以植物油为包膜材料，包膜层在土壤中可降解，安全可靠，无污染。

（2）肥料养分释放规律与油菜生长对养分的需求规律一致，前期不缺肥，后期不脱肥。

油菜专用控释尿素（4 千克/亩、8 千克/亩、12 千克/亩、16 千克/亩、20 千克/亩，均 1 次施用）协同其他养分肥料配制成油菜专用同步营养肥料。例如，每亩施用磷肥（P_2O_5）6 千克、钾肥（K_2O）8 千克和硼肥 1 千克，磷肥品种为过磷酸钙（含 P_2O_5 12%）、钾肥品种为氯化钾（含 K_2O 60%）、硼肥品种为硼砂（含 B 11%左右），磷钾硼肥全部作基肥 1 次性施用。

2. 专用同步营养肥料对油菜产量的影响

按照统一方案，分别在安徽、河南、湖北、湖南、江苏等试验点布置试验。结果如下：

安徽当涂两试验点产量结果表明，在相同施氮量 12 千克/亩条件下，护河镇同步营养肥 1 次施用处理比常规肥 3 次施用处理增产 14 千克/亩，增幅为 8.2%；黄池镇同步营养肥 1 次施用处理与常规肥 3 次施用处理油菜产量无显著差异。另外，以上两地同步营养肥 1 次施用处理油菜产量均显著高于其常规肥 1 次施用处理。

河南信阳两试验点产量结果表明，在相同施氮量 12 千克/亩条件下，同步营养肥 1 次施用处理比常规肥 1 次施用处理平均增产 49.6 千克/亩，平均增幅为

43.8%。然而，同步营养肥1次施用处理的油菜产量略低于常规肥3次施用处理。

湖北沙洋试验点产量结果表明，在相同施氮量为16千克/亩时，同步营养肥1次施用处理比常规肥1次施用和3次施用处理分别增产36.4千克/亩和25.6千克/亩，增幅分别为29.3%和19.0%。

湖南安仁试验点产量结果表明，在相同施氮量为14千克/亩时，同步营养肥1次施用处理和常规肥3次施用处理产量无显著差异，而两处理比常规肥1次施用处理平均增产46.4千克/亩，平均增幅达75.6%。

江苏两试验点产量结果表明，在相同施氮量为16千克/亩时，同步营养肥1次施用处理和常规肥3次施用处理产量均无显著差异，两者比常规肥1次施用处理平均增产23.1千克/亩，平均增幅达12.0%。

以上产量结果显示，在相同施肥量条件下，油菜专用同步营养肥1次施用可以达到常规肥3次施用的效果，且均显著高于常规肥1次性施用，表明油菜专用同步营养肥施用增产效果良好，实现了1次性基肥施用。通过减少施肥次数，油菜专用同步营养肥施用技术解决了当前劳动力缺乏、耗时费力的生产方式问题。此外，节省了投入成本，提高了施肥效率和收益，也迎合了现代农业的发展趋势，这一施肥技术的研发及田间应用结果为今后油菜轻简化生产一次性施肥提供了支撑。

（三）技术的关键要点

（1）选用生育期适中、抗逆性强、高产高油、适合机收的主推油菜品种，如在安徽和江苏两省主产区可选用浙油50、沣油737、宁杂1818、浙杂903等；在湖南、湖北、河南三省主产区可选用中双11、中油杂19、华油杂62、大地199等。

（2）根据油菜（各地主要推广种植品种）的需肥规律以及典型主栽区的生态气候条件、土壤保肥供肥性能等，结合优势产区的高产栽培措施，研发油菜专用同步营养肥料。

（3）油菜专用同步营养肥料运用肥料缓释技术，延长肥料养分释放时间，达到了前期不缺肥、后期不脱肥的目的，提高了其有效性，且以植物油为包膜材料，包膜层在土壤中可降解，安全可靠，无污染。

（4）油菜专用同步营养肥实现了一次性基肥施用，通过减少施肥次数，解决了当前劳动力缺乏和耗时费力的生产方式等问题，同时节省了投入成本，迎合了现代农业的发展趋势。

（四）适用范围

目前，油菜专用同步营养肥料施用技术产生于安徽当涂、河南信阳、湖北沙洋、湖南安仁和江苏高淳及高邮等地的大田试验，在长江流域均有良好的施用效果。

（五）研发者联系方式

华南农业大学联系人：孙少龙，邮箱：sunshaolong328@scau. edu. cn。

（本节撰稿人：孙少龙、樊小林、李中华）

四、南方三熟区早熟冬油菜缓释肥高效减施技术

（一）技术研发的背景及意义

利用南方双季稻区冬闲田和冬季光温资源发展三熟制冬油菜，是增加油菜种植面积、提高油菜产量的必然措施，对增加我国食用油自给率具有重要意义。为解决南方三熟区油菜种植的茬口问题，近年来育种学家们培育出了一批早熟冬油菜品种，但早熟品种的养分吸收规律尚无深入研究，制约了三熟制油菜的绿色高效生产和早熟冬油菜品种产量潜力的充分发挥。研发早熟冬油菜缓释肥的施用技术是促进其养分吸收，提高产量，达到大面积推广种植的重要手段。本项技术在揭示了早熟冬油菜养分需求规律的基础上，比较了不同缓释氮肥对早熟冬油菜的增产、增效作用，以期为早熟冬油菜缓释肥施用提供理论支撑和有效技术。

（二）技术研究的主要结果

2017—2019 年在湖南衡阳（112.6°E、26.9°N）开展早熟冬油菜养分需求规律和早熟冬油菜缓释氮肥施用效果研究。结果表明，2017—2019 年早熟品种和常规熟期品种的干物质积累均表现为“慢-快-慢”的变化趋势（图 1－2），即苗期、蕾薹期和收获期的积累量较少，开花期和角果发育期的积累量较大，不同熟期品种间无明显差异。

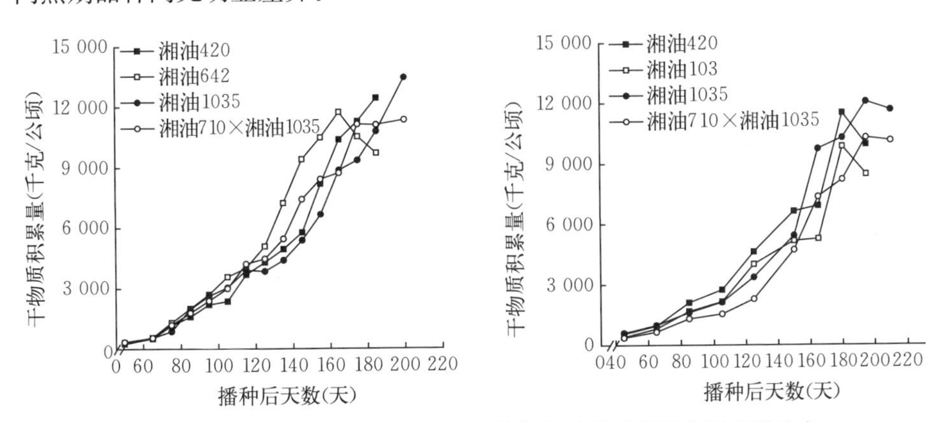

图 1－2　2017—2019 年早熟与常规熟期冬油菜品种干物质积累动态

注：左边为 2017—2018 年，右边为 2018—2019 年，下同。

苗期、蕾薹期、开花期是氮素积累的主要阶段，2017—2018 年生育后期早熟品种的氮素积累量明显高于常规熟期品种；2018—2019 年开花期早熟品种氮素积累量高于常规熟期品种，角果发育期低于常规熟期品种（图 1-3）。

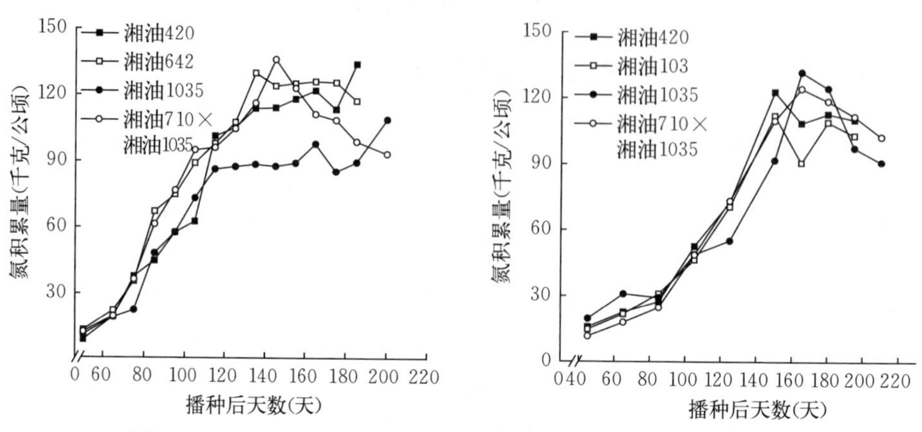

图 1-3　2017—2019 年早熟与常规熟期冬油菜品种氮素积累动态

2017—2018 年全生育期两个早熟品种与常规熟期品种湘油 1035 磷素积累呈上升趋势，在收获期达到最高，生育后期常规熟期品种湘杂油 710×湘油 1035 的磷素积累略下降。2018—2019 年两种熟期品种在全生育期的磷素积累量呈上升趋势，且蕾薹期早熟品种的磷素积累量明显高于常规熟期品种（图 1-4）。

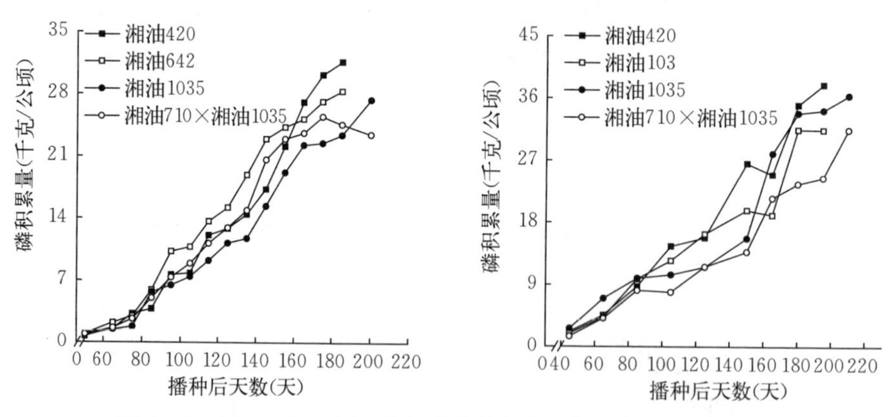

图 1-4　2017—2019 年早熟与常规熟期冬油菜品种磷素积累动态

2017—2018 年苗期至开花期早熟品种和常规熟期品种的钾素积累均表现为匀速增加的变化趋势，不同熟期品种间差异较小。2018—2019 年早熟品种和常规熟期品种的钾素积累均表现为“慢-快-慢”的变化趋势，即苗期、蕾薹期、角果发育期和收获期的积累量较少，开花期的积累量大，不同熟期品种间差异较大（图 1-5）。

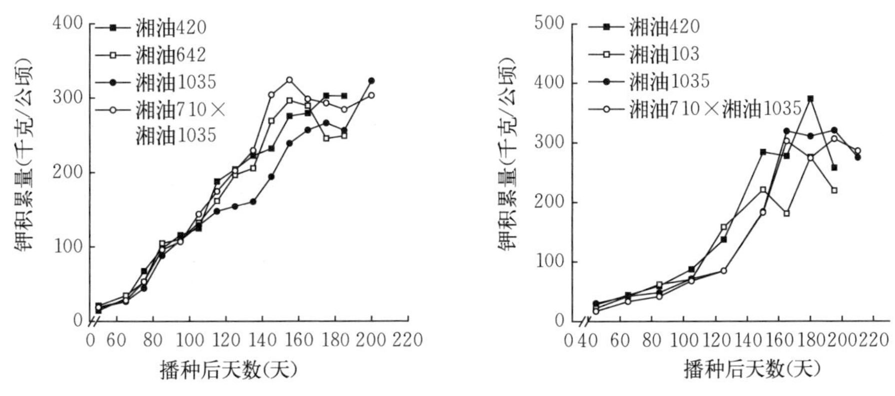

图 1-5　2017—2019 年早熟与常规熟期冬油菜品种钾素积累动态

以上结果表明，早熟冬油菜各关键生育时期对大量营养元素需求略有差异，但表现基本一致的规律是后期生长需要更大比例的大量营养元素养分维持相同的生物量，尤其以氮素养分需求后移表现更为突出。因此，相较于常规熟期油菜品种，提高生育后期养分的供应是保证早熟冬油菜养分需求的重要策略。在机械化轻简栽培的趋势下，苗期一次性施用缓释肥，既符合轻简栽培的要求，又能满足早熟冬油菜养分需求后移的需求规律，是一种值得大力推广和应用的技术。

为了进一步验证缓释肥对早熟冬油菜的增产、增效作用，本技术选取了早熟冬油菜养分需求后移更为明显的氮素养分进行缓释氮肥施用效果研究。油菜专用缓释肥针对早熟冬油菜的养分需求特点研发，符合早熟冬油菜在生育后期养分需求量大的特点，缓释氮肥一次性施用后能够满足油菜整个生育期的养分需求，不仅节省人力成本，且能针对油菜的营养需求特征释放有效养分，从而提高油菜产量、增加生产效益。

在油菜生长的苗期，尿素（Urea）处理与缓释氮肥 2（CRNF2）处理不存在显著差异，两者均显著高于缓释氮肥 1（CRNF1）处理；抽薹期各氮肥处理不存在显著差异；在油菜生长的后期，控释氮肥处理下油菜花期和收获期生物量均显著高于尿素处理，CRNF1 和 CRNF2 处理不存在显著差异。各氮肥处理都具有显著增产的作用，与尿素处理相比，缓释氮肥处理增产效果更显著。CRNF1 处理的增产效果最显著，相对尿素处理增产了 20.1%；CRNF2 处理增产效果相对次之，与尿素处理相比增产了 11.2%（图 1-6）。

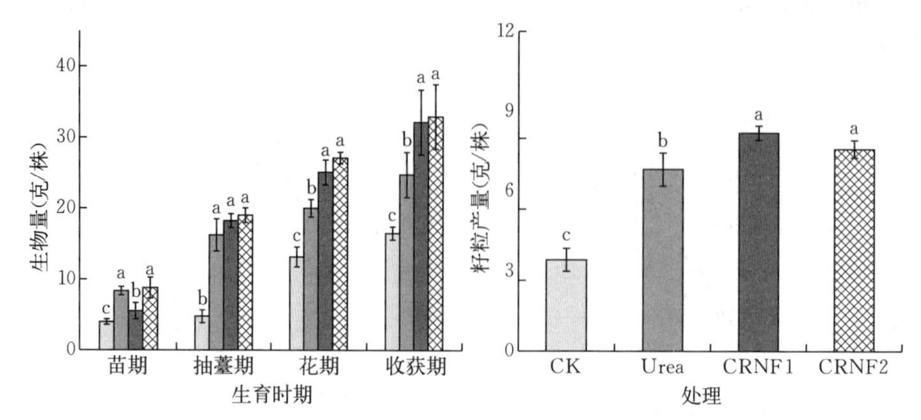

图 1-6　不同氮肥处理的油菜生物量和籽粒产量

注：不同小写字母表示处理间差异显著（$P<0.05$），下同。

氮肥处理显著提高了不同生育时期油菜总氮吸收量，苗期各氮肥处理不存在显著差异；抽薹期、花期 CRNF1 和 CRNF2 处理油菜总氮显著高于尿素处理，CRNF1 和 CRNF2 处理不存在显著差异；收获期各氮肥处理油菜总氮表现为 CRNF1＞CRNF2＞尿素处理，CRNF1 处理显著大于 CRNF2 处理，CRNF2 处理显著大于尿素处理。氮肥对不同时期油菜氮素生理利用率（NPUE）影响不一致，苗期尿素处理显著提高了油菜 NPUE，其他处理不存在显著性差异；抽薹期、花期、收获期各氮肥处理 NPUE 不存在显著性差异。控释氮肥处理显著提高了氮肥利用率（NUE），CRNF1 处理效果最显著，相对尿素处理提高了 60.2%；CRNF2 处理效果相对次之，与尿素处理相比提高了 23.1%。控释氮肥处理显著提高了氮肥农学利用率（NAE），CRNF1 和 CRNF2 处理不存在显著性差异，两者均显著高于尿素处理，CRNF1 处理相对尿素处理提高了 30.5%，CRNF2 处理与尿素处理相比提高了 19.1%（图 1-7）。

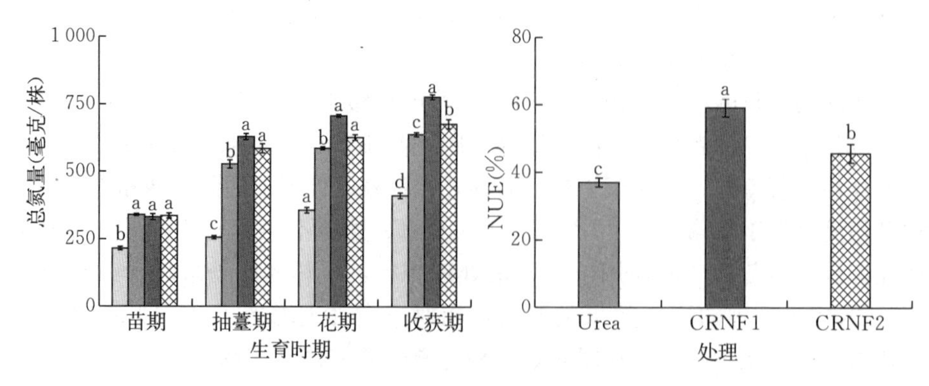

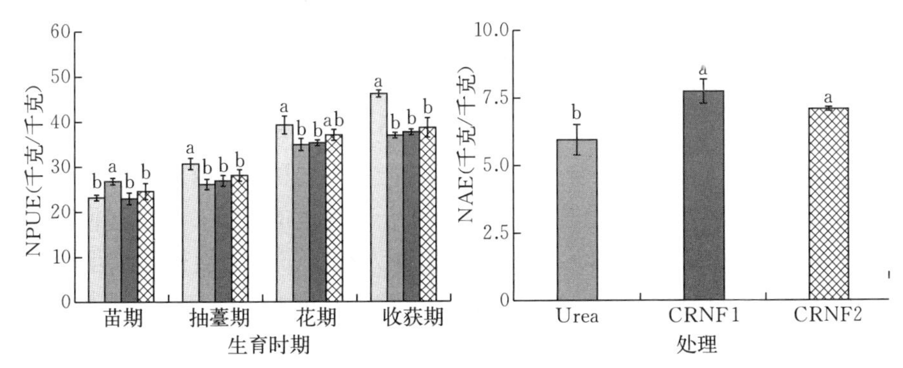

图 1-7　不同氮肥处理下油菜吸收的总氮量、氮肥利用率（NUE）、氮素生理利用率（NPUE）和氮肥农学利用率（NAE）

CK　Urea　CRNF1　CRNF2

上述结果表明，相比于尿素，缓释氮肥不仅能显著提高早熟冬油菜的生物量和产量，而且显著提高了早熟冬油菜的氮肥利用率、氮肥农学利用率和氮素生理利用效率。“早熟冬油菜缓释肥施用技术”是一项充分考虑了早熟冬油菜养分需求特点，值得在南方三熟制区域推广的油菜高产、高效施肥方式。

（三）适用范围

本技术适用于湖南省双季稻—油菜轮作种植区，可供其他省份的双季稻—油菜轮作种植区参考。

（四）研发者联系方式

湖南农业大学联系人：张振华，邮箱：zhzh1468@163.com。

衡阳县农业农村局联系人：江煜，电话：13908441378。

（本节撰稿人：张振华、宋海星、江煜）

五、油菜精量联合直播同步深施肥技术

（一）技术研发的背景及意义

油菜是我国长江中下游地区主要冬季油料作物，其种植模式以水旱交替的稻油轮作为主。油菜机械化精量联合直播技术一次性完成所有油菜种植工序，是油菜轻简化栽培的重要技术，在促进油菜生长和粮油高产中发挥重要作用。施肥是油菜种植的重要环节，目前我国油菜施肥方式以撒施、浅层混施为主，存在肥料分布不均匀、作物根系吸肥量不一致等问题。通过深施将化肥均匀分

布在地表下作物根系密集层，可保证被作物充分吸收，并显著减少肥料有效成分的挥发和流失，达到充分利用肥料和节肥增产的目的。深施缓控释肥，使肥料养分释放规律与作物生长周期养分吸收需求同步、延长养分供应时间，可提高肥料利用率，减少后期追肥次数，实现油菜轻简化栽培。

实现油菜机械化精量联合直播同步深施肥，需要机具在作业时能分隔表层土壤、秸秆等物料，开出肥沟，将肥料倒入指定深度的土层，再通过回流土壤进行覆盖。长江中下游稻油轮作区前茬作物为水稻，油菜播种时水旱交替耕作，因长期浸泡导致土壤黏重板结且前茬作物秸秆量大，现有深施肥装置工作时易出现土壤黏附、秸秆缠绕等问题，导致机具壅土堵塞，无法实现深施肥功能，进而影响机具通过性和作业质量。研究先进、适用、符合农艺要求的防黏防堵深施肥技术及配套装备，对于促进油菜生产化肥减量增效、推进长江中下游地区油菜机械化水平具有重要意义。

（二）技术研究的主要结果

基于已在生产中推广应用的2BFQ系列油菜精量联合直播机，提出深施肥铲体表面主动刮削原理，通过铲体曲线包络播种机旋耕部件运动轨迹，工作时与旋耕刀相互配合实现主动清土防堵深施肥。装配有深施肥装置的油菜精量联合直播机如图1-8所示（以2BFQ-6型为例），主要由主机架、传动系统、开畦沟系统、旋耕部件、排肥系统、深施肥部件、排种系统、开种沟装置等组成，机具技术参数如表1-1所示。

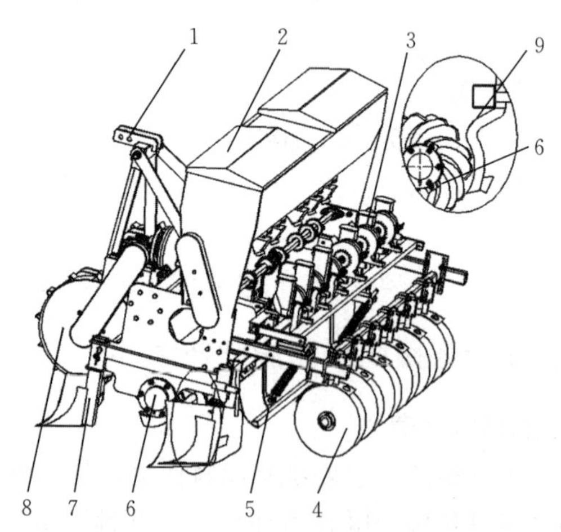

图1-8 油菜精量联合直播机结构示意图

1. 主机架 2. 排肥系统 3. 排种系统 4. 双圆盘开沟器 5. 平土拖板 6. 旋耕装置 7. 开畦沟系统 8. 仿形驱动地轮 9. 包络式施肥铲

表 1-1 2BFQ-6 型油菜精量联合直播机主要工作参数

参　　数	数　　值
外形尺寸（长×宽×高，毫米）	2 034×1 885×1 545
配套动力（千瓦）	＞51
油菜行数×行距（毫米）	6×280（240～300 可调）
施肥行数×行距（毫米）	5×280、6×280（240～300 可调）
工作幅宽（毫米）	2 000
油菜排种器	正负气压组合式精量排种器
排肥器	外槽轮式排肥器
油菜播种量（千克/亩）	0.15～0.35（可调）
排肥量（千克/亩）	25～60（可调）
开畦沟深度（毫米）	160～240（可调）
施肥深度（毫米）	50～150（可调）
作业速度（千米/小时）	2.1～5.0

深施肥装置通过螺栓和固定座安装于旋耕部件后梁与平土拖板之间。机具工作时，拖拉机后输出轴通过万向联轴器驱动旋耕刀辊转动，旋耕刀与包络式施肥铲相互配合作业，旋耕刀高速旋转从下往上刮走黏附在铲体上的土壤秸秆混合物，实现主动防堵功能；同时施肥开沟器在土壤中开出一条肥沟，肥料颗粒通过施肥铲柄端连接的导肥管进入施肥开沟器空腔内落入肥沟，旋耕装置抛出的碎土回流覆盖肥沟完成深施肥作业。施肥开沟器后方安装有平土拖板，平整旋耕深施肥的厢面。

在地表为全喂入联合收获机收获后稻茬地对机具田间作业效果进行检验，试验前未对地表残茬进行清理。结果表明，肥料颗粒实际施用深度 91.1 毫米，满足油菜深施肥农艺要求；施肥断条率为 1.08%，肥料条带宽度平均为 43.5 毫米，满足 NY/T 1003—2006《施肥机械质量评价技术规范》作业性能指标，能够有效实现深施肥功能；机具作业后厢面平整度为 17.97～21.37 毫米，施肥开沟器对厢面造成的扰动较小，厢面质量达到油菜播种要求；且单个施肥铲的黏附量保持在 1.5 千克以下，表明施肥铲能有效实现主动防堵功能，提高机具通过性。

（三）技术的关键要点

包络式施肥铲主要由入土段、过渡段和铲柄段三段组成（图 1-9a）。铲柄段呈直线形，其上开有等距螺栓孔，铲体等间距一字固定在主机架后梁上

（图1-9b），安装时根据油菜的种植农艺要求，通过调节铲体上不同安装孔位可相应改变施肥深度。施肥铲末端的出肥口设置有导流板和挡土板，导流板与水平面的夹角大于肥料自然休止角，在封闭施肥铲空腔下端的同时对肥料颗粒起导流作用；挡土板安装于施肥铲出肥口外侧，呈外喇叭口形，与导流板共同作用防止回落的土壤堵塞出肥口。在安装施肥开沟器时，可根据实际作业要求和种肥带位置关系进行安装调整，实现正位或侧位深施肥，以满足不同种植需求。

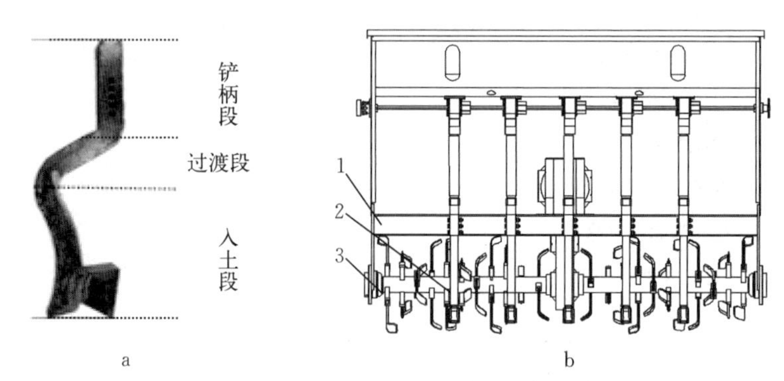

图1-9　包络式施肥铲体及安装位置

a. 施肥铲实体　b. 安装位置

1. 主机架　2. 包络式施肥铲　3. 旋耕装置

（四）技术适用范围

油菜联合直播同步深施肥技术在一次性完成灭茬、旋耕、开畦沟、开种沟、播种、覆土等工序的同时，实现底肥深施，大幅提高机械作业效率，降低劳动强度，节本效果明显；深施肥采用包络式施肥铲，通过与播种机旋耕装置配合主动刮削防堵功能，能有效适用于长江中下游地区水稻—油菜轮作制度下的机械化油菜精量播种同步深施肥作业。

（五）研发者联系方式

华中农业大学联系人：廖宜涛，邮箱：liaoetao@mail. hzau. edu. cn。

（本节撰稿人：廖宜涛、廖庆喜）

六、稻草全量还田油菜免耕飞播高效技术

（一）技术研发的背景及意义

水稻—油菜轮作是我国油菜种植的主要轮作方式之一。长期以来，水稻和油菜育苗移栽保障了水稻（单、双季稻）和油菜周年种植及获得较高的产量，

但同时耗费了大量的劳动力。随着农村劳动力结构的变化和现代农业技术的进步，农业生产方式发生了重大改变，一是农事操作劳动力大量减少和轻简化种植方式普及，水稻和油菜的直播面积迅速增加，其中油菜的直播种植成为主要种植方式；二是作物秸秆直接还田面积占比越来越大且秸秆量随着产量的提高而增多，水稻种植的稻草生物量一般每亩400～500千克，高的达700千克以上。这种改变直接影响油菜的生产，有些地方水稻收获期晚，留给油菜的播种茬口紧张，在稻田整理好后往往气温较低，导致油菜早期生长的积温不足，苗情差，越冬困难；有些地方在水稻收获后仓促整田，大量稻草还田在土壤表层形成一层草毯层，影响油菜播种质量和成苗；有些地方稻田土壤湿度较大，机械无法及时耕作，等到稻田土壤自然干燥时已经错过油菜适宜播种期。以上几种情况均会导致油菜籽单产水平低，影响油菜种植的经济收益，甚至会导致农民失去种植油菜的信心。

针对油菜与前茬作物种植茬口紧张的问题，前人曾经尝试过油菜"谷林套播"，在一些区域取得过成功，但这一技术没有得到广泛应用。其主要原因是当时设定的油菜与水稻的共生期过长，一般7～10天，油菜在谷林中容易形成弱高苗，易在水稻机械收获时被机械碾压，且稻草覆盖造成弱苗很难再出头，另外在没有水稻遮阴时由于苗弱容易被太阳晒死，还有当时采用撒播的方式，导致油菜籽被水稻鞘和叶"搁籽"的现象，且仍然比较费工，也影响油菜谷林套播效果。同时，由于油菜"谷林套播"没有形成完整的田间管理技术，譬如水稻收获时配套的稻草粉碎与均匀抛撒技术、前期的田间杂草防除技术、后期的田间渍水问题均没有得到有效解决，也影响了这一种植模式的推广。

我国南方冬闲田面积大、扩大油菜产能内在动力增强，冬油菜生产对轻简、高效、绿色种植技术需求迫切。随着科学技术的进步和国家对油菜生产的进一步重视，华中农业大学、全国农业技术推广服务中心、湖北省油菜办公室及湖北省武穴市农业农村局、应城市农业技术推广中心、荆州市荆州区农业技术推广中心等单位自2016年开始在湖北省开展稻田油菜免耕飞播稻草全量还田轻简高效种植模式的关键技术环节与技术参数研究，经过4年的研究和示范，建立了在水稻收获前以无人机飞播油菜种子、机收水稻留高桩、一次性施用油菜专用缓释肥、机械开沟、绿色防控和机械收获等关键技术环节的高效轻简绿色种植模式。

（二）技术的关键要点

（1）前茬管理。稻田后期适当留墒（土壤含水量30%左右），保持收割机下田不留深痕为宜。采用带秸秆粉碎抛撒装置的水稻联合收割机收割水稻，留茬高度 40～50 厘米，秸秆粉碎均匀还田。可选用久保田 4LZ-4 型履带收割机、东风常拖 4LZ-4.0Z 收割机、沃德锐龙 4LZ-5.0E 收割机等机型并加装配套的秸秆粉碎配件。

（2）种子处理。播种前可用新美洲星等拌种或用种卫士等包衣，也可以不进行种子处理直接播种。根据轮作制度选择适宜的早中熟优质甘蓝型油菜品种。

（3）无人机飞播。依据油菜播种时间，在水稻收获前后用农用无人机飞播油菜，采用免耕种植方式。10 月上旬腾茬的田块，采取水稻收获前后 3 天内飞播油菜方式，油菜亩用种量 0.30～0.35 千克；10 月中旬套播，在水稻收获前 1～3 天飞播，亩用种量 0.30 千克左右；10 月下旬套播，在水稻收获前 3～5 天播种，亩用种量 0.35～0.40 千克。随着播期推迟相应增加用种量，适宜播种时间为 10 月，播期最迟不晚于 11 月上旬，亩用种量最多不超过 0.50 千克。无人机可选用极飞 P0 或大疆 1P-RTK 等机型，飞行高度为 3 米左右，每小时工作效率 30～50 亩，选择无雨无风天气进行作业。

（4）科学施肥。在水稻收割、油菜播种完成后，用机械或人工撒施肥料，按照一次性基肥或“一基一追”施肥原则科学施肥。一次性基肥可选用宜施壮等油菜专用缓释肥（$N-P_2O_5-K_2O$ 为 25-7-8，含 Ca、Mg、S、B 等中微量元素）或其他相近配方油菜专用肥，亩施 40 千克左右。采用“一基一追”的可选用宜施壮、新洋丰等油菜专用配方肥（$N-P_2O_5-K_2O$ 为 18-7-5，含 Ca、Mg、S、B 等中微量元素）或相近配方油菜专用肥 35～40 千克，冬至前后视苗情可亩追施尿素 5.0～7.5 千克。施肥作业在油菜播种后 15 天内进行均可，原则上宜早不宜迟。

（5）机械开沟。播种施肥完成后即用开沟机开沟做厢，沟土分抛厢面。厢宽 2.0～2.5 米，厢沟沟深 25～30 厘米、沟宽 25 厘米左右，腰沟沟深 30～32 厘米、沟宽 30 厘米左右，围沟沟深 32～35 厘米、沟宽 35 厘米左右，做到厢沟、腰沟、围沟三沟相通，确保灌排通畅。可以选用 1KJ-35 型圆盘开沟机，与其配套的拖拉机动力为 36.8～58.8 千瓦（50～80 马力*），作业效率 5～8 亩/小时。

（6）适时灌溉。开好沟后，有条件时建议灌一次渗沟水，水不过厢面。干旱时采取沟灌渗厢的方式灌溉，保证厢面湿润 3 天以上，确保一播全苗。

（7）绿色防控。稻草全量还田控草能力强，一般田块可不用除草。常年草害严重的田块，在油菜 4～5 叶时，亩喷施 50%草除灵 30 毫升+24%烯草酮 40 毫升+异丙酯草醚 45 毫升等油菜田专用除草剂一次，可采用无人机、田间行走机械或人工喷雾等方式。蕾薹期用无人机喷施 45%咪鲜胺 37.5 毫升/亩+

---

* 马力为非法定计量单位，1 马力=0.735 千瓦。——编者注

助剂融透 20 毫升/亩防控菌核病；菌核病发生偏重年份，在花期再用无人机喷施多菌灵、菌核净、咪鲜胺等药剂进行防治。

（8）化控助长。有条件时，可在冬至前后喷施碧护、新美洲星等生长调节剂，增强油菜抗冻性。冬至苗偏旺田块，用 15％多效唑可湿性粉剂 100 克或 5％烯效唑 40 克兑水 50 千克喷雾控旺，防止早薹早花，减轻冻害影响。可在防控菌核病的同时喷施新美洲星、磷酸二氢钾等促进籽粒灌浆，预防早衰。

（9）机械收获。因地制宜采用分段收获或一次性机械收获。高产田、茬口紧张田块，采取分段收获；低产或茬口不紧张的田块，可采取一次性机械收获。分段收获，应在全田油菜 70％～80％角果外观颜色呈黄绿或淡黄时，采用割晒机或人工进行割晒作业，就地晾晒后熟 5～7 天，成熟度达到 95％后，用捡拾收获机进行捡拾、脱粒及清选作业，作业质量应符合总损失率≤6.5％、含杂率≤5％、破碎率≤0.5％等要求。一次性机械收获，在全田油菜角果外观颜色全部变黄色或褐色、完熟度基本一致时收获，联合收割作业质量应符合总损失率≤8％、含杂率≤6％的要求，割茬高度应不超过 25 厘米。菜籽及时晾晒入库或放阴凉通风处储藏。

（三）模式效果

近 3 年试验示范结果显示，采用免耕飞播稻草全量还田轻简高效种植的稻田油菜，稳产性好，平均亩产达 185.9 千克，高产示范片亩产可达 220 千克以上。其中，2018—2020 年湖北省武穴市万丈湖示范片亩产分别达 180.8 千克、223.9 千克、221.1 千克，2020 年武穴市余川示范片亩产 150.5 千克；湖北省应城市 2019 年免耕飞播示范片油菜平均亩产为 153.2 千克，2020 年该市 4 万亩油菜免耕飞播轮作试点区内 9 个示范片实收平均亩产 174.3 千克；2019 年荆州市荆州区八岭山示范片亩产 211.2 千克；2020 年仙桃市免耕飞播油菜示范片，实收平均亩产为 171.9 千克。与稻草离田整地或稻草翻压旋耕直播模式相比，该模式每亩增产油菜籽 7.3～45.2 千克，每亩成本减少 23.8～41.8 元，每亩增收 75.3～223.0 元。

通过多点调查，稻田免耕飞播油菜种植每亩投入成本可控制在 270～320 元，其中种子 15～20 元、无人机播种 10 元、机械开沟 40 元、油菜专用肥 90～110 元、农药 20 元、机防 10 元、机收 65～70 元、田间管理人工费用 20～40 元；按亩产菜籽 185 千克、菜籽收购均价 5.0 元/千克计算，亩产值达 925 元，扣除投入成本，亩收益超过 600 元，节本增收效果显著。

2019/2020 年度湖北省超过 10 个县市大面积开展示范推广，其中武穴市示范 1.3 万亩、应城市推广 4.1 万亩，取得良好的示范引领效果。该技术除在湖北省示范应用外，江西、湖南、安徽等油菜主产省也已经引进并示范。

（四）模式优点

该技术模式具有以下优点：在水稻收获前后的 2～3 天共一周左右的窗口期播种，减少了水稻收获后的翻耕整理工序，节约时间 1 周以上，有效解决稻油轮作时茬口的矛盾；可有效利用稻田土壤墒情，促进油菜种子萌发；除油菜播种时间有一定限制外，其他田间操作时间可灵活安排；大型收割机在收获稻谷的同时，利用秸秆粉碎还田、无人机飞播、机械开沟等装备，可大幅提高油菜生产的机械化程度，降低人工劳动强度和人力成本，提高农户种植积极性；稻草在机械收割水稻时留高桩原位粉碎还田解决了整地种植油菜时的秸秆处理问题，同时能充分发挥稻草覆盖还田的保墒、抑制杂草和提高土壤有机质功能，有利于油菜高效绿色生产。

（五）适宜区域

本技术适用于长江流域稻田油菜种植。当水稻在 9 月下旬以后收获的均可采用本技术，尤其适合于早稻—晚稻—油菜、水稻—再生稻—油菜、一季晚稻谷—油菜等种植模式。

（六）注意事项

（1）本技术不适合 9 月中旬之前收获水稻的稻田。

（2）油菜与稻谷共生期一般不能超过 5 天。

（3）水稻留高桩、施肥、开沟等关键技术必须配套实施。如果施肥和开沟任何一项措施未跟上均会导致技术应用失败。

（七）研发者联系方式

华中农业大学联系人：鲁剑巍、任涛，邮箱：lujianwei@mail. hzau. edu. cn、rentao@mail. hzau. edu. cn。

湖北省油菜办公室联系人：鲁明星，邮箱：hbmingxing@163. com。

全国农业技术推广服务中心联系人：王积军，邮箱：wangjj @ agri. gov. cn。

（本节撰稿人：鲁剑巍、鲁明星、王积军、任涛、李小坤、丛日环、周玮峰、陈玲英、陈爱武、尹亮、蔡俊松、程泰、程应德、张哲、周志华、夏起昕、潘学艺、杨志远、邹家龙）

七、冬油菜镁肥施用技术

（一）技术研发的背景及意义

我国长江流域冬油菜主产区 55%以上的土壤交换性镁含量处于缺乏状态，

其中以长江流域以南的省份（如湖南、江西、广西等）更为严重，缺镁已成为限制当前油菜产量潜力的重要因子。本项技术以长江流域多年多点镁肥肥效试验为基础，确立了油菜绿色高效优质生产中镁肥施用的关键技术要点，采用土壤施用与叶面喷施相结合的方法，实现油菜籽粒平均增产 10%、含油量增加 2.5%、产油量增加 25%，同时较大幅度提升氮磷肥利用率。

（二）技术研究的主要结果

基于 2018—2020 年度在长江流域冬油菜主产区共布置的 58 个镁肥梯度试验结果，明确了冬油菜镁肥施用效果及最佳镁肥用量。结果表明，油菜籽粒产量随镁肥用量的增加显著增加，不同镁用量下籽粒平均增产 9.2%。当 MgO 用量为 1 千克/亩时，籽粒平均产量为 159.6 千克/亩，比不施镁处理增加了 7.5%；当镁肥用量为 2～3 千克/亩时，籽粒产量最高（平均为 163.8 千克/亩），比不施镁处理增加了 10.4%。由此可见，最佳的镁肥用量为 2～3 千克/亩（图 1-10）。研究结果同时也表明，施用硫酸镁的平均增产效果（10.0%）略优于氯化镁（8.4%）。在基施镁肥的基础上，分别于油菜的蕾薹期和终花期各喷施一次 0.5%硫酸镁（用水量为 50 升/亩）能进一步提高油菜籽粒产量和产油量。

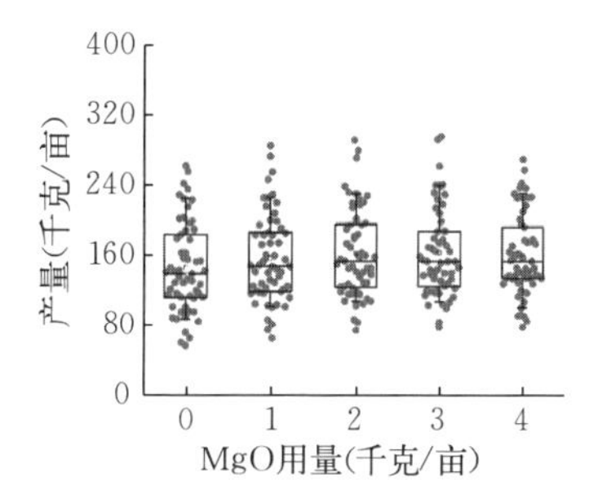

图 1-10　镁肥用量对油菜产量的影响

（三）技术的关键要点

1. 镁肥种类

推荐施用硫酸镁（GB/T 26568—2011）或油菜含镁专用缓控释肥（DB 42/T 1456—2018，含 MgO 3%～5%）。

2. 施用方式

每亩推荐施用镁肥（以 MgO 计）2～3 千克作底肥或一次性施用油菜含镁专用缓控释肥 30～50 千克，缓释肥用量根据土壤肥力水平和油菜目标产量进行调整。严重缺镁区域（土壤有效镁含量小于 120 毫克/千克），可于蕾薹期或终花期喷施 1～2 次 0.5%硫酸镁，用量为 50 升/亩。

3. 田间管理要点

按照当地冬油菜推荐栽培方式进行科学管理。

（四）技术应用效果

2017—2018 年度在湖北省武穴市开展了镁肥基施与终花期喷施相结合的

效果验证试验。与不施镁处理相比，基施镁肥 2～3 千克/亩，油菜籽粒产量平均增加 19.8%，产油量增加 30.0%；镁肥基施结合终花期喷施 0.5%硫酸镁 50 升/亩能进一步增加籽粒产量和产油量，平均分别增加 5.0%和 5.2%。

（五）适宜区域

本技术适用于长江流域冬油菜种植，尤其适合于双季稻—油菜、一季晚稻—油菜等种植模式。

（六）研发者联系方式

华中农业大学联系人：陆志峰，电子邮箱：zhifenglu@mail. hzau. edu. cn。

（本节撰稿人：陆志峰、鲁剑巍）

八、冬油菜有机肥部分替代化肥技术

（一）技术研发的背景及意义

我国冬油菜主产区整体立地条件较差，土地利用强度大导致土壤肥力较低、化肥用量偏高但肥料利用率低、有机肥利用程度不高等问题突出，限制了油菜的绿色生产。在当前化肥农药“双减”的背景下，仅凭现有生产管理措施，部分区域依靠化肥减施难以实现油菜减肥 25%同时增产增效的目标，而有机无机配施作为一项有力的农业措施，有助于进一步提高作物产量和化肥利用率，通过构建有机无机替代化肥减量技术可为这些区域的油菜绿色发展提供参考。为集成冬油菜主产区的最佳有机肥与化肥配施技术，南京农业大学联合湖南农业大学、华中农业大学、安徽省农业科学院、江苏省农业科学院在江苏高淳、湖南安仁、湖北沙洋、安徽休宁和当涂等区域开展有机肥替代化肥的最佳用量研究，经过 2 年的研究和示范，建立了以高产、高效和环境友好为目标，有机无机配施为主要技术手段的栽培模式。

该技术模式具有以下优点：①在减少化肥用量 25%的情况下，基肥配施适量的有机肥显著提高油菜籽粒产量、肥料利用率和经济效益；②有机无机配施下减氮增效潜力大，化学氮肥投入降低 26.7%～45.9%，氮肥偏生产力增加 24.4%～53.0%；③有机肥在土壤中被微生物分解，可缓慢释放养分，促进作物生育后期的养分利用；④长期施用有机肥可提高土壤物理、化学和生物肥力，提升土壤综合肥力，培肥土壤。

（二）技术研究的主要结果

（1）有机肥增产增效。多点试验研究结果表明，在化肥减量的基础上增施有机肥显著提高油菜籽粒产量。以各试验点的农民常规施肥模式作为对照，化肥减量25%导致油菜籽粒平均减产9.4%，而在此基础上亩施75～300千克有机肥籽粒产量提高16.5%～58.4%，各区域最佳产量下的有机肥用量为150～225千克/亩。在化肥减量25%的基础上增施75千克/亩有机肥，油菜籽粒产量可达到或高于当地农民习惯施肥模式下的产量。亩施有机肥150千克可减少氮肥用量26.7%～45.9%，提高氮肥偏生产力24.4%～53.0%，提升氮肥农学效率26.3%～89.9%。

（2）有机肥增收效益。与农民常规施肥模式相比，化肥减量下5个试验点冬油菜平均产值和施肥效益分别下降8.5%和2.9%，而在此基础上增施有机肥显著提高了产值和施肥效益，增幅分别为16.6%～59.0%和14.1%～29.9%。在化肥减量25%的基础上配施150～225千克/亩有机肥时施肥效益（施肥效益＝产值－施肥成本）最高，平均为644元/亩，比农民常规施肥模式平均增加了148元/亩，经济效益增加显著。

（三）技术的关键要点

（1）有机肥类型。选用优质的商品有机肥（NY 525—2012）或者生物有机肥（NY 884—2012），有机质含量≥45%，N含量1.5%～2.0%，P_2O_5含量2.5%～3.0%，K_2O含量1.5%～2.0%（以烘干基计）。

（2）有机肥用量。每亩推荐施用有机肥150～225千克（以烘干基计），全生育期氮磷钾肥可减施25%。对于肥力较高的土壤，有机肥用量可适当降低，而肥力较低的土壤则应增加有机肥用量。

（3）有机肥的施用方式。整平田面，一次性基施，施用后适当翻耙；可配合油菜播种-施肥-施药-覆草联合作业机械。

（4）田间管理要点。按照当地冬油菜推荐栽培方式进行科学管理。

（四）适宜区域

本技术适用于长江流域冬油菜种植，尤其适合于双季稻—油菜、一季晚稻—油菜等种植模式。

（五）注意事项

（1）应尽可能选用商品有机肥，避免施用未腐熟的畜禽粪便。若施用农家肥，需合理发酵腐熟后施用。

（2）不同有机肥的成分有所差异，具体用量可根据情况适当增减。

（3）其余肥料的施用以及农事管理措施与当地推荐保持一致。

（六）研发者联系方式

南京农业大学联系人：赵海燕、郭世伟，邮箱：haiyanzhao@njua.edu.cn、sguo@niau.edu.cn。

（本节撰稿人：赵海燕、郭世伟）

九、冬油菜氮密协同抑草增效技术

（一）技术研发的背景及意义

油菜是我国重要的油料作物，其稳定种植和产量提高对于保障我国食用油供给安全，促进国民经济发展具有重要意义。然而，油菜生产中面临各种挑战和危机。其中，草害发生种类繁多和暴发频繁，是阻碍油菜高产、稳产的主要因素之一，通常造成油菜减产10%～20%，严重时可达50%以上。近年来，以直播为代表的冬油菜轻简化种植方式，因其具有省工节本、操作简便、易机械化等优点，在冬油菜产区得以迅速推广和发展。然而，与传统移栽种植方式相比，直播油菜由于苗期管理粗放、个体生活力低，杂草危害远比移栽油菜严重。因此，有效控制或减少农田草害的发生对于保障油菜的生产安全意义重大。

目前，我国杂草防除技术体系以化学防除为主，但大量化学除草剂施用带来的环境污染及诱导抗药性杂草出现等负面影响亦日益明显。与此形成鲜明对比的是，生态控草措施通过创造不利于杂草而有利于作物生长的环境，在实现杂草防控的同时可极大地降低化学除草剂用量，是实现杂草可持续管理的必然途径。农田杂草防控，究其根本是通过提高作物相对于杂草的竞争力，抑制杂草的发生和生长，避免其与作物产生恶性资源竞争。因此，从环境因子和资源竞争角度揭示作物与杂草相互关系及调控机制，对科学制定杂草综合管理策略具有重要意义。

油菜田杂草出苗主要发生在冬前，此时直播油菜个体生活力低，且对养分缺乏敏感，一旦出现杂草，极易造成大规模杂草侵袭而大幅减产。通过合理调控油菜播种密度，优化油菜植株生长和群体结构，可充分利用空间和光照资源，发挥直播油菜的高产潜力。同时，合理密植，加速油菜封行，也可以利用油菜群体优势实现明显的控草效果。本技术通过研究直播油菜和杂草生长及其竞争关系对播种密度和施氮量的响应特征，为直播油菜生产提供相关依据。

（二）技术研究的主要结果

根据研究目标，分别在湖北省沙洋县和河南省信阳市布置试验。两地试验均按氮水平×播种密度双因素设计，其中氮水平包括0千克/公顷、60千克/公顷、120千克/公顷、180千克/公顷、240千克/公顷和300千克/公顷，播种密度包括低、中、高3个水平，因所使用油菜种子大小不同在两地略有差异，其中沙洋点为1.5千克/公顷、4.5千克/公顷和6.75千克/公顷，信阳点为3.0千克/公顷、6.0千克/公顷和9.0千克/公顷。主要结果如下：

（1）油菜产量随播种密度和施氮量增加，施氮量超过12千克/亩，播种量超过4.5千克/公顷（沙洋）、6.0千克/公顷（信阳）时，产量增幅不大（图1-11）。适当提高油菜播种量可减少氮肥用量，达到“以密省肥”的目的。

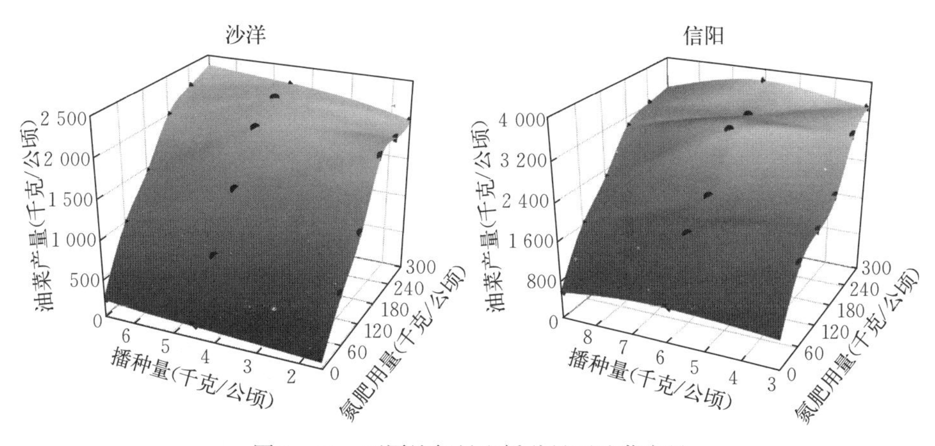

图1-11　不同施氮量和播种量下油菜产量

（2）施用氮肥明显促进油菜生长，达到抑制杂草的目的。随播种量增加，杂草生物量明显降低。杂草生物量与油菜生物量比值随施氮量增加呈差分方程式降低（图1-12）。

（3）增施氮肥和增密提高了油菜对氮素的竞争能力，提高了对氮素的吸收；相反，杂草氮素吸收随施氮量和播种密度的增加而受到抑制（图1-13）。

以上结果表明，合理的施氮水平配合适宜的播种密度在实现油菜增产的同时，可以抑制杂草生长，减少其与油菜的竞争。综合以上结果，推荐播种量为4.5～6.0千克/公顷，与之匹配的氮肥（N）用量为180～210千克/公顷，实现目标产量2 250～3 000千克/公顷。

（三）技术的关键要点

1. 品种选择

选用生育期适中、耐密植、抗逆性强、株高适中、茎枝结构平衡的适合机械化收割的油菜品种，如华油杂62R、大地199等。

2. 播前准备

本技术中，试验点选在长江中游水旱轮作区，前茬作物为水稻，土壤条件较湿润。播种前宜保持适当的土壤含水量，以利于种子发芽。播种前完成旋耕、灭茬、开沟（25～30厘米）、起垄等工序。

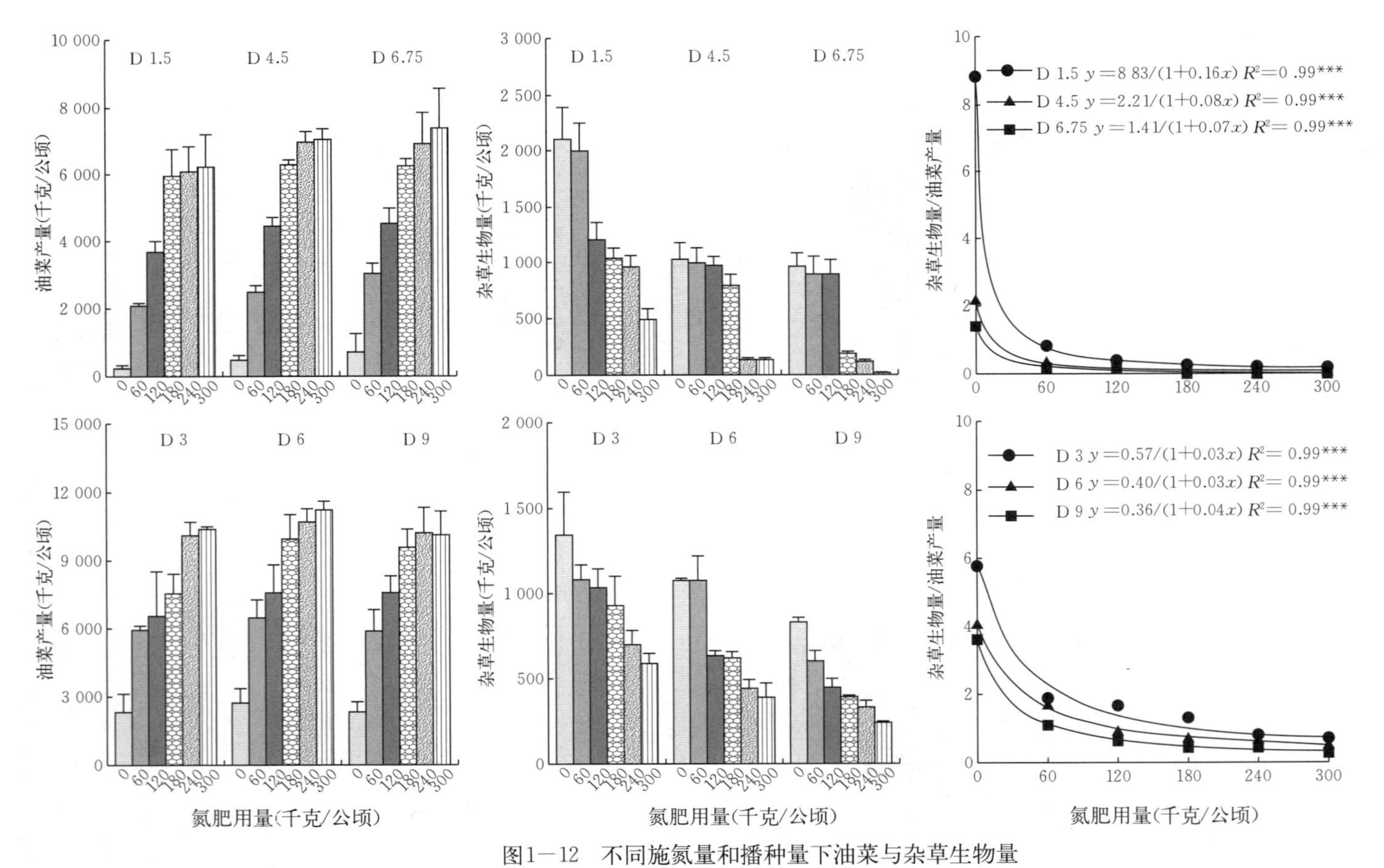

图1－12 不同施氮量和播种量下油菜与杂草生物量

注：D1.5、D4.5、D6.75、D3、D6、D9分别表示密度为1.5千克/公顷、4.5千克/公顷、6.75千克/公顷、3千克/公顷、6千克/公顷、9千克/公顷。下同。

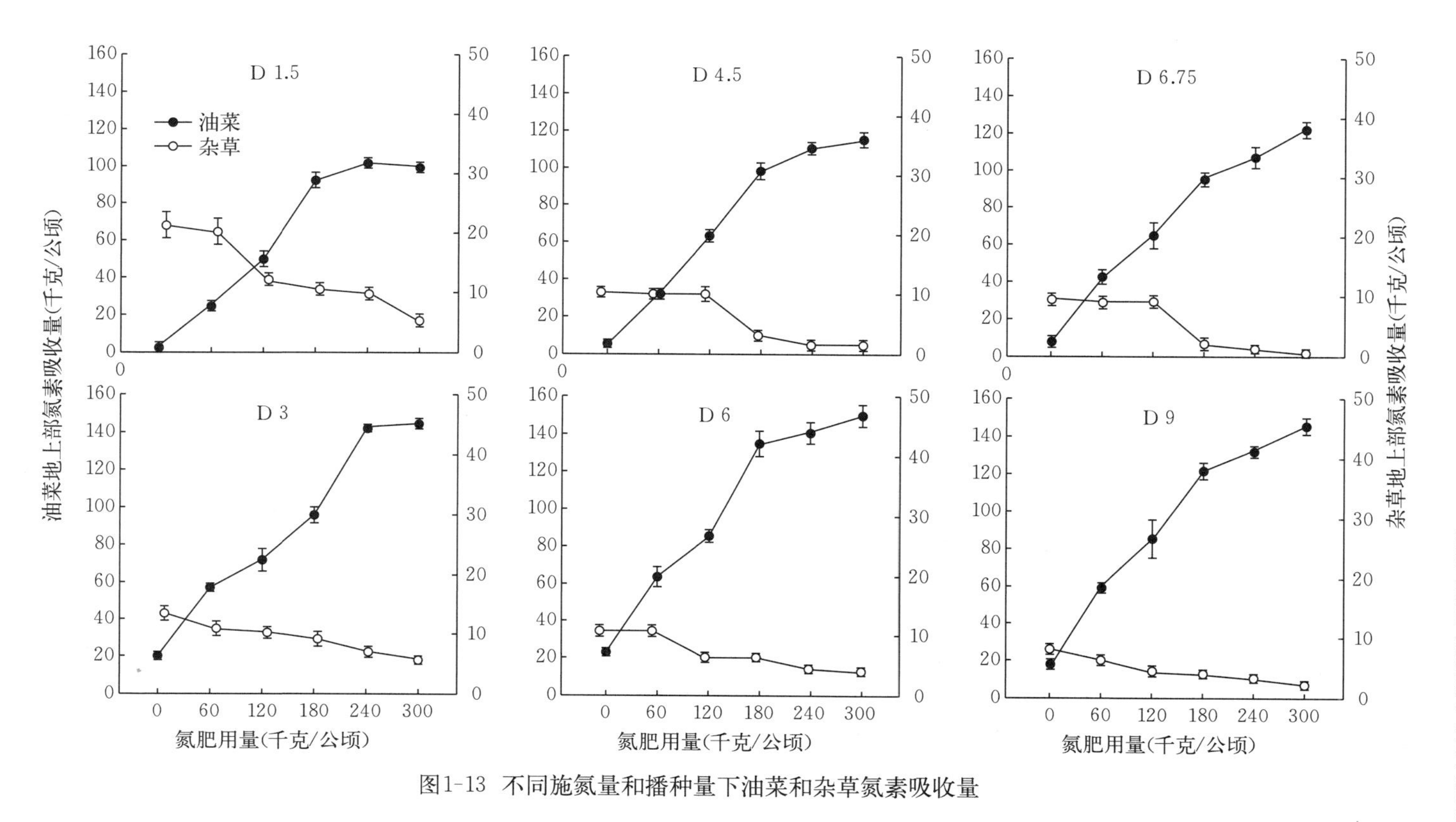

图1-13 不同施氮量和播种量下油菜和杂草氮素吸收量

3. 播种与施肥

播种时间选择10月中上旬。可采用机械播种或人工撒播，播种量为每亩0.3～0.4千克。氮肥（N）每亩施用12～14千克，其中，60%氮肥基施，其余分别在越冬期（20%）和抽薹期（20%）追施。每亩施用磷肥（P_2O_5）6千克，钾肥（K_2O）8千克，磷钾肥可全部作基肥。氮、磷、钾肥可分别选用尿素、过磷酸钙和氯化钾。每亩施用硼砂1千克，可选择与种子同播。

4. 病害防治

播种前每亩施用每毫升10^6个盾壳霉孢子液60升兑水30千克左右进行菌核病防治。2月下旬至3月上旬在初花期采用无人机喷施45%咪鲜胺37.5毫升/亩加助剂融透20毫升/亩防治菌核病。

5. 适时收获

5月上旬待全株90%角果呈黄色，油菜籽成熟度达90%时，用联合机械一次性收获脱粒。

（四）适用范围

本技术主要基于长江中游水旱轮作区油菜化肥农药减施研究结果产生，适用于长江中游水旱轮作区，也可为其他生态条件相似的区域提供参考。

（五）研发者联系方式

华中农业大学联系人：鲁剑巍，邮箱：lujianwei@mail. hzau. edu. cn。

中国科学院武汉植物园联系人：王利，邮箱：wangli2630000@hotmail. com。

（本节撰稿人：王利、任涛、鲁剑巍）

十、前茬玉米套种豆科绿肥油菜化肥替减技术

（一）技术研发的背景及意义

玉米—油菜轮作是湖北旱旱轮作区主要的轮作模式之一。针对湖北玉米油菜轮作区化肥用量偏高、有机肥施用不足、长期化肥施用下土壤耕地质量下降，同时油菜播种期土壤墒情较差等生产实际问题，中国农业科学院油料作物研究所、黄冈市农业科学院开展玉米油菜轮作模式玉米套种豆科绿肥油菜化肥替减种植模式的关键技术环节与技术参数研究，提出前茬玉米套种豆科绿肥油菜化肥替减技术。

该技术具有以下优点：在玉米油菜轮作制度中，玉米季行间套种豆科绿肥，既合理配置群体结构，充分利用光、热、水、肥等资源，挖掘土地产出潜力，又可为后茬油菜提供优质有机肥源，是实现油菜减肥增效的一种有效途

径。而且，豆科绿肥的生物固氮作用以及对地面的覆盖降低地表蒸发均有利于油菜的生产。该项技术为湖北玉米油菜轮作区油菜生产的化肥减量增效提供新思路，为提升湖北油菜绿色优质高产提供技术支撑。因此，对提升玉米油菜轮作区油菜产量与品质具有重要的意义。

（二）技术研究的主要结果

为验证前茬玉米套种豆科绿肥油菜化肥替减技术在油菜生产中的应用效果，2018—2020年在湖北黄冈开展田间试验，前茬玉米设置套种豆科绿肥（拉巴豆）和玉米单作两个处理，油菜季在当地油菜习惯施氮量（N，15千克/亩）的基础上设置减氮处理进行对比研究，两年试验结果显示：玉米季套种豆科绿肥并在油菜种植前翻压还田，在油菜季氮肥减施25%和35%的情况下油菜产量（156.3千克/亩 和198.2千克/亩）与全量施氮处理的油菜产量（171.3千克/亩和204.8千克/亩）相比均没有显著差异。说明绿肥还田可代替25%～35%的化学氮肥，按每亩减少尿素用量25%～35%、尿素单价以2.00元/千克计算，在不减产的情况下，每亩仅尿素成本可减少13.04～18.26元。

此外，豆科绿肥翻压还田有效增加了土壤有机质含量。与前茬玉米单作处理相比，玉米季套种豆科绿肥并在油菜播种前翻压可显著增加土壤有机质含量。两年试验结果表明，与普通的玉米油菜轮作处理相比，玉米季套种豆科绿肥处理土壤有机质含量在不施氮、减氮35%和减氮25%的情况下分别提高了27.96%和39.81%、19.80%和9.93%及15.15%和6.52%。土壤有机质增加有助于改善土壤结构，调节土壤水、肥、气、热，提高土壤保水保肥能力，进而提升土壤肥力并增加作物产量。

（三）技术的关键要点

1. 品种选择

油菜选用生育期适中、耐迟播、抗倒性好、抗病性强、适合机收的优质高产品种，玉米选择适宜当地种植，具有高产、抗病、抗旱性强等特点的品种；豆科绿肥选择适应性强、耐阴、生物量大、生长速度快的品种，如拉巴豆。

2. 种植模式

夏季采用宽窄行种植玉米，在玉米宽行套种绿肥（图1-14）。其中，宽行160厘米，窄行40厘米。在宽行穴播2行拉巴豆，一般行距40厘米，株距8厘米，用种量2千克/亩；玉米种在窄行，根据品种特性株距15厘米，密度约为0.37万株/亩，一般播量为2.5千克/亩。玉米在前茬油菜收获后半个月内种植，豆科绿肥和玉米同时播种。油菜采用直播方式，播量为0.35千克/亩。

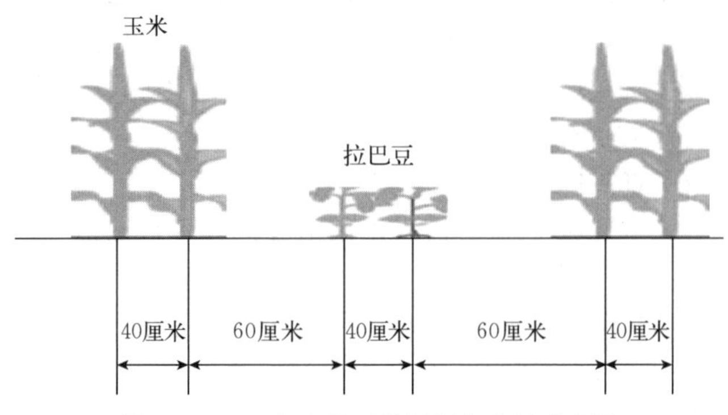

图 1-14　玉米套种豆科绿肥宽窄行示意图

3. 整地与施肥

前茬作物在收获后，要及时深耕，深度在 20～40 厘米之间，并精细整地，达到“齐、平、松、碎”的标准。芽前用 0.96 千克/升精异丙甲草胺乳油 50 毫升/亩均匀喷洒土壤表面进行土壤封闭除草。施肥量以湖北黄冈为例：

（1）玉米施肥。施肥量按农户习惯，N、P_2O_5、K_2O 为 13 千克/亩、6 千克/亩、9 千克/亩。其中氮肥（N）的 60%（7.8 千克/亩）和全部的磷钾肥基施，剩余 40%的氮肥（5.2 千克/亩）在玉米喇叭口期追施。豆科绿肥不额外施肥。

（2）油菜施肥（减氮 25%）。N、P_2O_5、K_2O、B 为 11.27 千克/亩、4 千克/亩、5 千克/亩、0.5 千克/亩，其中氮肥（N）的 60%（6.8 千克/亩）和全部的磷钾硼肥基施，剩余 40%的氮肥（4.47 千克/亩）在油菜越冬期或薹期追施。

肥料种类分别为尿素、过磷酸钙、氯化钾和硼砂，或选用当地市场销售的种类。

4. 田间管理

（1）追肥。在玉米大喇叭口期和油菜越冬期或薹期追肥，豆科绿肥不追肥。

（2）病虫害防治。玉米苗期选用 50%辛硫磷或 40%毒死蜱加水喷拌沙性细土 40 千克/亩，于傍晚逐苗施于幼苗根部，用毒土 20 千克/亩防治玉米地下害虫、小地老虎。油菜播种前用 70%噻虫嗪湿拌种剂等 1∶100 种子包衣，播种量为 0.35 千克/亩；盛花初期用植保无人机喷施 45%戊唑·咪鲜胺水乳剂 0.02 千克/亩防治菌核病；拉巴豆用 48%毒死蜱乳油 30 毫升/亩，兑水 30 千克/亩喷雾防治蚜虫。

(3) 绿肥翻压。玉米收获后拉巴豆和玉米秸秆一同用灭茬机粉碎还田，同时喷施 40 亿个/克盾壳霉可湿性粉剂 0.09 千克/亩加快玉米秸秆的腐解。

(四) 适用范围

本技术适用于湖北旱旱玉米—油菜轮作区。

(五) 注意事项

(1) 套种豆科绿肥的宽窄行间距不宜太窄也不宜太宽，以免影响玉米产量。

(2) 豆科绿肥和前茬玉米秸秆需在油菜播种前 15～20 天完成翻压，以利于秸秆腐熟分解，以免影响油菜播种和出苗。

(六) 研发者联系方式

中国农业科学院油料作物研究所联系人：秦璐，邮箱：qinlu－123@126.com。

黄冈市农业科学院联系人：常海滨，邮箱：chang100362@163.com。

（本节撰稿人：秦璐、顾炽明、常海滨、黄威）

十一、春油菜田绿肥培肥与氮肥减施技术

(一) 技术研发的背景及意义

氮素作为油菜的生命元素，对于油菜生长发育至关重要，施用氮肥可以极大提高油菜产量。但在实际生产中，农民为了追求高产，过量施用氮肥现象较常见。在青海省春油菜主产区的调研结果显示，有近 40%的农户施氮过量，而在全国范围内，油菜平均氮肥施用量也已达 12.07 千克/亩，远高于西方发达国家，但氮肥利用率却不超过 40%。这不仅浪费了资源，减少了农民收益，同时也增加了环境负担。因此，在农业绿色可持续发展的背景下，确保油菜高产的同时减少氮肥的施用量，对于油菜产业的发展至关重要。然而，化肥投入减少而油菜产量不减甚至增加，这对土壤养分供应能力是个极大的挑战。保证土壤肥力不退化、养分不亏缺，有机肥的施用就显得极为重要。

传统的有机肥源包括各类畜禽粪便、秸秆、绿肥、草木灰、饼粕、污泥废水和生活垃圾等。但在农村变革和经济发展中，有机肥资源发生了巨大的变化，除了畜禽粪便、秸秆和绿肥这几种主要有机肥种类外，其他传统有机肥目前均不占重要地位。畜禽粪便资源随畜牧业的发展迅速增长，但是畜禽粪便有害物含量过高问题也日益严重，制成商品有机肥成本较高。作物秸秆量随产量增加而不断增加，但是仍面临农机化程度低、秸秆还田病虫害增加的问题。而绿肥作为我国传统有机肥，由于耕地面积不断减少和粮经作物种植需求造成其

种植面积不断减少。综上所述，各种有机肥源的推广使用都存在一些问题，要想充分利用我国的有机肥资源，因地制宜或许是更好的选择。

春油菜产区要想因地制宜地发挥有机肥的作用，种植绿肥是一个极好的选择。首先，青海、甘肃等春油菜产区小麦/青稞收获后，田地存在一段较长的休闲期，如果选择种植绿肥，可以提高土地的资源利用率，培肥土壤，改善土壤理化性状。其次，这些地区具有种植绿肥作为青贮饲料的传统，绿肥资源较丰富，推广性较强。综上，在春油菜产区种植绿肥作为有机肥是可行的，但是目前春油菜区有关种植绿肥与氮肥减施相结合的研究较少，具体应用上仍存在较大的空白。因此，在春油菜区开展绿肥培肥土壤与氮肥减施技术的研究，对于实现春油菜产业的氮肥减量和绿肥资源的充分利用具有重要意义。

（二）技术研究的主要结果

在青海、甘肃等春油菜产区，于前一年小麦/青稞收获后（8 月上旬至 9 月上旬）播种豆科绿肥（箭筈豌豆或者毛叶苕子），2 个月后于土壤上冻前翻压还田。翌年春季播种春油菜，氮肥用量比当地平均用量可降低 20%～30%。

（三）技术的关键要点

1. 绿肥种植技术

（1）品种选择。绿肥选择适宜当地种植的豆科作物，如箭筈豌豆或者毛叶苕子等，应有较强的适应性，生物量大，根瘤数量多，翻压还田后培肥效果较佳。

（2）整地与施肥。一般在小麦/青稞收获后抢时整地。可用旋耕机翻耕灭茬，或者不整地直接免耕硬茬播种。在肥力中等以上的地块，可以不施肥；如果土壤肥力较低，建议每亩施用 24～40 千克过磷酸钙。

（3）播种。在小麦/青稞收获后播种绿肥，一般在 8 月，最迟不晚于 9 月中旬。绿肥撒播或条播，撒播时将种子均匀撒入田间，然后用旋耕机浅旋即可。旋耕机翻耕后，条播为好，行距 20～25 厘米。播深视品种不同，控制在 3～5 厘米即可，墒情差的地块播深可至 5～7 厘米。条播时，毛叶苕子播量为 4 千克/亩，箭筈豌豆播量为 10 千克/亩。撒播时播量可增加 10%～20%。其他豆科绿肥根据千粒重大小，在保证每亩基本苗 3 万～5 万株的前提下具体确定播量。

（4）绿肥翻压。绿肥生长 2 月后（一般在盛花期，土壤上冻以前）用深翻机翻压绿肥，如果绿肥生物量过大，可以先用打草机将绿肥打碎或者人工刈割、铡短，然后用深翻机翻压。

2. 油菜种植技术

（1）品种选择。油菜品种为当地主栽品种，如青杂 5 号和圣光 402 等。

(2) 整地与施肥。一般在开春后适时整地与施肥。由于翻压绿肥，因此氮磷化肥用量比当地推荐量降低20%左右，氮肥（N）用量5.3~8.0千克/亩，磷肥（P_2O_5）用量4~6千克/亩。氮磷化肥全部均匀撒施后用旋耕机翻耕。根据土壤养分调研结果，青海省油菜田有效硼含量缺乏严重，应在播前土施硼砂0.8~1.0千克/亩，或在苗期、薹期分两次叶面喷施。

(3) 播种。待气温基本稳定后播种油菜，一般在3月下旬至4月下旬。采用人工或机械播种，宽行间距40厘米，窄行间距20厘米（两窄行一宽行），株距20厘米，每穴播种3粒种子。在播种过程中应注意保证整体播种深度适当，大概控制在2.5厘米左右。

(4) 田间管理。在油菜苗长出3~4片叶时，要及时进行中耕除草，合理确定留苗密度，并按时灌水。对于虫害，采用物理防治技术，在油菜种植周围设置黄色黏虫板，高于植株10~15厘米，利用昆虫的趋色性诱杀害虫。

(5) 收获。有2/3以上的荚果自然黄熟时机械或人工收获（一般在8月下旬至9月中旬）。

（四）技术适用范围

本技术适用于春油菜产区种植绿肥培肥土壤，减少氮肥投入，可供长江流域冬油菜产区参考。

（五）研发者联系方式

西北农林科技大学联系人：高亚军，邮箱：yajungao@nwsuaf.edu.cn。

（本节撰稿人：高亚军）

十二、基于冠层高光谱特征的冬油菜氮磷钾养分亏缺诊断技术

（一）技术研发的背景及意义

油菜的合理施肥是保证稳产和高产的重要措施。然而，过量施用化肥一直是我国农业面临的突出问题，造成一系列环境问题，如土壤酸化、水质下降、温室气体排放等。近些年，多种化肥减量措施开始实施，合理施肥已初见成效。合理施肥有赖于对作物养分状态的精准评估。传统的测土配方施肥法和测量农作物养分含量的化学分析方法存在费时费力，难以在宏观尺度上实施等问题，影响了农业决策的时效性、全面性、客观性。遥感技术不仅能利用光谱特征高效、无损地监测农作物的养分状况，也使大面积的养分诊断成为可能。

多光谱和高光谱遥感是探测农作物养分状况的重要技术手段。不同养分元素亏缺下作物的光谱特征既有共性也有区别。共性体现在不同养分元素亏缺造成的叶绿素含量减少，从而导致红光波段反射率升高和红边位置移动。光谱特

征的特异性则是区分不同养分元素亏缺的关键。已有研究表明，不同养分元素的变化会导致不同色素的相对含量和变化程度有所差别，以及冠层结构和其他生理生化参数的变化，进而使作物对于不同养分元素亏缺的光谱响应有所区分。例如，近红外波段适合探测油菜的磷养分胁迫，而红波段和绿波段的反射率最适合探测油菜的氮养分胁迫。明晰不同养分丰缺下油菜的光谱响应，并利用对不同养分敏感的冠层特征波段构建油菜氮、磷、钾养分亏缺诊断模型对实现油菜大范围、无损的养分亏缺遥感诊断具有重要意义。

（二）技术研究的主要结果

本研究提出了一个新的方法用于选择对冬季油菜不同养分缺乏水平敏感的光谱波段，并将光谱特征转换为新的概率特征，使用集成方法来诊断养分缺乏水平。结果表明，所选择的波段与氮、磷、钾养分元素的生理和生化过程相符合。氮的敏感波段主要集中在对叶绿素敏感的红光和红边波段，分别是630纳米、640纳米、650纳米、660纳米、670纳米、680纳米、690纳米，此外还包括SWIR区域中的3个波段（2 000纳米、2 020纳米和2 070纳米）。磷的敏感波段主要集中在近红外区域（810纳米、910纳米、1 120纳米和1 420纳米）和中红外区域（2 000纳米和2 040纳米）。钾的敏感波段主要集中在中红外区域，分别是2 030纳米、2 040纳米、2 070纳米、2 080纳米、2 100纳米、2 260纳米和2 290纳米。

基于所筛选的特征光谱，通过一系列随机森林分类器将原始的反射率光谱转换为新的概率特征，在很大程度上增强了养分缺乏水平和正常施肥状况之间的差异。使用新的概率特征作为模型输入，养分缺乏诊断的总体精度达到80.09%，比基于光谱波段特征的单个随机森林模型的精度高16.74%，比支持向量机模型精度高18.91%，比人工神经网络模型精度高36.20%。本研究的结果为利用遥感数据和多种模型集成来区分作物的不同营养亏缺水平提供了有力支撑。

（三）技术的关键要点

（1）技术条件。配备便携式地物光谱仪，校正白板一块，计算机，Python软件。

（2）数据采集。在晴朗、无风的天气，于11:00—13:00采集光谱数据。在测量冠层光谱之前，使用白色参考面板进行校准，采集数据时将光纤探头置于油菜冠层上方1米处，每个试验小区采集3～5条光谱。

（3）诊断模型构建。本研究所提出的集成技术框架包括3个模块，第一个模块旨在通过选择对N、P和K敏感的光谱波段来降低高光谱维度。利用每个养分不同的数据子集建立6个模型，根据变量的重要性来选择波段。在第二个模块中，所选的波段用于训练 N、P 和 K 缺乏模型。每个养分缺乏模型生成 3 个营养水平（重度、中度和正常）的概率。从 N、P、K 缺乏模型得出的 9 个概率组成了新特征（N _ sev%、N _ med%、N _ nor%、P _ sev%、P _ med%、P _ nor%、K _ sev%、K _ med%、K _ nor%）。第三个模块利用新的概率特征将光谱分类为重度缺 N、中度缺 N、重度缺 P、中等缺 P、重度缺 K、中等缺 K 或正常条件。所使用的分类模型为随机森林分类模型。

（四）技术适用范围

本技术适用于长江流域冬油菜田间氮、磷、钾养分缺乏诊断，可供春油菜产区养分丰缺诊断参考。

（五）研发者联系方式

华中农业大学联系人：刘诗诗，邮箱：ssliu@mail. hzau. edu. cn。

（本节撰稿人：刘诗诗）

十三、油菜养分丰缺精准分子诊断技术

（一）技术研发的背景及意义

矿质元素是植物正常生长发育所必需的营养物质，但过少或过多的矿质养分均会影响植物生长，进而抑制产量形成。因此，农作物生产中合理供应养分极为重要。油菜作为我国第一大油料作物，对保障我国粮油安全和合理利用耕地资源非常重要。据报道，油菜生产过程中过量或不合理施用氮肥的现象相当普遍。油菜对氮素的依赖程度高，需求量达到 9 ～14 千克/亩，但氮素利用率较低，且对缺氮敏感。因此，在当前节肥增效的大背景下，保持高产的同时减少氮肥投入对于确保油菜在农业、经济以及环境等多方面的竞争力至关重要。在减肥的同时要保证产量不受影响甚至有所增加，及早进行油菜营养诊断显得非常重要。

传统的作物田间营养诊断方法包括形态诊断、根外喷施诊断、酶学诊断以及化学诊断等。以油菜缺氮为例，氮素在植物体内易移动，因此缺氮时油菜生长瘦弱、矮小，叶片自下而上出现黄化，茎秆发紫，生长受到严重抑制，成熟期产量下降。生产上目前常用的诊断作物养分丰缺的方法为化学诊断法，主要通过分析测试植物体内的养分浓度及土壤有效养分含量，来确定作物的营养状态。然而，这种方法费时费力，无法在作物养分缺乏的早期进行快速诊断。

当植物处于逆境状态时，其体内的小分子物质如基因会先于生理及表型的改变而发生变化，这为开发植物分子诊断技术提供了理论基础。随着分子生物学的快速发展，在生命科学领域产生了许多新的技术和研究热点。基于 PCR

技术已经开发了多种适合不同条件的DNA分子标记技术。目前关于分子诊断在植物病害方面的研究较多，比较准确、快捷，但是在植物营养诊断方面的研究较少。虽然分子诊断大多数停留在实验室水平，但其拥有快速、准确、特异、灵敏等优点。因此，开展油菜养分丰缺精准分子诊断技术研究，对于实现油菜氮素营养的分子鉴定和早期诊断具有重要意义。

（二）技术研究的主要结果

该研究主要利用转录组学和代谢组学方法分析了油菜在氮、磷、钾元素缺乏时成熟功能叶中的差异基因和代谢物，在此基础上筛选出了特异响应氮、磷、钾胁迫的差异基因和代谢物，然后结合田间试验，将养分胁迫特异响应基因的表达水平与大田不同处理材料的养分含量进行建模，最终明确了可用于油菜氮素缺乏诊断的分子技术及操作方法。

首先，笔者通过转录组学技术在油菜的成熟功能叶中获得了缺氮特异响应基因10 687个，缺磷特异响应基因4 347个，缺钾特异响应基因528个。同时，获得了缺氮特异响应代谢物681个，缺磷特异响应代谢物363个，缺钾特异响应代谢物330个。通过数据建模分析发现，部分基因和代谢物可用于田间缺素诊断。

其次，通过比较分析基因在不同氮素浓度条件、不同组织部位、不同缺素时间点的表达模式，进一步明确了用于分子诊断的基因对养分缺乏的敏感度及响应速度。结果表明，部分基因在养分缺乏24小时内及不同养分浓度下表现出显著的表达变化，且相应的代谢物水平也随之改变。相比传统的形态诊断和化学诊断等方法而言，这种检测方法能在油菜养分缺乏的早期做出快速诊断。因此，笔者选取表达稳定特异，同时在表达水平及代谢物均受氮素胁迫快速上调表达的基因作为分子诊断的目标基因。

（三）技术的关键要点

（1）技术条件。配备常规RNA提取及凝胶成像系统，配备常规PCR仪和定量PCR仪，配备植物干冰取样保存条件。

（2）操作方法。大田尺度上，植株的生育期及取样部位会对分子诊断结果产生影响，因此要注意取样时期。以氮素为例，在越冬期（5~6片叶）取充分展开的成熟功能叶，或在蕾薹期取下部成熟功能叶（避免衰老叶片）为好。取样时，随机选取3～5株样进行混合，每个单株样品大小为1～2厘米^2。取样后将植物鲜样立即放入干冰或液氮中保存，备用。

（3）诊断过程。提取样品的RNA，反转录成cDNA，通过半定量PCR和定量PCR分析3～5个油菜缺素特异基因的表达丰度。

（4）诊断结果判断。根据基因的表达水平确定植株的缺素程度。一般情况，半定量结果显示 PCR 30 个循环以内能检测到明显的基因条带，即表明植株处于缺素状态；定量结果显示基因表达水平超出正常施肥的 2 倍以上，即表明植株处于缺素状态。在实际诊断中，可将二者结合。一般来说，基因的表达量越高，作物受养分胁迫越严重。施肥后，当基因表达消失或恢复至正常水平时，即表明养分供应充足。

（四）技术适用范围

本技术适用于长江流域冬油菜田间营养缺乏诊断，可供春油菜产区养分丰缺诊断参考。

（五）研发者联系方式

华中农业大学联系人：丁广大，邮箱：dgd@mail. hzau. edu. cn。

（本节撰稿人：丁广大）

第二章 <<<
油菜农药高效施用与替代关键技术

一、盾壳霉防控油菜菌核病技术

（一）技术研发的背景及意义

菌核病是我国油菜生产上的首要病害，发病重的年份或区域，菌核病的发病率超过 50%，特别在长江流域油菜种植区菌核病危害更为严重，严重年份发病率超过 80%，严重制约了我国油菜的生产。菌核病病原核盘菌的寄主范围广泛，可侵染超过 600 多种植物；核盘菌菌核抗逆性强，可以在土壤中存活多年，条件适宜时萌发产生菌丝或子囊孢子侵染寄主；同时菌核病的病害循环复杂，目前在多个油菜种植区域的田间均发现了苗期侵染的菌核病症状；而且目前生产中缺乏可以有效利用的抗病品种，因此油菜菌核病的防治主要依靠以多菌灵或菌核净为主的单剂或复配制剂，但由于长期大量使用单一农药，生产中面临的抗药性问题非常突出，目前在我国多个省份发现了抗多菌灵的核盘菌菌株，导致田间药剂量提高而防效并不理想，并且对环境不友好，因此研发油菜菌核病的绿色防控技术势在必行。盾壳霉是核盘菌的重寄生真菌，可以寄生核盘菌的菌丝和菌核，在播种时土壤处理可以控制菌核病的初侵染源，在花期施用可以控制菌核病的再侵染，因此盾壳霉制剂在菌核病的生物防控方面具有极大的应用潜力。

（二）技术研究的主要结果

在前期研究基础上，2017—2019 年笔者在湖北、湖南、安徽和四川等地进行了盾壳霉防治油菜菌核病试验。试验中设置了 4 个处理，包括盾壳霉土壤处理、盾壳霉土壤和油菜初花期喷施处理、盾壳霉土壤和油菜初花期喷施减量咪鲜胺处理（25%乳液 70 毫升/亩 2 000 倍液喷施）、油菜初花期喷施咪鲜胺处理（25%乳液 100 毫升/亩 2 000 倍液喷施），同时设置不做任何防治处理的空白对照。油菜收获前一周调查油菜菌核病的发病率和病情指数，并在油菜收获时进行产量测定。

结果表明，盾壳霉在田间可以有效防治油菜菌核病。以 2018—2019 年度在安徽当涂的研究结果为例，盾壳霉土壤单独处理组的病指防效为

43.9%，增产效果为5.2%；盾壳霉土壤和花期喷施处理组的菌核病防治效果明显增强，病指防效为54.7%，增产效果为15.9%，均优于盾壳霉土壤单独处理组，病指防效及增产效果均与盾壳霉土壤处理结合花期喷施减量咪鲜胺处理组效果相当，优于咪鲜胺单独处理组。同时，其他地区的试验结果均表明，盾壳霉对油菜菌核病的防治效果好，可以有效降低农药使用量。而在连续多年使用盾壳霉防治菌核病的定点试验中，盾壳霉防治菌核病的效果更加明显。

（三）技术的关键要点

（1）盾壳霉（10^{37}个/千克）用量为0.1千克/亩，条件允许时可以加大使用量至0.2千克/亩；施用方式为播种前或播种时土壤处理，或在油菜初花期喷施；土壤处理结合油菜花期喷施，防病效果最佳。

（2）使用井水或河水等配置，不宜用自来水；注意充分混匀，搅拌后放置5～10分钟，使活力孢子充分溶于水中，喷雾前再次搅拌混匀。

（3）油菜初花期喷雾时要注意保护油菜茎秆基部及中下部叶片；建议在阴天或15:00以后施用。

（4）盾壳霉可与除草剂及肥料等同时施用，但应避免和杀菌剂同时施用。

（四）技术适用范围

本技术适用于菌核病发生严重的油菜种植区。

（五）研发者联系方式

华中农业大学联系人：程家森，邮箱：18007178787@163.com。

（本节撰稿人：姜道宏、付艳苹、程家森、谢甲涛）

二、油菜防病健身栽培技术

（一）技术背景及研发意义

油菜是我国主要油料作物之一，菌核病、根肿病、蚜虫等是严重影响油菜绿色高效生产的重大生物灾害。特别是近年来，由于气候变化、主栽品种感病以及轻简化栽培等诸多因素的影响，油菜菌核病在我国包括安徽在内的长江中下游地区危害逐年加重，连年暴发成灾，严重制约了油菜生产。目前，由于抗病品种匮乏，对于油菜菌核病的防治主要采用药剂防治的措施，而农药的长期大量施用又导致“3R”（residue、resistance、resurgence）问题日益突出。因此，迫切需要寻求替代化学农药的安全有效的防治措施。笔者连续多年开展了栽培措施对油菜主要病虫害的控制效应研究，根据研究结果集成了“油菜防病健身栽培技术”。该技术对于控制油菜病虫害危害、减少农药使用和残留污染、保障油菜优质高效绿色生产具有重要意义。

（二）技术研究的主要结果

在前期调查研究的基础上，2017—2019 年笔者在肥东县石塘镇开展了栽培措施对油菜菌核病的控制效应试验研究，考察了深沟高垄或清沟排水、中耕培土、摘除老黄叶和花期叶面喷施硼（B）、钾（K）肥等措施的控病增产效果。结果表明，在试验考察的 4 种单一栽培措施中，对菌核病的防治效果以中耕培土最佳（52.5%），其次为摘除老黄叶（47.3%）；增产效果以中耕培土最佳（18.4%），其次为花期叶面喷施硼、钾肥（16.4%）。健身栽培技术示范区（实施深沟高垄或清沟排水、中耕培土、摘除老黄叶、花期叶面喷施硼、钾肥）菌核病平均防治效果为 54.8%，增产 21.4%。试验证明，深沟高垄或清沟排水、中耕培土、摘除老黄叶和花期叶面喷施硼、钾肥等措施对油菜菌核病的防治效果及增产效果显著，可在生产上推广应用。

（三）技术的关键要点

（1）合理轮作。菌核病、根肿病发生重的地区可实行与禾本科作物等非寄主作物 3 年以上轮作。水旱轮作对菌核病防控效果尤佳，但需注意根肿病发生地区不宜水旱轮作。

（2）品种选择。选用适合产地自然环境和耕作制度的双低油菜品种。根肿病发生区域选择抗根肿病的油菜品种。

（3）肥料施用。油菜生产中禁止使用油菜秸秆、果壳作农家肥。非缺硫土壤不宜使用含硫化肥。采用平衡施肥技术，实行有机肥和无机肥结合，氮、磷、钾、硼肥配合施用。在常规施肥的基础上，在初花期叶面喷施磷酸二氢钾＋速效液体硼肥（常规浓度）。

（4）栽培管理。3 月初至中旬进行中耕、除草，破坏菌核病菌子囊盘，摘除病老黄叶集中销毁，同时清沟覆土，以降低田间湿度，掩埋子囊盘。

（四）技术适用范围

本技术以双低油菜为主制定，也适合于非双低油菜；适用区域为长江中下游冬油菜种植区。

（五）研发者联系方式

安徽农业大学联系人：高智谋，联系电话：0551 - 65786322；邮箱：gaozhimou@126.com。

（本节撰稿人：高智谋、潘月敏、朱宗河、檀根甲、李桂亭、陈方新、羊国根、蒋冰心）

三、油菜菌核病防控农药增效减量技术

（一）技术研发的背景及意义

菌核病是油菜生产上的重要病害，在我国以长江流域油菜产区发生最重，常年株发病率高达10%～30%，严重时高达80%以上。油菜菌核病还可导致菜籽含油量锐减，严重影响油菜的产量和品质，因油菜菌核病造成的直接经济损失每年可达数亿元。由于目前尚缺乏抗菌核病的油菜品种，油菜菌核病仍以化学防治为主。自20世纪70年代以来，以多菌灵为主的苯并咪唑类和以菌核净为代表的二甲酰亚胺杀菌剂被登记用于油菜菌核病的化学防控，但长期以来的单一使用，导致菌核盘菌的抗药性问题频发，药效下降，为了达到药效，农民随之盲目加大使用剂量，抗药性群体筛选更加严重，有些区域甚至防效完全丧失，长此以往，形成恶性循环，油菜菌核病的防控形势不容乐观。近年来，新型琥珀酸脱氢酶抑制剂啶酰菌胺被广泛投入油菜菌核病的防治中，一定程度上缓解了多菌灵和菌核净的抗药性压力，但随着使用年限的增长和不当使用，啶酰菌胺抗药性群体也已见报道。科学选药、用药，不仅能提高农药的防效，还能缓解和防止抗药性的发生，对油菜产业的可持续发展意义重大，也是对国家倡导的环境友好型农业的良好响应。

（二）技术研究的主要结果

通过整合前期研究工作中的油菜菌核病菌防治药剂组合增效技术，研发了啶酰菌胺与氯啶菌酯（2∶1）复配组合药剂（NAU-R1），通过田间药效试验验证，发现该药剂对油菜菌核病的田间防效良好。笔者于2018—2019年分别在内蒙古、湖南、江西、安徽、贵州、陕西、湖北和江苏等地进行了核心试验和示范推广，结果表明该药剂在农药显著减量的条件下油菜菌核病防治效果良好。2019年该技术在江苏省油菜示范面积达4 300亩，与常规药剂多菌灵相比，防效增加64.58%、药剂减量90%、千粒重增加7.3%，减量增效效果显著。总体来说，啶酰菌胺·氯啶菌酯（2∶1）组合与常规药剂相比，体现出“三增一减一延缓”的优势，即增效、增产、增收、减药、延缓抗性产生。

在药剂成本方面，目前我国登记用于防治油菜菌核病的化学药剂主要以多菌灵和菌核净为主，多菌灵每次用药剂量为50克/亩，根据有效成分含量进行折算，两次用药成本约为12.8元；菌核净每次用药剂量为40克/亩，两次用药成本约为14.6元；啶酰菌胺与氯啶菌酯组合按照用药剂量8克/亩算，两次用药成本约为13.4元。因此，NAU-R1与已有药剂的用药成本相当，但用药剂量降低80%以上，并且防效更佳（表2-1）。

表 2-1　啶酰菌胺·氯啶菌酯（2∶1）组合对油菜菌核病的田间防效

药剂	使用剂量（克/亩）	防效（%）	防效增加（%）	药剂减量（%）	千粒重（g）	千粒重增加（%）
NAU-R1	8	91.62	64.58	90	3.82	7.3
菌核净	40	78.51	—	—	3.71	4.2
多菌灵	50	55.67	—	—	3.62	1.7
CK	—	—	—	—	3.56	—

（三）技术的关键要点

（1）啶酰菌胺与氯啶菌酯按有效成分含量 2∶1 配比，作为增效减量防治药剂。

（2）在油菜菌核病常发年份或重发区，建议用药两次：第一次用药在始花期（主茎开花约为 50%），间隔 5～7 天在盛花期第二次用药（主茎开花约为 80%）；每次用药剂量为 8 克/亩，喷雾防治。

（3）在油菜菌核病偶发年份或轻发区，建议用药一次：在主茎开花约为 50%时进行喷雾防治，用药剂量为 8 克/亩。

（4）种植散户可用背负式喷雾器兑水 30～50 千克进行喷雾，种植大户或集约化种植者可采用无人机或其他施药器械。

（5）施药时尽量避免大风、阴雨、高温、高湿天气，以免影响药效。

（四）技术适用范围

本技术适用于长江中下游油菜主产区及长江流域稻油轮作地区，其他冬油菜产区可根据当地栽培措施进行适当调整。

（五）研发者联系方式

南京农业大学联系人：段亚冰，邮箱：dyb@njau.edu.cn。

（本节撰稿人：段亚冰、周明国）

四、植保无人飞机精准施药技术

（一）技术研发的背景及意义

目前，防治油菜菌核病主要还是背负式喷雾器或担架式喷雾机等传统施药方式，这些传统施药方式不仅施药液量大、浪费严重，还造成了环境污染和操作者中毒等一系列问题。并且目前农村劳动力不足，传统施药方式劳动强度偏大，盛花期田间封行的情况下行走困难，加上油菜种植效益比较偏低等因素导致农户防治菌核病的积极性不高，从而使菌核病高发严重影响油菜籽的产量和品质。因此，迫切需要新型高效植保施药装备。而小型植保无人飞机施药液量少，旋翼产生的向下气流不仅有助于增加雾滴的穿透性，还能有效减少药剂飘移，降低对环境的危害，且人机分离可避免喷洒作业人员中毒，提高了喷洒作业安全性。因此，开展小型植保无人飞机施药技术及装备研究对农药减施具有十分重要的意义。

（二）技术研究的主要结果

1. 植保无人飞机施药技术及装备研究

（1）植保无人飞机施药作业参数优化。在一定范围内（高度 1.5～2.0 米、速度 3～5 米/秒），随着喷洒高度和喷洒速度的增加，油菜下层的雾滴覆盖率也随之增加，多喷幅搭接时雾滴分布均匀性增加，重喷和漏喷现象明显减少。另外，喷洒高度对雾滴沉积分布的均匀性有较大的影响，喷洒速度对雾滴覆盖率有较大的影响，尤其是对油菜下层的覆盖率。沉积密度随着雾滴粒径的减小而增加，当雾滴粒径为 120～150 微米时，既能降低雾滴的飘移，又能增加雾滴的穿透性。

（2）植保无人飞机油菜田施药适应性改制。基于以上植保无人飞机油菜田作业参数优化的结果，对植保无人飞机油菜田作业进行了施药系统、离心雾化喷头适应性改制以及“风场-油菜-病害”匹配决策方法研究。研究了基于全球定位系统（GPS）速度反馈的变量施药控制系统，以飞行速度作为输入量控制液泵电压，实现单位面积施药液量恒定。对于已经发生菌核病的田块，探索研究了基于光谱信息处方图的变量施药方法及系统研究，建立了“严重程度-单位面积喷洒量”模型关系，为进一步开展“重则多喷、轻则少喷”的变量施药技术奠定基础。为适应油菜不同生育时期菌核病发生特点、农药不同特性（内吸、触杀）对药液雾滴大小的要求以及减少雾滴飘移、提高农药利用率，开展了不同转速、不同流量下沟槽流道结构对雾滴粒径大小、雾滴谱宽的影响研究，创制系列化窄雾滴谱离心喷嘴，实现雾滴粒径（DV50）50～200 微米可调，最小雾滴谱宽 0.86 微米。同时，开展了作业参数（作业高度、作业速度、喷洒流量、雾滴粒径）、油菜生育时期和菌核病匹配决策方法研究。

2. 植保无人飞机油菜田施药效果评估

试验结果表明，在对油菜菌核病防治试验中，无人机喷洒防治效果优于背负式电动喷雾器施药效果，特别是减药 20%的效果仍然要好于背负式电动喷雾器喷洒效果。针对小型植保无人飞机在油菜盛花初期施药防治菌核病，建议作业参数为：飞行高度 2.0 米，飞行速度 4～5 米/秒，施药液量 1.0 升/亩，雾滴粒径 120～150 微米，农药剂量可减施 10%～20%，添加助剂进行喷洒作业，防效可达 40%～65%。

（三）技术的关键要点

（1）成功改制了适应低空、低速作业条件的植保无人飞机运载平台，并与自动导航、低空低量抗飘移等多项高新技术融合，为我国植保作业提供了全新的施药技术与装备。

（2）相较于传统施药机具，作业效率提高60～100倍，用工量和劳动强度大幅降低。

（3）相较于传统施药机具，农药有效利用率提高10%～20%，可以实现节水90%以上，减少农药使用量20%。

（4）可减少常规施药作业对作物的破坏，减少作物损失，经济效益、生态效益明显。

（四）技术适用范围

本技术适用于丘陵、山地、水田、平原等不同地区的水稻、小麦、棉花、油菜、玉米等多种作物植保作业。

（五）研发者联系方式

农业农村部南京农业机械化研究所联系人：薛新宇，电话：025－84346243，邮箱：735178312@qq.com。

（本节撰稿人：薛新宇、秦维彩、孙竹）

五、油菜根肿病绿色防控技术

（一）技术研发的背景及意义

根肿病是由芸薹根肿菌（*Plasmodiophora brassicae* Woronin）侵染引起的一种世界性病害，目前我国大多数省、自治区、直辖市均有分布。油菜根肿病现已是我国长江流域和汉中地区的主要病害之一，每年还在快速蔓延，发病田块产量损失20%～30%，重病田块损失60%以上，甚至绝收。更为严重的是，如果没有有效的防控措施，根肿病严重地区的油菜就会消失。本技术是针对我国油菜育苗移栽和直播种植模式，根据病区的农民种植习惯和经济水平研制的根肿病绿色防控技术，技术推广简单易行、防治效果好、成本低、增产增效，已在湖北、四川、安徽和陕西病区示范推广，油菜根肿病的防治效果可达80%以上，菜籽增产50%以上，具有良好的经济价值和生态意义。

（二）技术研究的主要结果

（1）无病苗移栽。无病苗移栽每亩增加10千克石灰氮，成本70元，与不施石灰氮相比根肿病防治效果提高80%以上，增产油菜籽50千克以上，亩增收100元以上。

（2）直播油菜种子包衣和适时晚播。直播油菜每亩应用10%氰霜唑15毫升和600克/升吡虫啉10毫升进行种子包衣，成本16元；增施石灰氮10千克，成本70元，与不采取防病措施相比增产50千克以上，亩增收100元以上。根肿病综合防效达80%以上，增产增收、增效显著。

（3）种植抗病品种。目前生产上推广的抗病品种较少，抗病品种在重病区的防病效果显著，发病率一般可以控制在10%以下（不同品种有差异）。

（三）技术的关键要点

1. 油菜育苗移栽根肿病防治技术

（1）营养钵无菌育苗。平整苗床，在苗床表面将蜂窝状纸质育苗筒（直径6厘米×高8厘米，可降解）展开，育苗筒内填80%无菌土，用无菌水淋透再播种，种子上覆盖一层无菌土，苗龄25～30天移栽大田。

（2）大田苗床无病苗育苗。在病害较轻和人工缺乏的地方，可以进行苗床土壤消毒育苗，具体方法如下：苗床土壤整细、表面平整，用1 500倍10%氰霜唑均匀喷雾处理苗床土壤，用水量以表层15厘米土壤充分湿润为宜，播种要稀，出苗后经常间苗，以保证油菜苗叶片不重叠为宜。苗龄25～30天移栽大田，移栽时淘汰根部被侵染的幼苗。

（3）移栽田亩施45%三元复合肥40千克和石灰氮10千克作底肥，移栽密度每亩5 000株左右。在规模化生产中，可用油菜毯状苗机械移栽技术来防治根肿病。

2. 直播油菜根肿病防治技术

将15毫升10%氰霜唑和10毫升吡虫啉倒入装有500～600克种子的塑料袋中充分拌匀进行种子包衣，摊开种子晾干备用；将10千克石灰氮与45%三元复合肥40千克混匀施入大田作底肥。播种时，每亩用种量0.2～0.3千克，确保每亩油菜苗密度2.0万～2.5万株，可机播或人工撒播。

3. 抗病品种

油菜根肿病重病区选用抗病品种，防病效果显著。

（四）技术适用范围

本技术适用于全国油菜根肿病发病区。

（五）注意事项

（1）根肿病的防治重在预防，一旦作物遭到根肿病菌侵染后再用药时毫无防治效果，因此在有根肿病发生的田块必须注重预防，提前施药。

（2）育苗移栽应选用适宜当地的杂交油菜品种，有利于获得高产。

（六）研发者联系方式

中国农业科学院油料作物研究所联系人：方小平，邮箱：xpfang2008@163.com。

（本节撰稿人：方小平）

六、油菜苗期蚜虫种衣剂拌种防治技术

（一）技术研发的背景及意义

蚜虫是我国油菜生产上主要的害虫之一，常年均有较大面积发生。蚜虫危害后一般可造成油菜减产5%～20%，严重时可达40%以上，甚至绝收。目前，喷施杀虫剂为防治油菜苗期蚜虫的主要措施。该措施费工费时，且农药用量较大，易造成环境污染。种衣剂是指由相关药剂、营养元素、成膜剂、分散剂和助剂等加工而形成的具有一定强度和通透性的可直接包覆于种子表面的物质，在种子消毒、缓释药肥、防治病虫鼠害、提高作物抗逆性和降低环境污染等方面均发挥着重要作用。使用种衣剂防治病虫害具有农药施用量少、环境友好、成本低和省工的优点，现已在水稻、大豆、小麦、玉米、花生和棉花等农作物种子上广泛应用，并且取得了显著的经济、社会及生态效益。目前种衣剂在油菜上使用较少，因此针对油菜生长发育和病虫害的特点，研制并推广适宜油菜的种衣剂是提高油菜病虫害防效、减少油菜种植中农药使用量的重要途径之一。

（二）技术研究的主要结果

田间试验结果表明，采用吡虫啉种衣剂拌种能够显著降低油菜苗期蚜虫头数，对油菜苗期蚜虫的平均防效为94.3%。与喷施杀虫剂防治（出苗后每周喷施一次高效氯氟氰菊酯，共喷施3次，每次用量12.5克/亩）相比，在同等防效的情况下，使用吡虫啉种衣剂拌种可减少84%的农药施用量；试验结果同时表明，吡虫啉种衣剂拌种可提高油菜地上部生物量，在油菜出苗4周时最高增幅为26.4%。油菜测产结果表明，尽管吡虫啉种衣剂拌种后油菜的有效株数和株高略有降低，但株角果数、角果粒数、千粒重和产量均有一定程度的增加，增产幅度平均为7.9%。而且使用吡虫啉种衣剂拌种防治油菜苗期蚜虫极大减少了人工，因此该技术还可以降低油菜种植成本，提高经济效益。

（三）技术的关键要点

（1）取300克左右油菜种子，加入10毫升吡虫啉种衣剂（600克/升），快速搅拌。

（2）搅拌时无须加水，尽量使种衣剂均匀地黏附在油菜种子上，可通过颜

色判断。

（3）避免成团，如有少量聚集成团的种子，可待其稍干后再轻揉分开。

（4）种衣剂拌种后在阴凉处晾干后即可播种。

（四）技术适用范围

本技术在我国各油菜种植区蚜虫发生严重的地方均可使用。

（五）注意事项

（1）注意吡虫啉种衣剂用量，如随意增加种衣剂用量，可能导致油菜发芽率降低。

（2）使用吡虫啉种衣剂对农药敏感的油菜品种拌种时，应适量降低种衣剂用量，每 300 克油菜种子可降低至 5～6 毫升。

（3）本技术在以采蜜为主的油菜种植区慎用。

（六）研发者联系方式

中国农业科学院油料作物研究所联系人：陈旺，邮箱：chenwang@caas.cn。

（本节撰稿人：陈旺）

七、油菜苗期蚜虫物理防控技术

（一）技术研发的背景及意义

蚜虫是我国油菜种植上的主要害虫，在各主要油菜产区均有发生。油菜蚜虫主要包括萝卜蚜（又称菜缢管蚜）、桃蚜和甘蓝蚜等，3 种蚜虫在田间常混合发生，其中以萝卜蚜和桃蚜危害最为严重。蚜虫在田间繁殖力极强，常以成虫和若虫大量聚集于油菜叶片、嫩茎和花荚上，大量吸食油菜汁液并造成油菜叶片卷缩、薹茎扭曲和花器脱落，进而导致菜籽产量严重下降。蚜虫在取食油菜的同时，还可传播芜菁花叶病毒、黄瓜花叶病毒和烟草花叶病毒等多种油菜病毒病原，进一步加剧田间损失。

目前，油菜蚜虫的主要防治方法依靠喷施化学农药如吡虫啉、吡蚜酮和啶虫脒等，但化学农药的长期大量施用不仅污染环境，还容易造成蚜虫田间抗药性的产生，使得油菜蚜虫危害日趋严重。针对油菜蚜虫田间发生的实际情况，按照“绿色植保”的理念，建立基于农业措施的物理防治方法不仅对生态环境友好，而且成本较为低廉，具有重要的应用推广价值。

（二）技术研究的主要结果

在国家重点研发计划“油菜化肥农药减施技术集成研究与示范”的资助下，西南大学植物保护学院和重庆市永川区种子推广站合作于 2019 年在重庆市永川区青峰镇凌阁堂村进行了油菜蚜虫的黄板防控示范研究，示范区面积约200亩。示范区于2019年10月18日至22日耕整土地，10月23日至25日播种，播种方式为直播，种植品种为绵新油29，亩播种量为0.25千克，混合5千克尿素人工均匀撒施，其他田间管理措施按照当地常规方法进行。2019年12月2日田间始见翅蚜时放置可降解黄板，平均每亩悬挂黄板5张。放置黄板后于示范区内的核心田块每隔10天调查一次蚜虫数量，结果显示示范区内苗期最高百株蚜量仅为62.3头，而对照区达到715.4头；抽薹现蕾期示范区与对照区最高百株蚜量分别为121.4头和1 284.3头，这些结果表明苗期悬挂黄板对油菜蚜虫具有良好的诱杀效果。

（三）技术的关键要点

（1）选用抗蚜虫油菜品种。在综合考虑抗病性和高产性的基础上，选用推广抗蚜虫或蚜虫不喜食双低油菜品种作为当地主推品种，从源头上降低蚜虫危害。

（2）做好农业防治措施。鉴于蚜虫在高温干旱的环境下容易发生，要注意做好田间的浇水抗旱。此外，油菜田应尽量远离菜园、果园等，并在周围减少蚜虫喜食寄主作物的种植，做好田园卫生，从而压低虫口基数，降低蚜虫危害。

（3）苗期田间悬挂黄板。利用蚜虫对黄色有强烈趋性的特性，在移栽油菜返青后或撒播油菜间苗后，于蚜虫迁入初期悬挂可降解黄板，悬挂位置为高出地面约0.5米，平均每亩放置5张黄板，大量诱杀有翅蚜，如蚜虫发生严重，可适当增加黄板数量。

（四）技术适用范围

本技术适用于冬油菜种植区。

（五）研发者联系方式

重庆市永川区种子推广站联系人：张建红，邮箱：781439064@qq.com。

西南大学联系人：余洋，邮箱：zbyuyang@swu.edu.cn。

（本节撰稿人：张建红、杜喜翠、余洋）

八、油菜封闭除草剂减量施用技术

（一）技术研发的背景及意义

杂草干扰油菜生长，降低油菜产量和品质，并且恶化环境，传播病虫害，阻碍机械播种及收获，增加农业投入，是影响油菜丰产增收的重要生物因子之一。近年来耕作制度变化、种植结构调整、农村劳动力缺乏等原因导致我国油菜田的杂草发生程度加重、群落演替加快、难治杂草种群凸显，增加了杂草可持续治理难度。当前化学封闭除草是油菜除草技术的核心，但在生产中常常存在除草剂利用率低、使用量大甚至过量使用的现象。除草剂的长期过量使用会产生作物药害、环境污染及杂草抗药性发展迅速等一系列问题，因此研究油菜封闭除草剂减量增效技术十分重要。

助剂是农药的一种添加剂，可用于改善农药的性能，如增加延展性、促进农药吸收、延长农药在植物表面的留存时间、促进农药在植物体内的运输等，因此添加不同助剂可显著提高农药药效。现在市场上销售的商品助剂有有机硅类、表面活性剂类和植物油类 3 种类型。有机硅表面活性剂是目前农业生产中最常用的农药助剂之一，可用于提高农药的润湿、分布和渗透性能，达到提高农药利用率和降低农药使用量的目的。目前有机硅助剂作为喷雾助剂在除草剂、杀虫剂、杀菌剂、叶面肥、植物生长调节剂和生物农药等领域均有广泛应用。在油菜除草剂的应用中，有机硅助剂与茎叶处理药剂混合使用常有报道，效果较好，但有机硅助剂与封闭除草剂混用技术鲜见报道。因此，明确有机硅助剂对油菜封闭除草剂药效的影响，可为降低田间封闭除草剂的使用量提供重要参考。

（二）技术研究的主要结果

油菜田封闭除草是控制油菜草害最有效和易操作的除草方式，常用的封闭除草剂有乙草胺、精异丙甲草胺和异噁草松。该技术是在这 3 种除草剂推荐用量基础上减量 20%加适量的有机硅助剂（总体积的 0.05%）混合使用。

试验结果表明，对禾本科杂草，90%乙草胺乳油推荐用量（90 毫升/亩）和减量 20%后的杂草株数防效分别为 94.2%和 91.8%，鲜重防效分别为 97.2%和 96.2%；96%精异丙甲草胺乳油推荐用量（60 毫升/亩）和减量 20%后的杂草株数防效分别为 98.0%和 93.4%，鲜重防效分别为 98.8%和 95.1%；36%异噁草松悬浮剂推荐用量（35 毫升/亩）和减量 20%后的杂草株数防效分别为 73.2%和 81.4%，鲜重防效分别为 78.3%和 86.5%。

对猪殃殃、附地菜、野老灌、青蒿、荠菜等阔叶杂草，90%乙草胺乳油推荐用量（90 毫升/亩）和减量 20%后的杂草株数防效分别为 77.6%和 65.3%，鲜重防效分别为 84.5%和 78.9%；96%精异丙甲草胺乳油推荐用量（60 毫升/亩）和减量 20%后的杂草株数防效分别为 77.5%和 48.4%，鲜重防效分别为 83.2%和 60.2%；36%异噁草松悬浮剂推荐用量（35 毫升/亩）和减量 20%后的杂草株数防效分别为 62.2%和 62.5%，鲜重防效分别为 64.8%和 67.5%。

总体上，乙草胺和精异丙甲草胺减量加有机硅助剂对禾本科杂草防除效果无明显影响，但对阔叶杂草减量加助剂的除草效果有不同程度下降；而异噁草松减量加助剂使用增加了对禾本科杂草的除草效果，对阔叶杂草影响不明显。在油菜产量方面，90%乙草胺乳油推荐用量封闭除草油菜增产 19.9%，减量 20%加有机硅混合封闭除草油菜增产 15.7%；96%精异丙甲草胺乳油推荐用量封闭除草油菜增产 18.6%，减量 20%加有机硅混合封闭除草油菜增产 20.7%；36%异噁草松悬浮剂推荐用量封闭除草油菜增产 18.6%，减量 20%加适量有机硅混合封闭除草油菜增产 7.3%。综合来看，96%精异丙甲草胺乳油减量 20%加有机硅混合封闭除草增产效果最佳，推荐使用。

（三）技术的关键要点

（1）综合比较 3 种封闭除草剂加助剂减量使用效果，发现 96%精异丙甲草胺乳油减量 20%加有机硅混合封闭除草增产效果最佳，推荐使用。

（2）每亩用 48 毫升 96%精异丙甲草胺乳油加 23 毫升有机硅助剂（总体积的 0.05%）兑水 45 升充分混合，在油菜播种后出苗前均匀喷施。

（3）应避免大雨前施药及施药后灌溉。

（四）技术适用范围

本技术可在冬油菜种植区的封闭除草使用。

（五）研发者联系方式

中国农业科学院油料作物研究所联系人：陈坤荣，电话：027－86600020，邮箱：chenkr@oilcrops.cn。

（本节撰稿人：陈坤荣、曾令益、刘凡）

九、直播冬油菜田秸秆还田控草技术

（一）技术研发的背景及意义

油菜田杂草种类多、危害重，一般年份草害发生面积占种植面积的 50%左右，造成油菜减产 10%～20%，严重时减产 50%以上，已成为制约油菜生产的重要因素。由于杂草对油菜产量的影响较大，因此滥用除草剂的现象较为普遍。目前，我国在油菜田农药、化肥减量施用上还存在很大空间，盲目施用化肥、农药不仅造成养分利用率低，而且加重了环境污染，因而对油菜田秸秆还田技术模式的研究显得尤为重要。

（二）技术研究的主要结果

直播油菜田秸秆还田控草技术示范试验于 2018—2019 年在湖北省荆州市荆州区马跑泉村、荆门市沙洋县张池村以及武穴市万丈湖农场进行，前茬为水稻，土壤肥力中等。荆州 9 月 30 日播种，沙洋 10 月 8 日播种，武穴 10 月 10

日播种。按当地常规方法进行田间管理。示范试验设置3个处理进行对比。处理1：技术示范模式处理，播后芽前75%异松·乙草胺土壤封闭50毫升/亩；300千克/亩稻草旋耕入土，300千克/亩稻草切碎覆盖还田。处理2：习惯处理，播后芽前用75%异松·乙草胺50毫升/亩土壤封闭，水稻秸秆不还田；苗期用10.8%高效氟吡甲禾灵30毫升/亩处理茎叶。处理3：不施药对照处理，秸秆不还田，不施任何农药。

在施药后60天采用五点取样法，采集0.5米×0.5米样方内杂草称取鲜重，计算各对比处理田块杂草总鲜重与防效，杂草分类鲜重及防效。结果表明，在荆州技术示范模式处理的杂草总鲜重防效明显高于习惯处理，控草防效为88.41%；在武穴和沙洋，技术示范模式处理与习惯处理防效相当，控草防效均在93%以上。说明秸秆还田结合土壤封闭处理，可减去传统习惯的杂草三叶期茎叶除草剂的施用，在此基础上保证杂草防除效果（表2-2）。

表2-2　不同地区秸秆还田控草减药技术模式控草效果

示范地点	处理	杂草鲜重（克/米^2）			杂草总鲜重（克/米^2）	杂草总鲜重防效（%）
		看麦娘	鹅肠菜	其他杂草		
荆州	技术示范	42.08	0.86	14.66	57.60	88.41
	习惯处理	82.30	8.13	0.00	90.43	81.80
	不施药	462.11	25.89	8.83	496.83	—
沙洋	技术示范	18.40	10.40	1.79	30.59	93.57
	习惯处理	15.30	6.56	0.77	22.63	95.25
	不施药	338.78	132.67	4.42	475.87	—
武穴	技术示范	15.84	0.00	1.47	17.31	96.20
	习惯处理	21.38	2.66	0.64	24.68	94.59
	不施药	392.16	39.78	23.94	455.88	—

（三）技术的关键要点

（1）整地和秸秆粉碎。如前茬水稻田土壤过湿应在油菜播种前10天深翻2～3次，适当晒田，直播前3～5天旋耕细耙整地，旋耕的同时使稻兜秸秆粉碎均匀分布在0～20厘米土层中，细碎土层深度达8厘米以上。注意水稻收获后，及时用大功率秸秆还田机粉碎还田，此时秸秆水分大易粉碎，且利于腐烂。开厢时需做到厢面平整，且厢宽不宜过大。开好厢沟、腰沟、畦沟，保证每条沟能及时排水。

（2）施肥和播种量。秸秆粉碎还田后采用含氮量高的油菜专用肥（N-P_2O_5-K_2O：25-7-8）一次性基施，一般田块亩施50千克，越冬期根据苗情不施肥或少施肥。由于水稻秸秆覆盖后会对油菜出苗造成一定影响，因此需要加大播种量以增加出苗率。一般在江汉平原水旱轮作油菜田，可在常规油菜播种密度基础上增加20%播种量，即由0.30千克/亩增加到0.36千克/亩。在鄂东南地区谷林直播模式下，常规播种量一般为0.6千克/亩，播种量已经很大，因此不需要增加播种量。

(3) 土壤减量封闭措施。可在油菜播种后发芽前，喷施75%异松·乙草胺乳油进行土壤封闭处理，前期单项试验证实一般可减量25%；即由50毫升/亩降低至37.5毫升/亩；注意喷施异松·乙草胺时应该保持土壤湿润。

(4) 秸秆覆盖处理。待油菜田喷施封闭除草剂后，利用机器将收割脱粒后的水稻秸秆粉碎至5～10厘米长度，每亩覆盖秸秆300千克，将粉碎秸秆均匀覆盖在厢面上。杂草三叶期可基本不使用茎叶除草剂。

(四) 技术适用范围

本技术适用于长江中游水旱轮作两熟区及周边相似生态区。

(五) 研发者联系方式

华中农业大学联系人：郑露，邮箱：luzheng@mail. hzau. edu. cn。

（本节撰稿人：郑露、黄俊斌）

十、油菜茎叶除草剂减施技术

(一) 技术研发的背景及意义

在我国的农业生产过程中，病虫草害发生程度普遍严重，并有逐年加重的趋势。为了应对这一问题，我国的农药使用量逐年增加。但根据农业农村部统计，我国农药的有效利用率仅约为30%，农药的不合理使用导致农业污染问题日益突出。除草剂是目前使用广泛的农药类型，在国际农药市场所占比重约50%。不少研究表明，除草剂的有效物质在生产和使用过程中会残留在土壤，或迁移至大气、地表水等外界环境，而且部分除草剂具有致畸、致突变、致癌作用，极大地威胁生态环境和人类健康。

油菜是我国第一大油料作物，随着免耕直播等模式的推广，油菜田草害发生严重，目前主要采用化学除草剂进行控制，但除草剂的大量使用会带来许多负面效应，因此必须提高除草剂的利用率，打造农药应用升级版，达到减药不减效的目的。基于此，本技术根据前人研究，通过对助剂进行筛选，最终获得低毒高效除草剂复配配方，达到油菜茎叶除草剂减药不减效的目的。

(二) 技术研究的主要结果

本技术对部分除草剂的助剂进行筛选，选取2种除草剂（草除灵·烯草酮和高效氟吡甲禾灵）及助剂（激健和融透），在油菜苗期进行除草剂减药不减效研究。试验共有 9 个处理，分别为处理 1：封闭 50 毫升/亩，草除灵·烯草酮减量茎叶处理 45 毫升/亩＋助剂激健；处理 2：封闭 50 毫升/亩，草除灵·烯草酮减量茎叶处理 45 毫升/亩＋助剂融透；处理 3：封闭 50 毫升/亩，草除灵·烯草酮减量茎叶处理 45 毫升/亩；处理 4：封闭 50 毫升/亩，草除灵·烯草酮茎叶处理 60 毫升/亩；处理 5：封闭 50 毫升/亩，高效氟吡甲禾灵乳油减量茎叶处理 22.5 毫升/亩＋助剂激健；处理 6：封闭 50 毫升/亩，高效氟吡甲禾灵乳油减量茎叶处理 22.5 毫升/亩＋助剂融透；处理 7：封闭 50 毫升/亩，10.8%氟吡甲禾灵乳油减量茎叶处理 22.5 毫升/亩；处理 8：封闭 50 毫升/亩＋高效氟吡甲禾灵乳油茎叶处理 30 毫升/亩；处理 9：不施除草剂对照。

湖北沙洋地区的试验表明，农药减量 25%加入 2 种喷雾助剂的处理均能较好地控制田间各类杂草。其中，两种除草剂对禾本科杂草（看麦娘）的控制能力优于阔叶杂草（鹅肠菜），对禾本科杂草的鲜重防效均达到 80%以上，2 种喷雾助剂减药处理与常规不减药处理对杂草总防效无明显差异。对禾本科杂草鲜重防效最高处理是草除灵·烯草酮在减药 25%、添加助剂激健的条件下，防效高达 92.82%；最低的是草除灵·烯草酮减药 25%、不添加助剂，防效仅为 62.77%，说明添加助剂可以显著提高药效。此外，另一种除草剂高盖的防效较草除灵·烯草酮略低。由于田间杂草主要为禾本科的看麦娘，因而总体防效最佳的仍是草除灵·烯草酮减药 25%、添加助剂激健处理。荆州地区的试验结果与沙洋地区类似，农药减量再加入 2 种喷雾助剂与常规不减药处理相比防效差异不显著。对禾本科杂草鲜重防效最高处理是草除灵·烯草酮在减药 25%、添加助剂融透的条件下，防效高达 95.87%；最低的是草除灵·烯草酮减药 25%、不添加助剂，防效仅为 79.66%。由于荆州地区田间杂草仍主要为看麦娘，所以总体防效最佳的仍是草除灵·烯草酮在减药 25%、添加助剂激健的处理。

喷雾助剂对于油菜株高、荚数、百粒重等农艺性状影响与常规不减药对照比较基本没有显著差异，但较单纯减药处理有一定提高。激健效果最佳，在草除灵·烯草酮处理中减药添加后亩产达 181.45 千克，与常规处理无差别，与单纯减药相比增产 17.5%；其次是融透，与单纯减药相比增产 14.3%；高盖效果不显著。因此，草除灵·烯草酮与助剂复配施用对杂草防除效果最佳，并可达到减药不减效目的。

（三）技术的关键要点

（1）油菜苗期除草剂中草除灵·烯草酮效果最佳。

（2）助剂中激健的增效作用最显著。

（3）推荐使用方法为封闭除草后，采用草除灵·烯草酮＋激健进行茎叶处理，用量为45毫升/亩草除灵·烯草酮＋15毫升/亩激健。

（四）技术适用范围

本技术适用于长江中游水旱轮作两熟区及周边相似生态区。

（五）研发者联系方式

华中农业大学联系人：郑露，邮箱：luzheng@mail.hzau.edu.cn。

（本节撰稿人：吴明德、郑露）

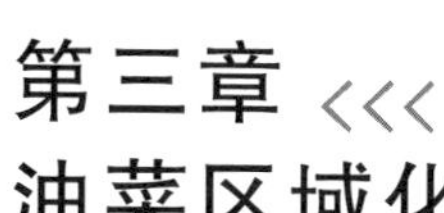

第三章 油菜区域化肥农药减施增效技术模式

一、长江上游稻油轮作油菜化肥农药减施增效技术模式

（一）背景及针对的主要问题

稻油轮作模式为长江上游油菜主产区主要轮作模式之一，在四川盆地、三峡库区、贵州黄壤区均有分布。区域内土壤酸化严重，油菜渍害和根肿病问题十分突出，化肥和农药用量大且施用技术不到位，肥、药品种选择盲目，一次性联合收获损失率大等制约油菜产业发展。

本技术模式以油菜“绿色、高产、高效”为目标，集成组装以“防控前置、秸秆还田、开沟排湿、种子包衣、机械化播种、肥药减量、分段收获”为核心的稻油轮作冬油菜化肥农药减施技术模式，实现了在肥料减量25%以上、农药减量25%的基础上，油菜籽平均增产3%以上。

（二）关键技术组成及操作方法

1. 播前准备

前茬作物水稻收获前提前开沟排水，沟宽0.2～0.4米、沟深0.2～0.5米。采用履带收割机或人工收获水稻，水稻秸秆全量粉碎还田，粉碎长度10厘米左右。

2. 品种选择

选用养分高效利用、优质高产、抗裂荚、株高适中的双低宜机械化生产品种。例如，在四川盆地区域，可选用川油46、德新油88、华海油1号、蓉油18等；在三峡库区，可选用庆油1号、庆油3号、渝油28等；在贵州黄壤区，可选用黔油早2号、阳光131、庆油3号、黔油28号、油研50、德新油49号等。

3. 种子处理

种子清选。采用兼具防治油菜苗期病害和虫害功效的种子包衣剂进行种子包衣（如四川省农业科学院植物保护研究所研制的GZ1号），或采用拌种剂拌种（如美洲星或福亮40%溴酰·噻虫嗪种子处理悬浮剂），风干后播种。

4. 播种与施肥

（1）直播油菜。9月下旬至10月中旬播种，根肿病高发区域可推迟至10

月中旬播种。采用油菜精量播种机一次性完成旋耕、灭茬、播种、施肥、覆土、镇压等多项工序，亩用种量250～400克；人工条播按区域行距25厘米、沟深2～5厘米开沟，将种子拌少量细沙条播后覆土，亩用种量200～300克；人工穴播以行距25厘米、穴距25～40厘米、穴深2～5厘米为宜，或按宽窄行栽培（宽行50～60厘米、窄行30厘米、穴距20～30厘米），亩用种量200～400克；人工撒播将种子拌少量细沙或1～2千克尿素，亩用种量200～300克。

（2）移栽油菜。9月上旬育苗，亩用种量100克，苗床面积与大田面积比一般以1∶4～5为宜；苗龄以30～40天为宜，移栽行距30～35厘米，穴距30～40厘米。

5. 施肥

每亩一次性基施总养分含量≥40%的油菜专用肥40～55千克。例如，宜施壮油菜专用缓释肥（$N-P_2O_5-K_2O$：25-7-8）40～50千克/亩或沃夫特缓控释肥（$N-P_2O_5-K_2O$：23-11-12）50～55千克/亩；有条件区域可增施有机肥150～200千克/亩；后期视苗情长势追施4～10千克/亩尿素提苗。

如采用旋耕方式，则在油菜整地时撒施肥料旋耕入土。如采用机械直播方式，可将种肥同播或大田撒施基肥后机械旋耕播种。条施则于油菜播种（移栽15天）后在油菜行间开施肥沟8～10厘米条施后覆土；穴施则于油菜播种（移栽15天）后在播种（移栽）穴旁8～10厘米处挖10厘米左右深施盖土。

6. 除草和化控

（1）除草。直播油菜播种后芽前喷施96%精异丙甲草胺或50%乙草胺30毫升/亩进行封闭除草；直播和移栽油菜苗期采用24%烯草酮和50%草除灵复配30毫升/亩或36%精喹·草除灵或10.8%高效氟吡甲禾灵乳油30毫升+30%草除灵悬浮剂50毫升兑水40千克除草。

（2）防虫。用80%烯啶·吡蚜酮7.5克/亩和5%阿维菌素10毫升/亩复配防治菜青虫。油菜蕾薹期至初花期每亩用15～20片黄板诱杀蚜虫；当蚜虫危害发生较轻时，则不进行处理；当蚜虫发生较重时，在油菜初花期至青荚期结合菌核病防治喷施2.5%高效氯氟氰菊酯50～75毫升/亩+2%磷酸二氢钾防治蚜虫、增加粒重。

（3）防病。油菜3叶1心至封行前喷施盾壳霉可湿性粉剂（40亿个/克）60克/亩；油菜主茎开花株率95%以上时采用人工或植保无人机复混喷施6%阿泰灵（20克/亩）+38%唑醚·啶酰菌（40克/亩），或复混喷施45%咪鲜胺35～50毫升/亩+助剂融透20毫升/亩+新美洲星60～100毫升/亩，或复配50%啶酰菌胺18克/亩+50%异菌脲25克/亩防治菌核病。青荚期黑斑病、炭疽病、霜霉病、黑胫病等病害严重区域，可采用10%苯醚甲环唑水分散粒剂60克/亩进行防治。

7. 适期收获

分段收获，于整株75%～80%以上角果呈枇杷黄、籽粒转变为红褐色时，采用人工或割晒机于早、晚或阴天割倒，田间晾晒4～7天后采用捡拾机捡拾或小型脱粒机脱粒；或当全田95%以上油菜角果变成黄色或褐色时，采用联合收割机一次性收获。秸秆全量粉碎还田。

（三）应用效果

2018—2020年度，结合区域生态特征，分别在四川盆地冲积土与紫色土区、三峡库区紫色土区、贵州黄壤区开展稻油轮作冬油菜化肥农药减施优化技术模式与农民习惯种植模式同田对比试验，不同区域对比试验均表明，优化技术模式在肥料减量25%以上、农药减量25%的基础上，油菜籽平均增产3.4%以上，达到了节肥节药高产高效的目标，节本增效显著。

1. 四川盆地冲积土区

与农民习惯种植模式（水稻秸秆不还田，纯氮投入量15千克/亩，化肥纯养分投入量25千克/亩，农药415毫升/亩，人工施肥1次、人工施药6次）相比，应用本项技术模式（水稻秸秆覆盖还田，纯氮投入量12.15千克/亩，化肥纯养分投入量18.75千克/亩，农药307.5毫升/亩，人工施肥1次、人工施药5次、无人机施药1次），在化肥总养分投入量减少25%、氮肥投入量减少19%、农药投入量减少26%的基础上，油菜籽亩产226.6千克，较农民习惯种植模式增产5.2%。从经济效益来看，农民习惯种植模式每亩成本821元，总产值1 292元，纯收益471元；优化技术模式每亩成本810元，总产值1 360元，纯收益550元（表3-1）。

2. 川中丘陵紫色土区

与农民习惯种植模式（水稻秸秆不还田，纯氮投入量15千克/亩，化肥纯养分投入量24千克/亩，农药410毫升/亩，人工施肥1次、人工施药5次）相比，应用本项技术模式（水稻秸秆覆盖还田，纯氮投入量11.26千克/亩，化肥纯养分投入量17.98千克/亩，农药307.5毫升/亩，人工施肥1次、人工施药5次、无人机施药1次），在化肥总养分投入量、氮肥投入量以及农药投入量均减少25%的基础上，油菜籽产量较农民习惯种植模式增产13.1%。从经济效益来看，农民习惯种植模式每亩成本904元，总产值994元，纯收益90元；优化技术模式每亩成本901元，总产值1 124元，纯收益223元（表3-2）。

表 3-1　四川盆地冲积土稻田油菜农民习惯种植模式与化肥农药减施技术模式的具体操作对比

处理	主要操作					
	前季水稻收获	开沟	施肥、播种	除草	防虫防病	收获
四川盆地冲积土稻田油菜化肥农药减施技术模式	9月25日采用履带收割机收割水稻，稻草全量覆盖还田	9月15日开围沟、中沟	9月28日种子包衣；10月6日石灰氮15千克/亩撒施进行土壤消毒后机械旋耕；10月11日采用人工撒施的方式施基肥；10月12日使用轮式拖拉机机播，亩播种量250克。全生育期施肥：N 12.15千克/亩、P_2O_5 3.08千克/亩、K_2O 3.51千克/亩、B 1千克/亩	采用配置高效喷头的机动式喷雾器，10月13日利用96%精异丙甲草胺30毫升/亩封闭除草，12月1日用24%烯草酮和50%草除灵复配30毫升/亩除草	11月14日用80%烯啶·吡蚜酮7.5克/亩和5%阿维菌素10毫升/亩复配防治菜青虫、蚜虫，12月10日施用盾壳霉40亿个/克可湿性粉剂60克/亩。2月20日用无人机喷施45%咪鲜胺60毫升/亩防治菌核病和新美洲星60毫升/亩增强作物抗逆性。4月11日人工喷施10%苯醚甲环唑水分散粒剂60克/亩防治黑斑病、炭疽病、霜霉病、黑胫病等	5月6日机械割晒、5月9日机械脱粒
农民习惯种植模式	9月25日收割机收割水稻，稻草移出农田		10月6日石灰氮15千克/亩撒施进行土壤消毒后机械旋耕；10月11日采用人工撒施的方式施基肥，10月12日播种，使用轮式拖拉机机播，亩播种量250克。全生育期施肥：N 15.11千克/亩、P_2O_5 4.4千克/亩、K_2O 5.5千克/亩	采用常规人工背负式喷雾器，11月6日用50%草除灵40毫升/亩除草，12月1日用50%草除灵40毫升/亩除草	11月14日采用40%毒死蜱40毫升/亩等防地下害虫，2月20日人工喷施40%菌核净150克/亩防治菌核病。4月11日使用40%百菌清悬浮剂90毫升/亩防治黑斑病、炭疽病、霜霉病、黑胫病等。同时，喷施10%吡虫啉20克/亩防止蚜虫	5月9日一次性机械收获，秸秆粉碎还田

表 3-2 川中丘陵紫色土稻田油菜农民习惯种植模式处理与化肥农药减施技术模式处理的具体操作对比

处理	主要操作					
	前季水稻收获	开沟	施肥、播种	除草	防虫防病	收获
川中丘陵紫色土稻田油菜化肥农药减施技术模式	9 月 25 日采用履带收割机收割水稻，稻草全量覆盖还田	9 月 15 日开围沟，9 月 25 日整理围沟	9 月 28 日种子包衣；10 月 1 日撒施氰氨化钙 10 千克/亩进行土壤消毒，撒施有机肥 68 千克/亩后机械旋耕；10 月 7 日采用人工条施后覆土的方式基施宜施壮油菜专用配方肥（N－P_2O_5－K_2O：25－7－8）30 千克/亩；10 月 8 日采用人工条播，亩播种量 250 克。全生育期 N、P_2O_5 和 K_2O 养分投入量分别为 11.26 千克/亩、3.14 千克/亩和 3.58 千克/亩	采用配置高效喷头的机动式喷雾器，10 月 8 日采用 96% 精异丙甲草胺封闭式除草剂 30 毫升/亩封闭除草，12 月 4 日用 24% 烯草酮和 50% 草除灵复配 30 毫升/亩除草	11 月 20 日用 80% 烯啶·吡蚜酮 7.5 克/亩和 5% 阿维菌素 10 毫升/亩复配防治菜青虫、蚜虫，12 月 20 日施用盾壳霉 40 亿个/克可湿性粉剂 60 克/亩。2 月 24 日用无人机复喷 45% 咪鲜胺 50 毫升/亩防治菌核病、新美洲星 60 毫升/亩增强作物抗逆性。4 月 10 日人工喷施 10% 苯醚甲环唑水分散粒剂 60 克/亩防治黑斑病、炭疽病、霜霉病、黑胫病等	5 月 3 日机械割晒、5 月 10 日机械脱粒，秸秆粉碎还田
农民习惯种植模式	9 月 25 日收割机收割水稻，稻桩留茬高度 20 厘米左右，稻草用水稻秸秆打捆机移出农田		10 月 7 日采用人工撒施的方式一次性基施当地复合肥（N－P_2O_5－K_2O：25－7－8）60 千克/亩，10 月 8 日使用人工撬窝直播，亩播种量 250 克。全生育期 N、P_2O_5 和 K_2O 养分投入量分别为 15 千克/亩、4.2 千克/亩和 4.8 千克/亩	采用常规人工背负式喷雾器，11 月 6 日用 50% 草除灵 40 毫升/亩除草，12 月 4 日用 50% 草除灵 40 毫升/亩除草	11 月 20 日采用 40% 毒死蜱 40 毫升/亩等防地下害虫，2 月 24 日人工喷施 40% 菌核净 150 克/亩防治菌核病。4 月 10 日使用 40% 百菌清悬浮剂 120 毫升/亩防治黑斑病、炭疽病、霜霉病、黑胫病等。同时，喷施 10% 吡虫啉 20 克/亩防治蚜虫	5 月 3 日人工砍割，5 月 10 日机械脱粒，秸秆粉碎还田

3. 三峡库区紫色土区

与农民习惯种植模式（化肥纯养分投入量 25.9 千克/亩，农药 310 克/亩+140 毫升/亩，人工施肥 2 次、人工施药 4 次、无人机施药 1 次）相比，应用本项技术模式（化肥纯养分投入量 17.84 千克/亩，农药 65 克/亩+120 毫升/亩，人工施肥 2 次、人工放黏虫板 1 次、人工施药 1 次、无人机施药 2 次），在化肥总养分投入量减少 31.1%、农药投入量减少 58.9%的基础上，油菜籽产量达到 180.7 千克/亩，比农民习惯种植模式增产 18.0%。从经济效益来看，优化技术模式（采用人工播种）每亩成本 713 元，总产值 1 084 元，纯收益 371 元；农民习惯种植模式每亩成本 800 元，总产值 919 元，纯收益 119 元（表 3-3）。

4. 贵州黄壤区

直（机）播模式下，与农民习惯模式（水稻秸秆不还田，化肥纯养分投入量 34.0 千克/亩，农药 435.0 毫升/亩，人工施肥 3 次、人工施药 3 次）相比，应用本项技术模式（水稻秸秆还田，化肥纯养分投入量 25.3 千克/亩，农药 230.0 毫升/亩，人工施肥 2 次、人工施药 0 次、无人机施药 2 次），在化肥总量减少 25.6%、农药投入量减少 47.1%的基础上，油菜籽产量达到 176.4 千克/亩，较农民习惯种植模式增产 5.7%。从经济效益来看，优化技术模式每亩成本 453.0 元，总产值 882.0 元，纯收益 429.0 元；农民习惯种植模式每亩成本 582.5 元，总产值 832.0 元，纯收益 249.5 元（表 3-4）。

移栽模式下，与农民习惯模式（水稻秸秆不还田，化肥纯养分投入量 29.5 千克/亩，农药 435.0 毫升/亩，人工施肥 3 次、人工施药 2 次）相比，应用本项技术模式（水稻秸秆覆盖还田，化肥纯养分投入量 22.1 千克/亩，农药 130.0 毫升/亩，人工施肥 2 次、人工施药 0 次、无人机施药 2 次），在化肥总量减少 25.1%、农药投入量减少 70.1%的基础上，油菜籽产量达到 187.5 千克/亩，较农民习惯种植模式增产 3.4%。从经济效益来看，优化技术模式每亩成本 468.0 元，总产值 937.5 元，纯收益 469.5 元；农民习惯种植模式每亩成本 588.5 元，总产值 906.2 元，纯收益 317.7 元（表 3-5）。应用本项技术模式比农民习惯种植模式纯收益增加 151.8 元/亩。

（四）集成模式图

见图 3-1。

表 3-3 三峡库区紫色土稻田油菜农民习惯种植模式处理与化肥农药减施技术模式处理的具体操作对比

处理	主要操作					
	前季水稻收获	开沟、播种	施肥	除草	防虫防病	收获
三峡库区紫色土稻田油菜化肥农药减施技术模式	9月6日采用履带收割机收割水稻，稻桩留茬高度25厘米左右	9月24日采用宽窄行撬窝点播，宽行50厘米、窄行30厘米、退窝30厘米，每窝5～8粒种子，亩用种量300克	宜施壮油菜专用缓释肥（N-P_2O_5-K_2O：25-7-8）40千克/亩；11月8日追施尿素4千克/亩作苗肥	12月1日亩用120克/升烯草酮30毫升、36%精喹·草除灵50毫升喷施除草	种子包衣防治地下害虫（5克/亩）；甲氰菊酯40毫升/亩喷施防治青虫；开盘期用黄板25张/亩防治蚜虫；初花期用1/2阿泰灵（20克/亩）+1/2唑醚·啶酰菌（40克/亩）喷施1次防治菌核病	5月1日人工收割，5月9日机械脱粒
农民习惯种植模式	9月6日采用履带收割机收割水稻，稻桩留茬高度25厘米左右	9月24日采用宽窄行撬窝点播，宽行50厘米、窄行30厘米、退窝30厘米，每窝5～8粒种子，亩用种量300克	全生育期每亩分别施N、P_2O_5、K_2O：13.6千克、5.6千克、6.7千克。氮肥采用60%基施+40%追施的方式施肥，其他养分均一次性基施	12月1日亩用120克/升烯草酮30毫升、36%精喹·草除灵50毫升喷施除草	甲氰菊酯60毫升/亩喷施防治青虫；初花期用吡虫啉10克/亩防治蚜虫；初花期和盛花期用25%多菌灵可湿性粉剂150克/亩（2次）防治菌核病	5月1日人工收割，5月7日人工脱粒

表 3-4　黄壤稻田油菜浅耕分厢定量直（机）播农民习惯种植模式处理与化肥农药减施技术模式处理的具体操作对比

处理	主要操作					
	前季水稻收获	开沟、播种	施肥	除草	防虫防病	收获
黄壤稻田油菜浅耕分厢定量直（机）播油菜化肥农药减施技术模式	10 月 8 日，收割水稻，稻草秸秆粉碎还田，粉碎长度 10 厘米左右	10 月 12 日，采用机械旋耕，开沟起厢，厢宽 2 米左右，沟宽 0.3～0.4 米，沟深 0.3～0.5 米。亩播种量 300～400 克	10 月 13 日，一次性基施沃夫特缓控释肥（N-P_2O_5-K_2O：23-11-12）50 千克/亩。11 月 23 日根据苗情诊断追肥 1 次，尿素 5 千克/亩	油菜播种前或播种后 2～3 天，每亩用 90%乙草胺乳油 50 毫升兑水 40 千克喷施封闭除草。油菜 5～7 叶期，亩用 10.8%高效氟吡甲禾灵乳油 30 毫升+30%草除灵悬浮剂 50 毫升兑水 40 千克喷施	初花期，喷施 45%咪鲜胺 50 毫升/亩防治菌核病。初花期至角果期，2.5%高效氯氟氰菊酯 50 毫升/亩喷雾防治蚜虫	5 月上中旬人工或机械一次性收获脱粒
农民习惯种植模式	10 月 15 日，收割水稻，稻草移出农田	9 月 15 日播种育苗，10 月 25 日，油菜苗 5 叶 1 心时进行移栽，密度为 3 500～4 500株/亩	10 月 25 日，常规复合肥（N-P_2O_5-K_2O：14-16-15）55 千克/亩作为基肥，追肥采用尿素，分 2 次追施，越冬期追施 10 千克/亩，蕾薹期追施 10 千克/亩	移栽苗 7～8 叶期，采用 30%草除灵悬浮剂 60 毫升/亩和 8.8%精喹禾灵乳油 50 克/亩除草	初花期，喷施 25%多菌灵可湿性粉剂 300 克/亩防治菌核病。初花期至角果期，采用氰戊·马拉松 25 毫升/亩除虫	5 月上中旬人工或机械一次性收获脱粒

表 3-5　黄壤稻田油菜稻茬免耕移栽农民习惯种植模式处理与化肥农药减施技术模式的具体操作对比

处理	主要操作						
	育苗	前季水稻收获，整地开沟、理厢	移栽	施肥	除草	防虫防病	收获
黄壤稻田油菜稻茬免耕移栽化肥农药减施技术模式	9月15日苗床地播种育苗	水稻收获前排水，10月6日采用履带收割机收割水稻，秸秆粉碎，覆盖还田；开好三沟，沟宽0.3～0.4米、沟深0.3～0.5米，三沟直平通	10月20日油菜5叶1心时移栽，移栽密度为5 000～7 000株/亩	10月20日，一次性基施沃夫特缓控释肥（$N-P_2O_5-K_2O$：23-11-12）40千克/亩。苗期每亩追施尿素8千克作提苗肥	稻草覆盖压草，油菜移栽成活后，于油菜5～7叶期，每亩用10.8%高效氟吡甲禾灵乳油30毫升+30%草除灵悬浮剂50毫升兑水40千克喷施除草	播前种子包衣处理。初花期，喷施45%咪鲜胺50毫升/亩防治菌核病。蕾薹期至初花期亩用15～20张黄板诱杀蚜虫	5月上中旬人工或机械一次性收获脱粒
农民习惯种植模式	9月15日苗床地播种育苗	10月15日收割水稻，稻草移出农田，不还田。小型旋耕机翻耕及开沟	10月25日油菜5叶1心时移栽，移栽密度为3 500～4 500株/亩	10月25日，常规复合肥（$N-P_2O_5-K_2O$：14-16-15）45千克/亩作为基肥，追肥采用尿素，分2次追施，越冬期追施10千克/亩，蕾薹期追施10千克/亩	油菜7～8叶期，采用30%草除灵悬浮剂60毫升/亩和8.8%精喹禾灵乳油50克/亩除草	初花期，喷施25%多菌灵可湿性粉剂300克/亩防治菌核病。初花期至角果期，采用氰戊·马拉松25毫升/亩除虫	5月上中旬人工或机械一次性收获脱粒

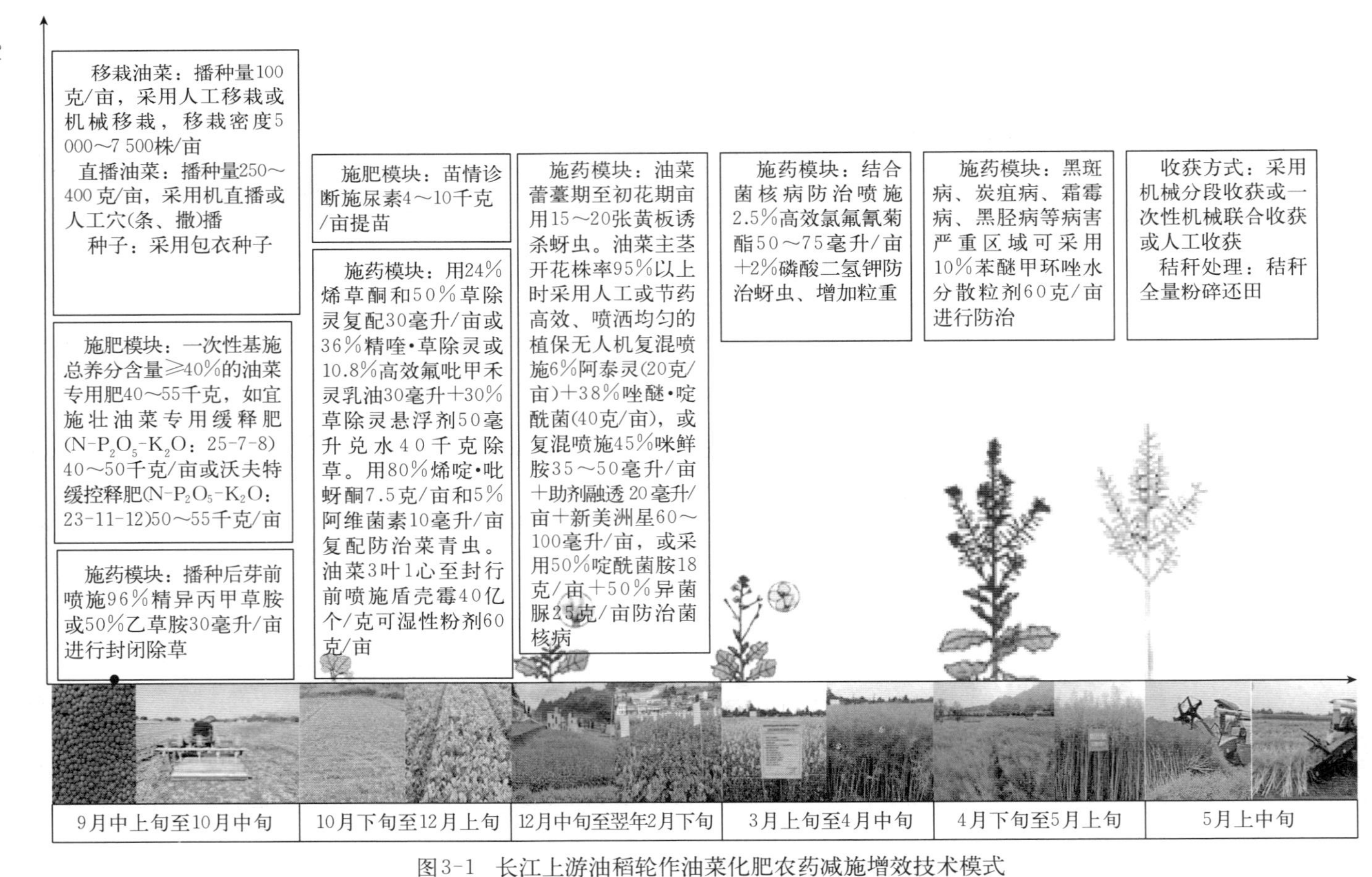

图3-1　长江上游油稻轮作油菜化肥农药减施增效技术模式

（五）适用范围

本技术模式由四川盆地冲积土区与紫色土区、三峡库区紫色土区、贵州黄壤区油菜—水稻轮作油菜化肥农药减施技术产生，适用于长江上游冲积土、紫色土及黄壤水稻—油菜轮作区。

（六）研发者联系方式

四川省农业科学院植物保护研究所联系人：刘勇，邮箱：liuyongdr@163. com。

四川省农业科学院土壤肥料研究所联系人：陈红琳，邮箱：dinghuiliu@163. com。

西南大学联系人（化肥减量相关技术）：李楠楠，邮箱：linan029@163. com。

西南大学联系人（农药减量相关技术）：梁颖，邮箱：yliang@swu. edu. cn。

贵州省油料研究所联系人：肖华贵，邮箱：437141070@qq. com；饶勇，邮箱：1678531865@qq. com。

四川省农业技术推广总站联系人：薛晓斌，邮箱：376322054@qq. com。

重庆市农业技术推广总站联系人：刘丽，联系电话：023－89133433，邮箱：332188511@qq. com。

贵州省农业技术推广总站联系人：凡迪，邮箱：410509115@qq. com。

（本节撰稿人：陈红琳、杨泽鹏、刘勇、张蕾、钟思成、薛晓斌、廖方全、李楠楠、梁颖、余洋、刘丽、肖华贵、饶勇、王璐璐、杨斌、刘垚、冯文豪、凡迪、姚高学、陈德珍、徐志丹、罗庆川、曾令琴、赵洪）

二、长江上游油玉轮作油菜化肥农药减施增效技术模式

（一）背景及针对的主要问题

近年来，由于小麦种植效益下滑，旱地油菜种植面积迅速增加，以玉米—油菜轮作为主，旱地水土流失、季节性干旱问题突出。油菜生产过程中存在田间基础设施不完善，土壤干旱严重，化肥和农药投入高、施用结构和方式不合理、利用率低，劳动力成本高等问题。

本项技术模式集成组装了以“抗旱耐瘠品种、秸秆还田、翻耕直播（移栽）、肥药减量、水肥一体化、高效精准防控、分段收获”为核心的油玉轮作冬油菜化肥农药减施增效技术模式，实现了油菜氮肥及农药减量25％以上，油菜籽平均亩产增产3.5％，旱地油菜生产水平整体提升。

（二）关键技术组成及操作方法

1. 播前准备

前茬作物为玉米，玉米秸秆全量粉碎还田，粉碎长度 10 厘米左右。机械或人工开沟起厢，厢宽 2～3 米、沟宽 0.2～0.4 米、沟深 0.1～0.2 米。

2. 品种选择

选用抗旱耐瘠、株型紧凑、抗裂角、抗倒性好的双低油菜中早熟品种，如四川盆地紫色土区可选择川油 81、德新油 88、华海油 1 号、蓉油 18、川油 46 等；贵州黄壤区可选择黔油早 2 号、阳光 131、油研早 18 等。

3. 种子处理

种子清选。根据当地虫害发生情况，可采用拌种剂（新美洲星或福亮 40%溴酰·噻虫嗪种子处理悬浮剂）拌种，风干后播种。

4. 播种

紫色土区直播油菜适宜播期为 9 月下旬至 10 月上旬，地块较规则的区域宜采用油菜精量播种机一次性完成旋耕、灭茬、播种、施肥、覆土、镇压等多项工序，播种量 250～400 克/亩；人工条播按区域行距 25 厘米、沟深 2～5 厘米开沟，将种子拌少量细沙条播后覆土，亩用种量 200～300 克；人工穴播以行距 25 厘米、穴距 25～40 厘米、穴深 2～5 厘米为宜；人工撒播将种子拌少量细沙或 1～2 千克尿素撒种，亩用种量 200～300 克。移栽油菜 9 月上中旬育苗，亩用种 100 克，苗床面积与旱地面积比一般以 1∶4～5 为宜；苗龄以30～40 天为宜，移栽行距 30～35 厘米，穴距 30～40 厘米。

黄壤区直播油菜适宜播期为 10 月中旬，结合机械浅耕开沟起厢采取种肥同播机机播或人工分厢定量撒播，播种量 350～550 克/亩。

5. 施肥

一次性基施宜施壮油菜专用缓释肥（$N-P_2O_5-K_2O$：25－7－8）40～50 千克/亩或沃夫特缓控释肥（$N-P_2O_5-K_2O$：23－11－12）50～55 千克/亩作底肥。免耕则在油菜移栽（直播）完成后在行间开沟撒施盖土；旋耕则在油菜整地时撒施旋耕入土。机直播方式下，种肥同播或大田撒施基肥后机械旋耕播种；人工条播方式下，在两条播沟之间条施基肥；人工穴播方式下，在播种穴旁 8～10 厘米处挖 10 厘米左右深施基肥。有条件的区域可增施有机肥 150～200 千克/亩；结合喷灌系统，每亩用新美洲星 60 毫升和 20%速滋硼 1 千克叶面喷施，水肥并用。苗期根据苗情追施尿素 5～8 千克/亩。

6. 灌溉补水

干旱情况下，可采用小型集雨设施，结合田间喷灌管网，对天然降雨富集叠加利用。播种前 7～8 天喷灌底墒水；入冬前根据田间墒情，灌水提高土壤温度，防止或减轻冻害死苗现象；蕾薹期结合水溶肥灌好蕾薹水，水肥并用，以水促肥。

7. 除草化控

（1）除草。直播油菜播种后芽前喷施96%精异丙甲草胺或50%乙草胺30毫升/亩进行封闭除草。直播或移栽油菜苗期采用24%烯草酮和50%草除灵复配30毫升/亩或10.8%高效氟吡甲禾灵乳油30毫升＋30%草除灵悬浮剂50毫升兑水40千克喷施除草。

（2）防虫。用80%烯啶·吡蚜酮7.5克/亩和5%阿维菌素10毫升/亩复配防治菜青虫。油菜蕾薹期至初花期亩用15～20张黄板诱杀蚜虫；当蚜虫危害发生较轻时，则不进行处理；当蚜虫发生较重时，在油菜初花期至青荚期结合菌核病防治用2.5%高效氯氟氰菊酯50～75毫升/亩＋2%磷酸二氢钾人工或植保无人机喷雾防治蚜虫，增加粒重。

（3）防病。油菜3叶1心至封行前喷施盾壳霉40亿个/克可湿性粉剂60克/亩，油菜主茎开花株率95%以上时采用节药高效、喷洒均匀的植保无人机复混喷施45%咪鲜胺50～60毫升/亩和新美洲星60毫升/亩，或复配50%啶酰菌胺18克/亩＋50%异菌脲25克/亩进行菌核病防治。油菜青荚期黑斑病、炭疽病、霜霉病、黑胫病严重区域可用10%苯醚甲环唑水分散粒剂60克/亩进行防治。

8. 适期收获

当整株75%～80%角果呈枇杷黄、籽粒转变为红褐色时，采用人工或选用油菜割晒机于早、晚或阴天割晒，田间晾晒4～5天后采用捡拾机捡拾脱粒；秸秆全量粉碎还田。或全田95%以上油菜角果变成黄色或褐色时，采用联合收割机一次性收获。

（三）应用效果

2018—2020年度，结合区域生态特征，分别在四川盆地紫色土区、贵州黄壤区开展油玉轮作冬油菜化肥农药减施技术模式与农民习惯种植模式同田对比试验，不同区域对比试验均表明，该技术模式在肥料减量25%以上、农药减量26%的基础上，油菜籽平均增产3.5%以上，亩均净收益增加155元以上，达到了节肥节药高产高效的目标，节本增效显著。

1. 四川盆地紫色土区

与农民习惯种植模式（玉米秸秆不还田，纯氮投入量12千克/亩，化肥纯养分投入量24千克/亩，农药415毫升/亩，人工施肥1次、人工施药6次）相比，应用本项技术模式（玉米秸秆覆盖还田，纯氮投入量10.15千克/亩，化肥纯养分投入量18.01千克/亩，农药307.5毫升/亩，人工施肥1次、人工施药 5 次、无人机施药 1 次），在化肥总养分投入量减少 25%、氮肥投入量减少 15.3%、农药投入量减少 26 %的基础上，油菜籽产量较农民习惯种植模式增产 4.6%。从经济效益来看，农民习惯种植模式每亩成本 879 元，总产值 930 元，纯收益 51 元；化肥农药减施技术模式每亩成本 654 元，总产值 973 元，纯收益 319 元。应用本项技术模式能够达到节肥节药高产高效的目标，节本增效显著（表 3-6）。

2. 贵州黄壤区

与农民习惯模式（玉米秸秆不还田，化肥纯养分投入量 34.0 千克/亩，农药 415.0 毫升/亩，人工施肥 3 次、人工施药 3 次）相比，应用本项技术模式（玉米秸秆覆盖还田，化肥纯养分投入量 25.3 千克/亩，农药 230.0 毫升/亩，人工施肥 1 次、人工施药 0 次、无人机施药 2 次），在化肥总量减少 25.6%、农药投入量减少 44.6%的基础上，油菜籽产量达到 178.7 千克/亩，较农民习惯种植模式增产 3.5%。从经济效益来看，黄壤旱地油菜直（机）播化肥农药减施技术模式每亩成本 443.0 元，总产值 893.5 元，纯收益 450.5 元；农民习惯种植模式每亩成本 584.5 元，总产值 863.3 元，纯收益 278.8 元。应用本项技术模式较农民习惯种植模式纯收益增加 171.7 元/亩，能够达到节肥节药高产高效的目标，节本增效显著（表 3-7）。

（四）集成模式图

见图 3-2。

（五）适用范围

本技术模式由四川盆地紫色土区、贵州黄壤区油菜—玉米轮作油菜化肥农药减施技术产生，适用于长江上游紫色土及黄壤玉米—油菜轮作区。

（六）研发者联系方式

四川省农业科学院土壤肥料研究所联系人：刘定辉，邮箱：dinghuiliu@163.com。

贵州省农业科学院油料作物研究所联系人：魏全全，邮箱：weiquan0725@163.com。

贵州省农业技术推广总站联系人：凡迪，邮箱：410509115@qq.com。

四川省农业技术推广总站联系人：薛晓斌，邮箱：376322054@qq.com。

（本节撰稿人：刘定辉、魏全全、陈尚洪、梁圣、兰汉军、冯文豪、
李华、罗庆川、高英、胡燕、邹成华）

表 3-6　紫色土旱地农民习惯种植模式处理与油菜化肥农药减施技术模式处理的具体操作对比

处理	主要操作					
	前季水稻收获	开沟	施肥、播种	除草	防虫防病	收获
紫色土旱地油菜化肥农药减施技术模式	9 月 20 日采用收割机收割玉米，秸秆全量覆盖还田	9 月 10 日开围沟、中沟	9 月 28 日种子包衣，10 月 5 日采用人工撒施的方式施基肥；10 月 6 日采用人工条播，亩播种量 250 克。全生育期施肥：N 10.15 千克/亩、P_2O_5 3.67 千克/亩、K_2O 4.18 千克/亩、B 1 千克/亩	采用配置高效喷头的机动式喷雾器，10 月 5 日采用 96%精异丙甲草胺 30 毫升/亩封闭除草，11 月 14 日用 24%烯草酮和 50%草除灵复配 30 毫升/亩除草	11 月 10 日用 80%烯啶·吡蚜酮 7.5 克/亩和 5%阿维菌素 10 毫升/亩复配防治菜青虫、蚜虫，11 月 26 日施用盾壳霉 40 亿个/克可湿性粉剂 60 克/亩。2 月 28 日用无人机喷施 45%咪鲜胺 60 毫升/亩防治菌核病和新美洲星 60 毫升/亩增强作物抗逆性。4 月 5 日人工喷施 10%苯醚甲环唑水分散粒剂 60 克/亩防治黑斑病、炭疽病、霜霉病、黑胫病等	4 月 27 日机械割晒、5 月 3 日机械脱粒
农民习惯种植模式	9 月 20 日收割机收割玉米，将玉米秸秆全部人工移出农田		10 月 5 日采用人工撒施的方式施基肥，10 月 6 日播种，采用人工撬窝直播，亩播种量 250 克。全生育期施肥：N 12 千克/亩、P_2O_5 6 千克/亩、K_2O 6 千克/亩	采用常规人工背负式喷雾器，11 月 14 日用 50%草除灵 40 毫升/亩除草，12 月 14 日用 50%草除灵 40 毫升/亩除草	11 月 10 日采用 40%毒死蜱 40 毫升/亩等防地下害虫，2 月 28 日人工喷施 40%菌核净 150 克/亩防治菌核病。4 月 5 日使用 40%百菌清悬浮剂 90 毫升/亩防治黑斑病、炭疽病、霜霉病、黑胫病等。同时喷施 10%吡虫啉 20 克/亩防治蚜虫	4 月 27 日机械割晒、5 月 3 日人工脱粒

表 3-7 黄壤旱地油菜农民习惯种植模式处理与化肥农药减施技术模式处理的具体操作对比

处理	主要操作					
	前季水稻收获	开沟、播种	施肥	除草	防虫防病	收获
黄壤旱地油菜直（机）播化肥农药减施技术模式	10月1日收获玉米，玉米秸秆粉碎还田，粉碎长度10厘米左右	10月10日，采用小型旋耕机浅耕，机械或人工开沟起厢，厢宽2～3米，沟宽0.2～0.4米，沟深0.1～0.2米。结合浅耕开沟起厢，采取种肥同播机机播或人工分厢定量撒播，播种量350～550克/亩	10月10日，一次性基施沃夫特缓控释肥（$N-P_2O_5-K_2O$：23-11-12）50千克/亩。苗期根据苗情诊断追肥1次（如提苗肥，追施尿素5千克/亩）	油菜播种前或播种后2～3天，每亩用90%乙草胺乳油50毫升兑水40千克喷施封闭除草。油菜5～7叶期，亩用10.8%高效氟吡甲禾灵乳油30毫升+30%草除灵悬浮剂50毫升兑水40千克喷施	初花期，喷施45%咪鲜胺50毫升/亩防治菌核病。初花期至角果期，2.5%高效氯氟氰菊酯50毫升/亩喷雾防治蚜虫	5月上中旬人工或机械收获脱粒
农民习惯种植模式	10月1日收割机收割玉米，玉米秸秆移出农田	10月10日，采用机械旋耕，开沟，厢宽3～4米，沟宽0.3～0.4米，沟深0.1～0.2米。采用人工撒播的方式播种，亩播种量450克	10月10日，常规复合肥（$N-P_2O_5-K_2O$：14-16-15）55千克/亩作基肥，追肥采用尿素，分2次追施，越冬期追施10千克/亩，蕾薹期追施10千克/亩	播后3天用35%异松·乙草胺50毫升/亩进行土壤封闭除草；5～7叶期，采用烯草酮24%乳油40毫升/亩除草	5～7叶期，采用氰戊·马拉松25毫升/亩除虫。初花期，喷施25%多菌灵可湿性粉剂300克/亩防治菌核病	5月上中旬人工或机械收获脱粒

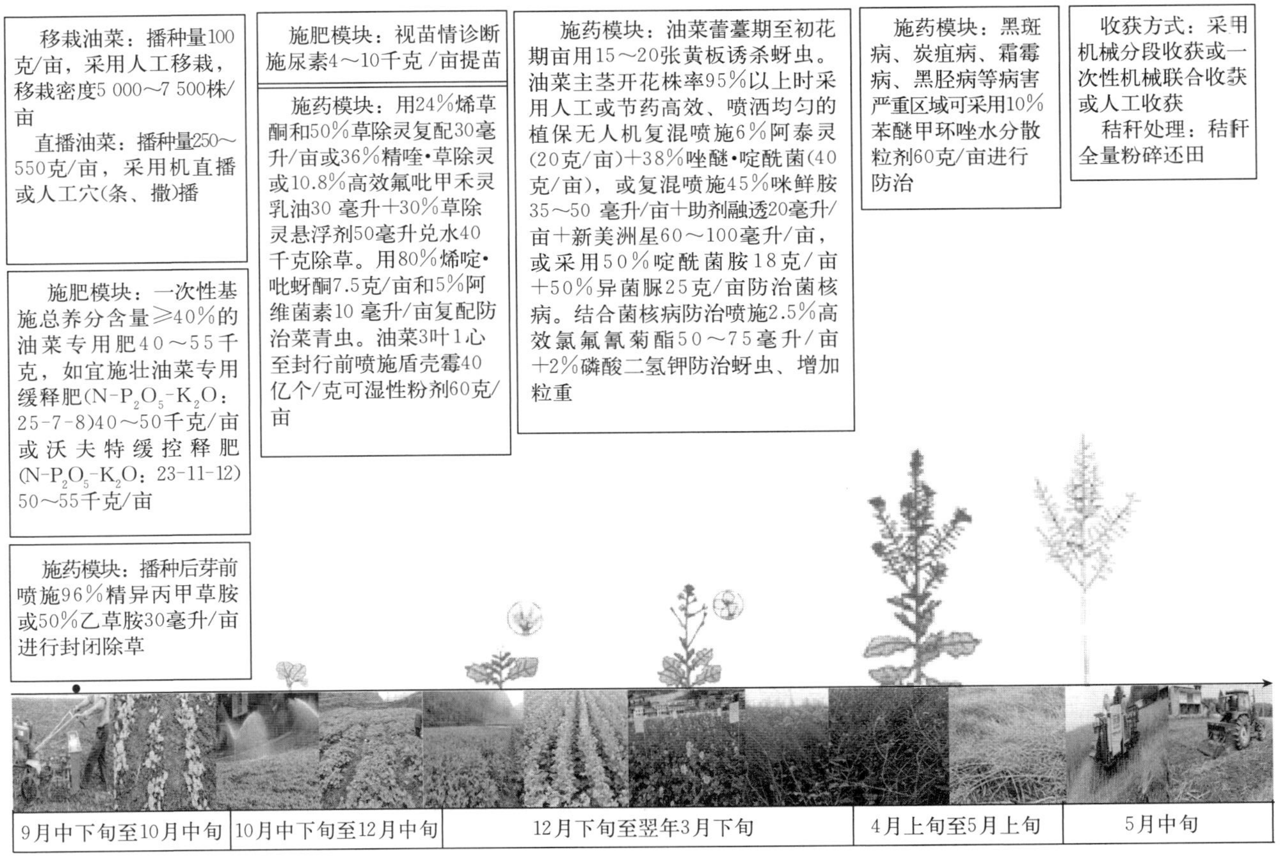

移栽油菜：播种量100克/亩，采用人工移栽，移栽密度5 000～7 500株/亩

直播油菜：播种量250～550克/亩，采用机直播或人工穴(条、撒)播

施肥模块：一次性基施总养分含量≥40%的油菜专用肥40～55千克，如宜施壮油菜专用缓释肥($N-P_2O_5-K_2O$：25-7-8)40～50千克/亩或沃夫特缓控释肥($N-P_2O_5-K_2O$：23-11-12)50～55千克/亩

施药模块：播种后芽前喷施96%精异丙甲草胺或50%乙草胺30毫升/亩进行封闭除草

施肥模块：视苗情诊断施尿素4～10千克/亩提苗

施药模块：用24%烯草酮和50%草除灵复配30毫升/亩或36%精喹•草除灵或10.8%高效氟吡甲禾灵乳油30毫升+30%草除灵悬浮剂50毫升兑水40千克除草。用80%烯啶•吡蚜酮7.5克/亩和5%阿维菌素10毫升/亩复配防治菜青虫。油菜3叶1心至封行前喷施盾壳霉40亿个/克可湿性粉剂60克/亩

施药模块：油菜蕾薹期至初花期亩用15～20张黄板诱杀蚜虫。油菜主茎开花株率95%以上时采用人工或节药高效、喷洒均匀的植保无人机复混喷施6%阿泰灵(20克/亩)+38%唑醚•啶酰菌(40克/亩)，或复混喷施45%咪鲜胺35～50毫升/亩+助剂融透20毫升/亩+新美洲星60～100毫升/亩，或采用50%啶酰菌胺18克/亩+50%异菌脲25克/亩防治菌核病。结合菌核病防治喷施2.5%高效氯氟氰菊酯50～75毫升/亩+2%磷酸二氢钾防治蚜虫、增加粒重

施药模块：黑斑病、炭疽病、霜霉病、黑胫病等病害严重区域可采用10%苯醚甲环唑水分散粒剂60克/亩进行防治

收获方式：采用机械分段收获或一次性机械联合收获或人工收获

秸秆处理：秸秆全量粉碎还田

9月中下旬至10月中旬	10月中下旬至12月中旬	12月下旬至翌年3月下旬	4月上旬至5月上旬	5月中旬

图3-2　长江上游油玉轮作油菜化肥农药减施增效技术模式

三、长江上游油烟轮作油菜化肥农药减施增效技术模式

（一）背景及针对的主要问题

烤烟—油菜轮作是云南乃至我国南方烟区的主要种植模式。云南油烟轮作区是“农旅结合”代表性产区，也是全国蜜蜂春繁基地。区域内土壤类型多为红、黄壤，属旱地或具有一定灌溉条件的水浇地，冬春干旱气候特点突出。油菜生产兼有直播和育苗移栽两种种植方式，养分供给严重受制于土壤水分，养分配比不科学、化肥利用率较低；蚜虫为害较为严重，部分产区根肿病和菌核病时有发生，病虫害防治压力较大。

本项技术模式在适应现代油菜产业发展要求前提下，以绿色、高产、高效为核心，组装集成了“早熟品种适期直播、种肥同播、蚜虫绿色防控、机械轻简化种植”等关键技术，实现了油菜化肥农药减量25%以上、亩均节本增效100元以上的“化肥农药双减、产量效益双增”目标。

（二）关键技术组成及操作方法

1. 播前准备

9月30日前烤烟收获后，清除烤烟烟秆和田间及周边杂草，减少田间病虫源。

2. 品种选择

选用宜迟播、耐密植、抗裂荚、株高适中、茎枝结构平衡、适合机械化生产的早熟油菜品种，如云油杂28、云油杂15、云油杂12等。

3. 种子处理

播种前，采用噻虫嗪、呋虫胺拌种或种子包衣可预防出苗期跳甲和苗期蚜虫。

4. 播种与施肥

10月10日至15日采用油菜精量播种机浅旋播种或免耕撒播浅旋盖籽播种。

（1）油菜精量播种机浅旋播种。主要用于田块面积较大、田地规整的坝区。一次性完成旋耕、灭茬、播种、开沟（25～30厘米）、施肥、覆土等多项工序，播量200～250克/亩，油菜专用缓释肥（$N-P_2O_5-K_2O$：25－7－8）30～50千克/亩，种子与肥料异位同播、肥料侧深施5厘米。

（2）免耕撒播浅旋盖籽播种。主要用于田块面积较小、不规整的田块或山地、台地。播量250～300克/亩，每亩一次性基施油菜专用缓释肥（$N-P_2O_5-K_2O$：25－7－8）40～50千克/亩。种子、肥料同时撒播提高作业效率。播种后，中小型旋耕机浅旋或畜力浅耙覆土盖籽镇压。

5. 化学除草

采用油菜精量播种机可播种时一次性实现封闭除草，免耕撒播浅旋盖籽播种于播种当天或翌日每亩用35%异松·乙草胺50毫升（或者高效盖草能30

毫升）兑水 30 千克左右进行封闭除草。

6. 病虫害防控

（1）蚜虫。水浇地区域宜采用田边和田间设置黄板诱杀（每亩 15～20 张，12 月中下旬油菜抽薹前放置，离地高度 50 厘米左右）、田间投放蚜茧蜂生物防治（每 6～8 亩一个移动网箱、每个移动网箱有 1 000 头以上成蜂，1 月中旬油菜初花后田间有蚜株率 5%左右时投放）进行绿色防控，必要时用无人植保机飞防喷施吡虫啉进行化学防治，化学防治应避免花期使用，以防止伤及蜜蜂。

（2）菌核病。水浇地区域菌核病发病区结合播种后化学除草亩施 6×10^7 个/毫升盾壳霉孢子液 1 升防治，1 月中旬至 2 月下旬在花期采用无人植保机喷施 38%唑醚·啶酰菌悬浮剂或 45%咪鲜胺 50 倍液强化防治菌核病。

（3）根肿病。通过选用早熟抗（耐）病品种、推迟播种期预防，苗期发病可采用氰霜唑、氟啶胺等药剂防治。

旱地区域初花期无人机喷施 40%异菌·氟啶胺＋吡虫啉防治蚜虫和菌核病。

7. 适期收获

采用先割晒、后捡拾脱粒的两段式机械化收获技术。4 月上中旬，油菜全株 90%角果呈黄色、油菜籽成熟度达 90%时，人工或机械割晒，1 周后机械捡拾脱粒。

（三）应用效果

2018—2019 年度，分别在云南罗平油烟轮作区旱地、腾冲油烟轮作区水浇地开展了直播油菜化肥农药减施技术模式与农户习惯种植模式对比试验示范，结果表明，该技术模式在肥料减量 25%以上、农药减量 54.8%的基础上，油菜籽平均增产 6.3%，亩均净收益增加 490 元以上，达到了节肥节药高产高效的目标，节本增效显著。

1. 旱地直播油菜

云南省罗平县是云南油烟轮作旱地直播油菜代表产区。2018—2019 年度，在罗平县板桥镇开展了农民习惯种植模式与油烟轮作区旱地直播油菜化肥农药减施技术模式对比试验示范（两种处理的具体操作见表 3-8）。同田对比中，与农民习惯种植模式（机械或畜力整地、开沟或打塘点播、种子用量 0.5 千克/亩，间苗定苗 1～2 次；1 次底肥 2 次追肥，N、P_2O_5、K_2O 养分投入量分别为 13.8 千克/亩、7.5 千克/亩和 5.0 千克/亩，合计 26.3 千克/亩；病虫草害防治 7 次，农药用量 420 毫升/亩；人工收获；含工时费总投入 881.50 元/亩）相比，应用本项技术模式（精量直播机播种同时完成施肥除草，种子用量 200 克/亩，不间苗定苗；专用缓释肥播种时一次性全层施肥，不追肥，N、P_2O_5、K_2O 养分投入量分别为 7.5 千克/亩、2.1 千克/亩和 2.4 千克/亩，合计 12.0 千克/亩；病虫草害防治 5 次，农药用量 190 毫升/亩；人工或机械割晒、机械捡拾脱粒；含机械费和工时费总投入 372.0 元/亩)，化肥总养分投入量减少 54.4%、农药投入量减少 54.8%、总生产投入减少 57.8%，油菜籽产量 265.4 千克/亩，较农民习惯种植模式（单产 248.2 千克/亩）增产 6.9%。从经济效益来看，油烟轮作区油菜化肥农药减施技术模式亩成本 372.0 元，总产值 1 327 元（按当地商品菜籽综合市场价 5.0 元/千克测算)，纯收益 955 元；农民习惯种植模式亩成本 882 元，总产值 1 241 元，纯收益 359 元。应用本项技术模式能够达到节肥节药高产高效的目标，节本增收效果显著。

2. 水浇地直播油菜

云南省腾冲市是云南油烟轮作水浇地育苗移栽油菜代表产区。2018—2019 年度，在腾冲市界头镇开展了农民习惯种植模式与油烟轮作区油菜化肥农药减施技术模式对比试验示范（两种处理的具体操作见表 3-9)。同田对比中，与农民习惯种植模式（采用中早熟品种 9 月下旬育苗、10 月下旬移栽；1 次底肥 2 次追肥共 3 次施肥，N、P_2O_5、K_2O 养分投入量分别为 18.2 千克/亩、3.5 千克/亩和 5.0 千克/亩，合计 26.7 千克/亩；病虫草害防治 7～8 次，农药用量 450 毫升/亩；人工收获；含工时费总投入 960.0 元/亩）相比，应用本项技术模式（采用早熟品种推迟播期，10 月中旬免耕直播，11 月中旬定苗 1 次；专用缓释肥播种时一次性全层施肥，不追肥，N、P_2O_5、K_2O 养分投入量分别为 12.5 千克/亩、3.5 千克/亩和 4.0 千克/亩，合计 20.0 千克/亩；蚜虫采用黄板和蚜茧蜂绿色防控，菌核病采用盾壳霉生物防控辅以 38%唑醚·啶酰菌化学农药防治，病虫草害防治 3 次，农药用量 130 毫升/亩；人工割晒、机械捡拾脱粒；含机械费和工时费总投入 537.5 元/亩）总养分投入量减少 25.1%、农药投入量减少 71.1%、总生产投入减少 44.0%，油菜籽产量 208.4 千克/亩，较农民习惯种植模式增产 6.3%。从经济效益来看，油烟轮作区油菜化肥农药减施技术模式每亩成本 537.5 元，总产值 1 145.9 元（按当地商品菜籽综合市场价 5.5 元/千克测算)，纯收益 608.4 元；农民习惯种植模式每亩成本 960.0 元，总产值 1 077.7 元，纯收益 117.7 元。应用本项技术模式能够达到节肥节药高产高效的目标，节本增收效果显著。

同时，油烟轮作区油菜化肥农药减施技术模式在腾冲市界头镇大园子、张家营两个社区示范应用 2 万亩，经云南省农业技术推广总站组织同行专家测产验收，加权平均单产 212.4 千克/亩，较非示范区（农户习惯种植区，平均单产 166.0 千克/亩）增产 46.4 千克/亩，增产 27.9%，增效 255.0 元/亩。

（四）集成模式图

见图 3-3。

表 3-8　云南油烟轮作旱地直播油菜农民习惯种植模式与化肥农药减施技术模式的具体操作对比

处理	主要操作					
	播种前准备	开沟、播种	施肥	除草	间苗定苗	防病	收获

处理	播种前准备	开沟、播种	施肥	除草	间苗定苗	防病	收获
油烟轮作区旱地直播油菜化肥农药减施技术模式	9 月 30 日前，清除烤烟烟秆和田间及周边杂草，10 月 10 日用噻虫嗪拌种	10 月 12 日采用精量直播机一次性完成旋耕、灭茬、播种、分墒、施肥、覆土、镇压、封闭除草等多项工序，亩播种量 200 克	10 月 13 日采用精量直播机一次性亩施宜施壮油菜专用缓释肥（$N-P_2O_5-K_2O$：25-7-8）30 千克，种子与肥料异位同播、肥料侧深施 5 厘米	10 月 13 日采用精量直播机一次性亩施 35%异松·乙草胺 50 毫升进行土壤封闭除草	无	10 月 13 日采用精量直播机一次性亩用盾壳霉 60 克预防菌核病；初花期采用无人机每亩喷施 40%异菌·氟啶胺 50 毫升＋吡虫啉 10 克防治蚜虫和菌核病；角果期用无人机喷施吡虫啉 10 克/亩防治蚜虫 2 次	4 月 5 日人工或机械割晒、4 月 10 日机械捡拾脱粒
农民习惯种植模式	9 月 30 日前，清除烤烟烟秆和田间及周边杂草	10 月 11 日用小型农机耕耙，10 月 12 日用小型开沟机开沟点播，亩播种量 500 克	全生育期施 N 13.8 千克/亩、P_2O_5 7.5 千克/亩、K_2O 5.0 千克/亩、硼砂 1 千克/亩；氮肥采用一基二追方式施用，其他养分一次性基施	播种当天采用电动喷雾器亩施 35%异松·乙草胺 50 毫升进行土壤封闭除草	11 月 5 日间苗 1 次，11 月 20 日定苗 1 次	采用电动喷雾器防治。10 月 25 日，油菜出苗后亩用高效氟氯氰菊酯乳油 40 克防治跳甲 1 次；花期亩用吡虫啉 10 克和多菌灵 150 克防治蚜虫和菌核病 2 次；青荚期亩用吡虫啉 10 克防治蚜虫 1 次	4 月 5 日人工割晒、4 月 10 日人工脱粒

表 3-9　云南油烟轮作水浇地油菜农民习惯种植模式与化肥农药减施技术模式的具体操作对比

处理	主要操作						
	播种前准备	播种/育苗	间苗/移栽	施肥	除草	防病	收获
油烟轮作水浇地油菜化肥农药减施技术模式	10 月 10 日前，清除烤烟烟秆和田间及周边杂草，10 月 12 日用噻虫嗪拌种防治出苗期跳甲和苗期蚜虫	10 月 15 日免耕打塘点播，亩播种量 200 克	11 月 15 日前定苗，留苗密度 1.2 万～1.5 万株/亩	10 月 15 日播种时一次性亩施宜施壮油菜专用缓释肥（$N-P_2O_5-K_2O$：25-7-8）50 千克，种子与肥料异位同播	播种当天采用电动喷雾器亩施 35%异松·乙草胺 50 毫升进行土壤封闭除草	10 月 15 日播种时结合封闭除草亩施盾壳霉 60 克/亩预防菌核病；初花期采用无人机喷施 38%唑醚·啶酰菌 20 克/亩防治菌核病 1 次；采用黄板和蚜茧蜂绿色防控	4 月 28 日人工割晒、5 月 4 日机械捡拾脱粒
农民习惯种植模式	9 月 20 日前，平整苗床；10 月 20 日前，清除大田烤烟烟秆和田间及周边杂草	9 月 20 日育苗，按 1∶15 配置苗床，亩苗床播种量 750 克	10 月 25 日移栽，移栽密度 0.4 万～0.6 万株/亩	全生育期施 N 18.2 千克/亩、P_2O_5 3.5 千克/亩、K_2O 5.0 千克/亩、硼砂 1 千克/亩；氮肥采用一基二追方式施用，其他养分一次性基施	11 月 20 日结合施提苗肥、中耕培土除草	采用电动喷雾器防治。苗期至抽薹期采用氰霜唑、氟啶胺、百菌清等防治根肿病 2～3 次，薹花期采用菌核净防治菌核病 2 次，花角期采用吡虫啉、烯啶虫胺或高效氯氟氰菊酯防治蚜虫 4～5 次。菌核病和蚜虫防治可结合进行	4 月 28 日人工割晒、5 月 4 日人工脱粒

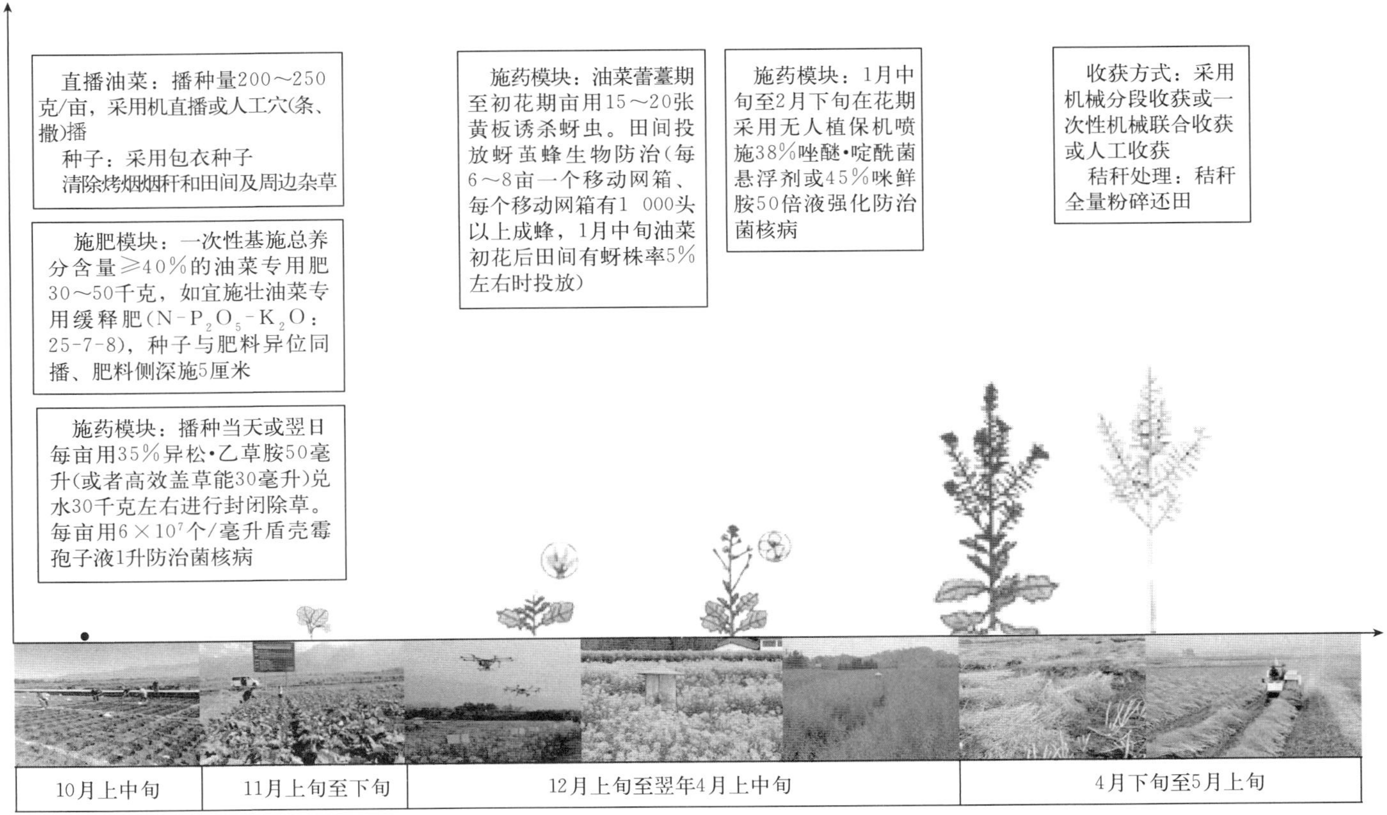

直播油菜：播种量200～250克/亩，采用机直播或人工穴(条、撒)播

种子：采用包衣种子

清除烤烟烟秆和田间及周边杂草

施肥模块：一次性基施总养分含量≥40%的油菜专用肥30～50千克，如宜施壮油菜专用缓释肥($N-P_2O_5-K_2O$：25-7-8)，种子与肥料异位同播、肥料侧深施5厘米

施药模块：播种当天或翌日每亩用35%异松·乙草胺50毫升(或者高效盖草能30毫升)兑水30千克左右进行封闭除草。每亩用6×10^7个/毫升盾壳霉孢子液1升防治菌核病

施药模块：油菜蕾薹期至初花期亩用15～20张黄板诱杀蚜虫。田间投放蚜茧蜂生物防治(每6～8亩一个移动网箱、每个移动网箱有1 000头以上成蜂，1月中旬油菜初花后田间有蚜株率5%左右时投放)

施药模块：1月中旬至2月下旬在花期采用无人植保机喷施38%唑醚·啶酰菌悬浮剂或45%咪鲜胺50倍液强化防治菌核病

收获方式：采用机械分段收获或一次性机械联合收获或人工收获

秸秆处理：秸秆全量粉碎还田

10月上中旬	11月上旬至下旬	12月上旬至翌年4月上中旬	4月下旬至5月上旬

图3-3　长江上游油烟轮作油菜化肥农药减施增效技术模式

（五）适用范围

本技术模式由云南省油烟轮作区油菜化肥农药减施技术产生，适用于长江上游油菜—烤烟轮作区及周边相似生态区。

（六）研发者联系方式

云南省农业科学院经济作物研究所联系人：符明联，邮箱：1191655813@qq.com。

罗平县种子管理站联系人：李庆刚，邮箱：978704381@qq.com。

腾冲市农业科学研究所联系人：杨兆春，邮箱：tcnksyzc@163.com。

（本节撰稿人：符明联、赵凯琴、李根泽、陈华、罗延青、张云云、李庆刚、杨兆春、雷元宽、段正培）

四、长江中游稻油轮作稻草全量还田冬油菜绿色高效技术模式

（一）背景及针对的主要问题

稻油轮作是长江中游重要的油菜种植模式。该区域地势平坦，土壤肥沃，机械化程度高。稳固推广“稻—油”两熟制模式，提高种植收益对于区域农业农村的发展具有重要意义。尽管长江中游稻油两熟区冬油菜已有较为成熟的种植模式，但在肥料和药剂施用、秸秆处理等方面仍然存在很多问题。主要体现在：①水稻秸秆的处理方式直接影响油菜生长以及环境问题。水稻收获产生大量秸秆，平均每亩400～600千克；秸秆焚烧或闲置带来的环境污染和农田安全等问题日趋严重；随着国家出台相关政策，秸秆还田率越来越高，但由于秸秆不易腐烂，还田后土壤耕层易形成海绵层，不利于土壤保墒且影响下茬作物根系与土壤充分接触导致根系悬空生长，容易出现吊苗现象。因此，如何有效处理和腐解水稻秸秆是水旱轮作油菜种植中必须要解决的首要问题。②肥料用量大，施肥模式粗放。该区域化肥用量明显高于湖北省平均水平，肥料选择非常盲目，施肥模式粗放、费工费时，肥料利用率低，并且极少施用有机肥。③季节性干旱影响油菜生长和肥料施用。油菜生产中往往会在元旦前后进行1次追肥，但每年11月至翌年2月季节性干旱影响追肥效果以及油菜生长。④杂草问题严重限制油菜化肥农料利用率。杂草问题是目前中部水旱轮作两熟区油菜种植中面临的重要生产问题，大量的杂草与油菜争空间、争养分，严重影响油菜产量和肥料利用率。⑤油菜根肿病和菌核病发生严重，农药施用不科学。该地区农药使用较为单一，剂量较大，容易产生抗药性、药害和环境污染；且高抗农药施用频率高，从而导致防治效果不理想，用药量增加。在此背景和问题下，开发集成长江中游稻油两熟区稻草全量还田冬油菜化肥农药减量技术

模式，以期解决该区域肥料、农药施用过程中的突出问题，科学指导肥药施用。

（二）关键技术组成

长江中游稻油两熟区稻草全量还田冬油菜肥药减施技术模式的关键技术组成包括：油菜专用缓释肥高效施用技术、有机肥替代减施化肥技术、氮密协同减肥抑草技术、菌核病高效复配药剂飞防技术、稻草覆盖还田抑草技术、高效复配药剂控草技术、根肿病发病区高效防控技术、秸秆还田腐熟与菌核腐解技术。

1. 油菜专用缓释肥高效施用技术

（1）针对问题。市场上肥料供应种类繁多、针对性不强、农民选择肥料盲目性大，生产上存在施肥技术与肥料产品脱节、施肥环节多等技术难落地问题。

（2）技术要点。油菜专用缓释肥（$N-P_2O_5-K_2O$：25－7－8）是根据我国冬油菜主产区土壤养分供应特点和油菜养分吸收规律提出的区域大配方，它将大量、中量和微量元素养分按适宜比例配合，同时考虑养分形态配伍、缓控释技术等，具有一次性施用满足全生育期需求的特点，省工省力。根据在江汉平原多年多点的田间试验，该区域稻油轮作两熟区适宜的油菜专用缓释肥用量为 50 千克/亩，对于高产田块每亩肥料用量可增加 5～10 千克。建议在播种前 2～3 天，均匀撒施油菜专用缓释肥后翻耕；亦可采用油菜精量联合直播作业机械，实现播种、施肥和打药一体化，作业机械可以采用正位或侧深施肥的方式，施肥深度为 7～10 厘米。

（3）技术图片。见图 3－4。

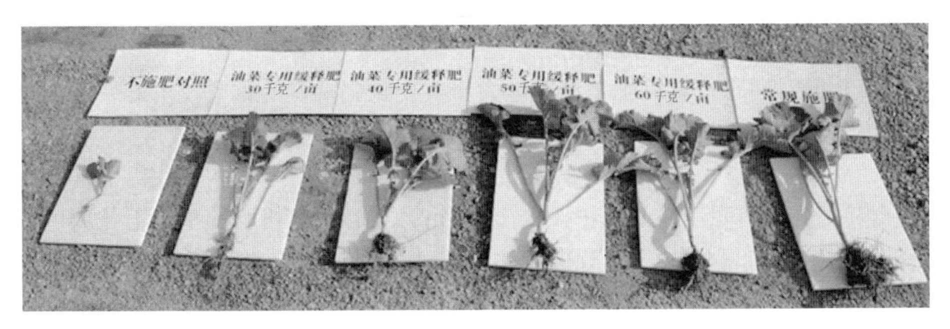

图 3－4　不同专用缓释肥用量油菜越冬期生长状况

（4）技术效果。与区域习惯施肥相比，专用肥处理养分投入明显降低，氮、磷和钾总养分投入分别减少了 42.9%、2.0%和 27.4%。尽管总养分投入降低，但与习惯施肥相比，专用肥处理增产量分别为 219 千克/亩、231 千克/亩和 105 千克/亩，平均增产率分别为 9.3%、29.2%和 15.7%（表 3－10）。

表 3-10　油菜专用缓释肥施用效果分析

地点	处理	养分投入（千克/亩）			产量（千克/亩）
		N	P_2O_5	K_2O	
荆州	不施肥	0	0	0	58±23
	习惯施肥	16	6	6	200±51.3
	专用肥	10	2.8	3.2	219±72.6
洪湖	不施肥	0	0	0	43±1.3
	习惯施肥	10	4	6.4	179±20.7
	专用肥	12.5	3.5	4	231±9.1
沙洋	不施肥	0	0	0	6±0.5
	习惯施肥	18	7.5	7.5	91±7.9
	专用肥	15	4.2	4.8	105±4.7

（5）适宜区域。长江中游水旱轮作区及相似气候油菜生产区。

（6）注意事项。油菜专用缓释肥具有一次性施用满足整个生育期需求的特点，实际生产中可根据冬至苗情，适当追施肥料。若冬至前后油菜植株明显偏小或偏弱，可每亩适当追施 5.0～7.5 千克尿素；若油菜叶片颜色仅略微偏浅，不建议再追施尿素。

2. 有机肥替代减施化肥技术

（1）针对问题。有机肥是培肥地力、实现化肥减量的重要技术之一。油菜生产中基本不施用有机肥，缺少有机肥施用关键技术参数。

（2）技术要点。长江中游稻油轮作两熟区油菜生产中适宜的商品有机肥（畜禽粪肥为原料）用量为 75～100 千克/亩，在施用有机肥的基础上化肥可以减量 25%。如果区域内畜禽有机肥生产量大，可适当增加有机肥用量，一般不超过 150 千克/亩。建议在整地前，将有机肥均匀撒施后翻耕。播种前 2～3 天，将减量 25%的化肥均匀撒施后旋耕。

（3）技术效果。在不施用有机肥条件下，冬油菜适宜的氮肥（N）用量为 241.5 千克/公顷，其平台产量为 2 235 千克/公顷；有机肥施用显著提高了油菜的产量，其平台产量为 2 700 千克/公顷，适宜的氮肥（N）用量为 246 千克/公顷。若以不施有机肥的平台产量为参考，在施用有机肥情况下，其氮肥（N）用量为 191.5 千克/公顷，较不施有机肥适宜氮肥用量减少了 20.5%。若以区域习惯氮肥用量（270 千克/公顷）为参考，在施用 2 250 千克/公顷有机肥情况下，氮肥可减施 29.1%（图 3-5）。

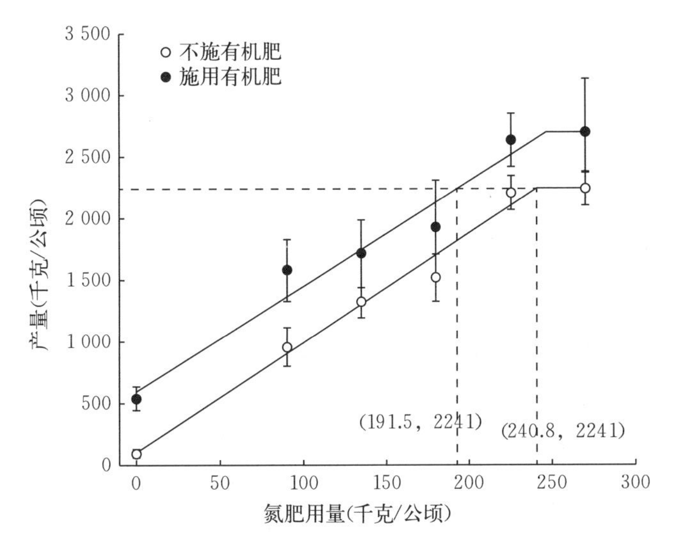

图 3-5　不施和施用有机肥条件下冬油菜适宜氮肥用量

（4）适宜区域。本研究的关键技术参数源于江汉平原水旱轮作区田间试验，该技术模式同样适用于长江中游其他区域的水旱轮作模式的油菜生产。

（5）注意事项。本技术推荐施用以畜禽粪肥为主要原料的商品有机肥，如若施用以秸秆为主要原料的高碳氮比有机肥，则需适当提高基肥中氮肥的比例，以避免有机肥碳氮比过高影响苗期土壤氮素供应。

3. 氮密协同减肥抑草技术

（1）针对问题。直播油菜生产中播种量过大与过稀现象并存，缺少与播种量相匹配的氮肥施用技术，存在明显施肥技术和栽培措施不配套的问题。

（2）技术要点。经过在长江中游多年的田间试验，该区域直播油菜适宜的播种量为 300～400 克/亩，与之匹配的氮肥用量为 12～14 千克/亩。建议在生产中，可在播种前 2～3 天，每亩施用油菜专用缓释肥 50～60 千克，之后采用条播或撒播的方式，每亩播种区域高产高抗油菜品种 300～400 克。亦可采用油菜精量联合直播作业机械，实现油菜播种和施肥一体化作业，播种量和施肥量可在田间撒施的基础上，减少 10%左右。

（3）技术图片。见图 3-6。

（4）技术效果。在目标产量下，当播种量由 100 克/亩增加至 300 克/亩

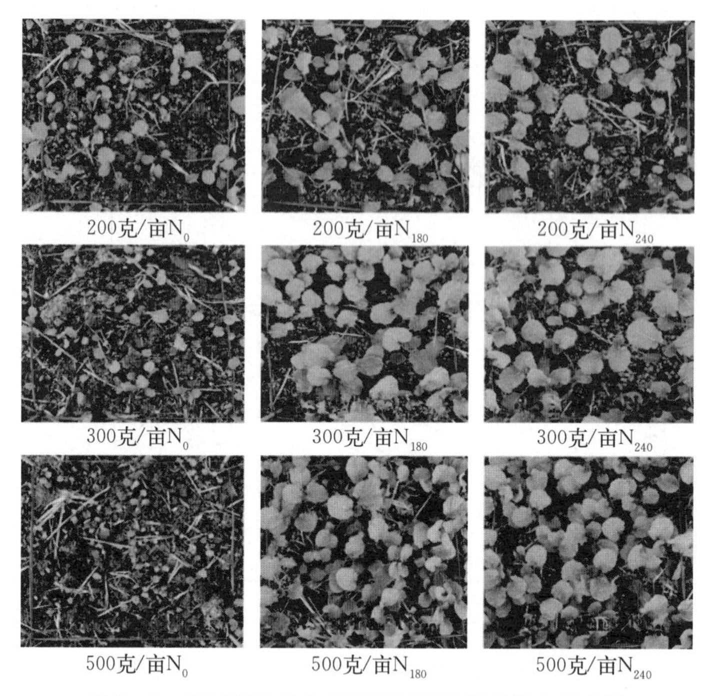

图 3-6 不同播种量和氮肥用量下油菜苗期生长状况

时，适宜氮肥用量可减少 21.4%～31.2%。当播种量超过 400 克/亩时，由于播种密度的增加，加剧油菜种间竞争，达到目标产量所适宜的氮肥用量反而增加。

（5）适宜区域。长江中游水旱轮作区及相似气候油菜生产区。

（6）注意事项。长江中游适宜播种期为 9 月下旬至 10 月中旬，过早或过晚均会限制油菜产量潜力发挥和肥料利用率。

4. 菌核病高效复配药剂飞防技术

（1）针对问题。长江中游稻油两熟区历来都是我国油菜菌核病的高发区、重发区，菌源基数大，气候条件适宜发病。对于该病的防治，由于缺乏有效的抗源，目前生产上推广的抗病品种主要以避病和耐病为主，传统的化学防治虽然有一定的效果，但由于理想的施药时间是在油菜盛花初期，而此时油菜已经封行，喷药器械又主要为人工手动和小型机（电）动喷雾机，人工施药困难。再加上农村劳动力缺乏以及传统化学药剂抗药性上升、使用剂量大等问题，从而导致人工施药防治实施困难且防治比例小，很多地方应防治而未防治，结果给农民造成了巨大的经济损失，并严重影响农产品质量安全、生态环境安全、油菜种植效益、农民种植积极性等诸多方面。

（2）技术要点。选用戊唑·咪鲜胺水乳剂（25克/亩）、异菌·氟啶胺悬浮剂（50毫升/亩）、醚菌·啶酰菌悬浮剂（50毫升/亩）、嘧环·咯菌腈水分散粒剂（25克/亩）等新型、低毒、高效复配药剂，于油菜盛花初期，使用植保无人机精准施药，从而实现油菜菌核病绿色、高效防控。飞防作业时，为充分发挥药效，飞行速度宜控制在3～5米/秒，飞行高度宜控制在离油菜冠层2米以内，雾滴粒径以100～150微米最佳。

（3）技术效果。油菜菌核病高效复配药剂飞防技术的实施，可使病害防治的成本控制20元/亩以内，与传统相比降低2/3以上，菌核病防治效果平均提高18%以上，农药减施20%以上，节水90%以上，挽回油菜籽直接产量损失5%以上，亩综合效益增加80元以上。

（4）适宜区域。长江中游水旱轮作区及相似气候油菜生产区。

（5）注意事项。由于植保无人机喷出的雾滴粒径较小，为保证防治效果，一方面建议选用乳油或水剂，最好不要用可湿性粉剂；另一方面建议向药液中添加喷雾助剂，以提高雾滴的高湿润性、抗挥发性、强渗透性、扩展性以及耐雨性等。

5. 稻草覆盖还田抑草技术

（1）针对问题。前茬水稻收获后会产生大量秸秆，秸秆焚烧或闲置带来的环境污染和农田安全等问题日趋严重；同时，杂草问题是目前中部水旱轮作两熟区油菜种植中面临的重要生产问题，严重限制油菜生长。因此，采用稻草覆盖还田达到抑制杂草生长的目的，做到物尽其用。

（2）技术要点。在土壤封闭阶段使用稻草覆盖还田抑草技术。直播前3～5天旋耕细耙整地，旋耕同时使粉碎秸秆均匀分布在0～20厘米土层中，细碎土层深度达8厘米以上。在湖北冬油菜区直播油菜一般在9月25日至10月10日播种，由于水稻秸秆覆盖后会对油菜出苗造成一定影响，因此需要加大播种量以增加出苗率。一般在长江中游地区水旱轮作油菜田，可在常规油菜播种密度基础上增加20%播种量，如由300克/亩增加到360克/亩。可在油菜播种后发芽前，喷施减量25%的土壤封闭除草剂，如精异丙甲草胺、异松·乙草胺等进行土壤封闭处理，注意喷施封闭除草剂时应保持土壤湿润。待油菜田喷施封闭除草剂后，利用机器将收割脱粒后的水稻秸秆粉碎至5～10厘米长度，每亩覆盖秸秆300千克，将粉碎秸秆均匀覆盖在厢面上；杂草3叶期可基本不使用茎叶除草剂。

（3）技术效果。结合秸秆覆盖全量还田与减量封闭措施，对杂草防除效果达97%以上，与常规除草剂处理无明显差异（表3-11）。

表 3-11　油菜田秸秆还田的控草效果分析（湖北沙洋）

处　理	杂草平均鲜重（克/米²）				杂草总鲜重防效（%）
	看麦娘	鹅肠菜	稻槎菜	其他杂草	
播种加密 360 克/亩＋稻草还田 600 千克/亩（300 千克/亩旋耕＋300 千克/亩覆盖）＋异松·乙草胺封闭减量 37.5 毫升/亩（优化技术）	22.72	1.80	0.42	0.88	97.35
常规播种 300 克/亩＋稻草不还田＋异松·乙草胺封闭 50 毫升/亩＋高效氟吡甲禾灵茎叶除草 30 毫升/亩（常规技术）	12.03	0.21	0.19	0.00	98.72
常规播种 300 克/亩＋不施用除草剂（对照）	963.65	2.19	1.79	5.30	—

（4）适宜区域。长江中游水旱轮作区及相似气候油菜生产区。

（5）注意事项。注意覆盖草量不宜过多，稻草需切碎。稻草覆盖前，采用芽前减量封闭除草效果更佳，无须施用茎叶除草剂；稻草覆盖后期，需结合专用农机进行机械化处理。

6. 高效复配药剂控草技术

（1）针对问题。长江中游地区冬油菜田农药使用单一、剂量大，针对该问题开发高效复配药剂控草技术，以降低农药施用量、减缓抗药性发生。

（2）技术要点。在施用茎叶除草剂阶段使用高效复配药剂控草技术。主要采用农药减量、增加助剂，如多元醇型非离子活性剂、有机硅等，与茎叶除草剂复配施用。播后芽前用精异丙甲草胺、异松·乙草胺等进行土壤封闭；杂草 3 叶期以 74%草除灵·烯草酮 45 毫升/亩与助剂复配，每亩用水量 30 千克，使用背负式电动喷雾器喷雾，喷嘴圆锥形，喷幅 1.8 米左右，均匀茎叶处理。

（3）技术效果。草除灵·烯草酮与助剂激健、融透复配施用均对杂草有很好的防除效果；达到了茎叶除草剂减量 25%的效果（表 3-12）。

表 3-12　除草剂复配减量对杂草防除效果的影响（湖北沙洋）

处　理	杂草鲜重（克/米²）				杂草总鲜重防效（%）
	看麦娘	鹅肠菜	老鹳草	其他杂草	
草除灵·烯草酮减量茎叶处理 45 毫升/亩＋助剂激健（优化技术 1）	33.54	1.59	3.94	0.00	92.15
草除灵·烯草酮减量茎叶处理 45 毫升/亩＋助剂融透（优化技术 2）	53.51	1.96	9.06	0.80	86.88
草除灵·烯草酮茎叶处理 60 毫升/亩（常规技术）	77.11	0.89	5.79	0.00	83.18

（续）

处　　理	杂草鲜重（克/米²）				杂草总鲜重防效（%）
	看麦娘	鹅肠菜	老鹳草	其他杂草	
草除灵·烯草酮减量茎叶处理45毫升/亩（对照1）	174.21	2.17	1.30	0.00	64.32
不施除草剂（对照2）	467.99	4.17	20.67	5.17	—

（4）适宜区域。长江中游水旱轮作区及相似气候油菜生产区。

（5）注意事项。注意土壤潮湿的地块需要进行土壤封闭，如土壤较为干燥可不用土壤封闭。草除灵·烯草酮和助剂复配药剂均可用于单子叶杂草和阔叶杂草防除。

7. 根肿病高效防控技术

（1）针对问题。长江中游油菜种植多为稻油轮作模式，地势平坦，机械化程度高。由于油菜根肿病是土传病害，水稻机收的跨区作业极易将病土从病区带到无病区，从而导致发病范围逐年扩大。自油菜根肿病在湖北省发生以来，严重影响了湖北省油菜产业的健康发展。

（2）技术要点。选用抗病品种是防治油菜根肿病最有效、最轻简化的方法，可作为湖北省油菜根肿病防控的首选措施。但由于抗源有限、品种抗性丧失等问题，不能常年种植单一抗病品种，而应交替种植其他油菜品种。因此，在实际生产中，可多种防治方法相结合。根据湖北省长江中游水旱轮作区土壤条件和油菜种植特点，经过田间试验后，归纳3种技术参数轮换使用。技术1：种植抗根肿病品种，如华油杂62R或华双5R；及时检查田间根肿病发生情况，根据需要辅以其他防治方法。技术2：使用氰霜唑种子包衣，结合石灰氮30千克/亩土壤处理。该模式在播种时就进行根肿病防治处理，简化操作，节约成本。技术3：结合氰霜唑种子包衣，推迟播期至10月中旬，增加播种量20%，以保证产量。该技术适用于根肿病发生特别严重田块。

（3）技术效果。

技术1：华双5R和华油杂62R对油菜根肿病均表现较高抗性，与对应亲本品种相比平均防效分别可达81.8%和59.5%；华双5R和华油杂62R的产量也较高，相对亲本分别增产15.6%和29%。故推荐在湖北油菜根肿病发生严重地区种植华双5R和华油杂62R。

技术2：氰霜唑种子包衣结合石灰氮处理对油菜根肿病有较好防效，防效为50%以上，比常规灌根处理防效好。在产量方面，相对于常规灌根处理，石灰氮土壤处理结合氰霜唑种子包衣技术可平均增产14.9%。

技术3：氰霜唑种子包衣结合推迟播期可取得80%以上防效。推迟播期产量损失较为明显，增加播种量在一定程度可以提高产量。因此，推迟播期至10月中旬，播种量增加20%，且采用种子包衣处理，可兼顾防病效果和产量。

（4）适宜区域。适用于长江中游油菜根肿病发生严重地区。

（5）注意事项。抗病品种的多年种植会导致当地根肿病菌生理小种的改变，因此需要间隔1～2年不定期更换抗病品种，避免单一抗病品种的多年种植引起抗性丧失。

8. 秸秆还田腐熟与菌核腐解技术

（1）针对问题。随着国家出台相关政策，秸秆还田率越来越高，但是由于秸秆不易腐烂，还田后土壤耕层易形成海绵层，不利于土壤保墒且影响下茬作物根系与土壤充分接触导致根系悬空生长，容易出现吊苗现象。因此，加快秸秆还田后的腐解成了亟待解决的问题。针对这一急需解决的产业问题，湖北省武汉市中国农业科学院油料作物研究所植物营养与施肥团队研发了促进秸秆腐解的同时还能有效防治油菜菌核病的有机物料腐熟剂，并就该产品对秸秆的腐解效果及对油菜菌核病的防治效果进行了田间研究。

（2）技术要点。将该产品100克/亩喷施于油菜、玉米、水稻等作物原位还田的秸秆可有效加速秸秆腐解进程。具体使用方法是：在作物收获时将其秸秆粉碎，均匀覆盖于地表，每亩取有机物料腐熟剂100克，溶解于约10升的水中进行简单过滤（由于菌剂中可能含有少量菌核，为避免堵塞喷施设备可进行简单过滤），再加水至50升，采用人工或无人机作业喷施。然后采取机械旋耕、翻耕作业，将粉碎的秸秆、肥料与表层土壤充分混合促进秸秆快速腐解。其他施肥量和田间管理按当地农户常规模式进行。

（3）技术效果。为了验证有机物料腐熟剂的效果，开展了有机物料腐解剂腐解水稻秸秆效果试验。采用田间小区对比的试验方法验证秸秆腐熟剂对水稻秸秆降解以及后茬油菜产量的影响。

通过试验对比发现，不施用和施用有机物料腐熟剂处理之间秸秆的腐解率在秸秆还田后的前5天有很大差异。相较于对照（不使用有机物料腐熟剂处理），使用腐熟剂后秸秆在还田后的前5天腐解率达到30%，秸秆腐解速率提升了21.5%，之后两处理的秸秆腐解率差异不明显。秸秆腐解过程中干物质的降解呈现先快后慢的趋势，50天之后干物质的降解趋于平缓（表3-13）。

表 3-13　有机物料腐熟剂对秸秆降解率的影响

还田时间（天）	秸秆降解率（%）		
	对照	有机物料腐熟剂	增加
5	24.7	30.0	21.5
15	40.0	40.4	0.9
50	69.4	69.5	0.2
110	73.6	73.7	0.2

有机物料腐熟剂对油菜菌核病的防控及产量的影响方面，由于有机物料腐熟剂中有效成分包含棘孢曲霉和哈茨木霉菌，对油菜菌核病的菌核有显著的抑制作用。与对照相比，使用有机物料腐熟剂后后茬油菜菌核病的发病率显著降低，发病指数显著降低了 40.2%（表 3-14）。

表 3-14　有机物料腐熟剂对油菜菌核病的防治效果

处　　理	发病指数	下降（%）
对照	19.57±1.82bc	—
有机物料腐熟剂	11.70±2.15a	40.2

同时，对油菜产量的影响也很明显，全量秸秆还田后配施有机物料腐熟剂的处理油菜产量达到 204 千克/亩，与对照相比每亩产量增加 26 千克，增产 14.6%（表 3-15）。

表 3-15　秸秆还田配施有机物料腐解剂对油菜产量的影响

处　　理	油菜产量（千克/亩）	增产（%）
对照	178	—
有机物料腐熟剂＋秸秆还田	204	14.6

（4）适宜区域。本技术广泛适用于涉及秸秆还田的耕作区域。

（5）注意事项。溶解有机物料腐熟剂时要搅拌均匀；装入喷壶前进行过滤以免被其中少量难溶的菌核堵塞喷头；避免使用未经彻底清洗的装过农药的器具盛放有机物料腐熟剂及其溶液，以免影响菌剂的使用效果；在田间喷施时，要均匀喷洒到秸秆表面。

（三）关键技术操作要点

1. 优质高效油菜品种选择

选择适宜当地的高抗病、优质（低芥酸、低硫苷）、高产稳产、适宜机械化等特点的油菜品种，如华油杂 62R、华油杂 62、中油杂 19、大地 199 等。

2. 播前准备

（1）秸秆前处理。水稻收获时采用大型水稻收割脱粒一体化机器，秸秆留茬高度为 20～25 厘米，并将秸秆收集捆扎移出稻田，待油菜种植时还田利用。

（2）翻耕田块及开沟。水稻收获后及时开沟排水，晾晒田面，熟化土壤。采用大型机器进行田块旋耕—开沟—起垄—施肥—播种—覆土一体化，厢宽一般 2 米左右，沟宽 30～35 厘米，沟深 25～30 厘米，坂田、低垄田要深开田，沿四沟和中沟，地势低、大田块的需要多开厢沟，每隔 90 米增开一条腰沟，以利于水分排疏与田间管理。翻耕 1～2 次，使田块疏松、细碎、平整，达到上虚下实。机械开沟时，沟土能均匀抛撒到沟两边的厢面上，分散距离为每边 1.5 米左右。开沟后及时清沟，对机械不方便操作的地方进行人工疏通。

（3）种子处理。选用高纯度的油菜种子，播种前采用 10%氰霜唑或 500 克/升氟啶胺 1 毫升/克进行种子拌种包衣，保苗、预防苗前期病虫草害。

3. 播种期

（1）油菜播期与茬口的选择。冬油菜直播应选择前茬作物茬口较早的作物，避免茬口紧影响下季作物生长。采用区域集中种植，适宜的播期在 9 月 25 日至 10 月中旬，最好选择在适期雨前播种。

（2）施肥。根据当地土壤基础肥力特性测土配方后，合理运筹肥料施用。采用华中农业大学研制、湖北宜施壮农业科技有限公司生产的宜施壮油菜全营养专用缓释肥，其 $N-P_2O_5-K_2O$ 为 25－7－8，另含有硼、镁、硫等中微量元素养分。目标产量为 150～200 千克/亩时，推荐一次性基施专用肥 50～55 千克/亩和当地有机肥 70～80 千克/亩，均匀施入土壤，满足油菜全生育所需养分。

（3）播种量、方式。播种方式以撒播和条播均可，播种量为 360～480 克/亩。播种后撒土覆盖厢面，厚度大致为 5 厘米左右。

（4）土壤处理。施肥、播种、盖土后，每亩采用 10^{10} 个/毫升盾壳霉孢子液 100 克/亩＋35%异松・乙草胺减量 25%混合兑水进行土壤封闭，防治草害和病害发生。要发挥一锄最佳效果，应做到三点：一是整地碎、细、平；二是整地后 3 天内及时用药；三是土壤干燥时加大用水量，喷雾均匀周到，不漏喷、不重喷。

（5）秸秆量化还田。前茬水稻作物秸秆通过秸秆粉碎机切碎，长度为 5～10 厘米，量化还田，50%稻草覆盖＋50%稻草翻压（稻茬），还田量为 400 千克/亩左右，均匀覆盖田面。

（6）苗期辅以茎叶除草。油菜 4～5 叶期：如果田间杂草仍较多，可每亩采用 74%草除灵・烯草酮 45 毫升＋助剂如激健 15 毫升，兑水 40～50 千克喷施。

4. 花期菌核病防治

初花期可采用无人机飞防喷施，药剂可选用戊唑·咪鲜胺水乳剂（25克/亩）、异菌·氟啶胺悬浮剂（50毫升/亩）、醚菌·啶酰菌悬浮剂（50毫升/亩）、嘧环·咯菌腈水分散粒剂（25克/亩）等新型、低毒、高效复配药剂，于油菜盛花初期，使用植保无人机精准施药，飞防作业时，飞行速度控制在3～5米/秒，飞行高度控制在离油菜冠层2米以内，雾滴粒径以100～150微米最佳。

5. 适期收获

长江中游油菜适宜收获时间为5月上中旬。当主花序角果、全株和全田角果70%～80%现黄时，采用催熟剂熟化，用联合油菜收割机进行收割。也可以选晴天早晨带露水收割，以免角果爆裂损失，轻割、轻放、轻捆、轻运，收获时果枝应长割，然后小捆架晒，促进后熟。晾晒3～4天即可脱粒，可选择晴朗的天气，精打细脱，当含水量为8%～9%时装袋。

（四）应用效果

利用在湖北省荆州市荆州区八岭山镇（示范面积1 200亩）和荆门市沙洋县曾集镇（示范面积500亩）建立的湖北水旱轮作区冬油菜化肥农药减施增效集成技术模式应用示范基地，布置了“湖北长江中游水旱轮作区稻草翻压+覆盖还田油菜减肥减药集成技术模式”田间示范试验6个。从化肥和农药投入来看，与习惯模式相比，集成技术模式通过引进、熟化和组装适合区域油菜生产特点的化肥农药减施增效关键技术，化肥投入减少了28.6%～33.5%，农药投入减少了40.9%～60.4%，实现了化肥和农药双减（表3-16）。

表3-16 湖北水旱轮作区冬油菜减肥减药集成技术模式示范化肥农药投入分析

地点	处理	化肥投入		农药投入	
		$N-P_2O_5-K_2O$（千克/亩）	减施比例（%）	除草-杀虫-杀菌（克/亩）	减施比例（%）
湖北沙洋	习惯	18.0-7.5-7.5	—	146-0-150	—
	集成技术	13.8-3.9-4.4	33.5	60-0-115	40.9
湖北荆州	习惯	16.0-6.0-6.0	—	90-0-300	—
	集成技术	12.5-3.5-4.0	28.6	50-0-117.5	57.1
湖北洪湖	习惯	14.4-7.5-7.5	—	80-200-200	—
	集成技术	12.5-3.5-4.0	31.0	40-50-100	60.4

从6个示范试验的产量数据来看，化肥和农药仍是保证区域油菜产量的关键技术手段。与习惯模式相比，不施肥和不施药处理油菜产量明显降低，分别减产了151千克/亩和39千克/亩，减产率高达77.9%和20.3%（表3-17）。

尽管集成技术模式减少了化肥和农药投入，但集成技术模式和习惯模式油菜产量并无明显差异，说明通过技术优化，可以在减少化肥和农药投入情况下保证油菜的高产稳产。

表 3-17　湖北水旱轮作区冬油菜减肥减药集成技术模式对油菜产量的影响

处理	产量（千克/亩）				增产量（千克/亩）	增产率（%）
	湖北沙洋（$n=3$）	湖北荆州（$n=2$）	湖北洪湖（$n=1$）	平均		
习惯	190±23.7	244±58.9	103±1.7	194±60.0	—	—
集成技术	185±24.8	254±55.7	105±1.5	194±62.4	0.7	0.4
不施肥	8±2.8	111±32.1	11±0.7	43±52.8	−151	−77.9
不施药	159±27.2	190±62.1	68±0.9	154±57.1	−39	−20.3

从经济效益来看，集成技术模式有效减少了化肥和农药投入成本，平均每亩节约生产成本45～72元。同时，集成技术模式实现了油菜的高产和稳产，与习惯模式相比，集成技术模式实现节本增效45～91元/亩（表3-18）。

表 3-18　湖北水旱轮作区冬油菜减肥减药集成技术模式经济效益分析

地点	处理	生产成本（元/亩）					油菜籽产值（元/亩）	净收益（元/亩）	增收（元/亩）
		种子	肥料	农药	其他	合计			
湖北沙洋	习惯	47	171	35	120	373	894.1	521.1	—
	集成技术	36	120	25	120	301	867.1	566.1	45.0
	不施药	36	120	0	120	276	749.0	473.0	−48.1
	不施肥	36	0	25	120	181	36.4	−144.6	−665.8
湖北荆州	习惯	27	164	33	130	354	1 119.9	765.9	—
	集成技术	36	120	23	130	309	1 165.9	856.9	91.0
	不施药	36	120	0	130	286	874.4	588.4	−177.5
	不施肥	36	0	23	130	189	511.4	322.4	−443.5
湖北洪湖	习惯	40	159	37	160	396	445.1	49.2	—
	集成技术	35	130	21	160	346	459.2	113.2	64.0
	不施药	35	130	0	160	325	290.7	−34.3	−83.6
	不施肥	35	0	21	160	216	46.9	−169.1	−218.4

（五）集成模式图

见表3-19。

表 3-19　长江中游稻油两熟区稻草全量还田冬油菜化肥农药减施技术模式

<table>
<tr><td rowspan="4">操作</td><td colspan="2">9月</td><td colspan="3">10月</td><td colspan="3">11月</td><td colspan="3">12月</td><td colspan="3">1月</td><td colspan="3">2月</td><td colspan="3">3月</td><td colspan="3">4月</td><td colspan="2">5月</td></tr>
<tr><td>中</td><td>下</td><td>上</td><td>中</td><td>下</td><td>上</td><td>中</td><td>下</td><td>上</td><td>中</td><td>下</td><td>上</td><td>中</td><td>下</td><td>上</td><td>中</td><td>下</td><td>上</td><td>中</td><td>下</td><td>上</td><td>中</td><td>下</td><td>上</td><td>中</td></tr>
<tr><td></td><td>秋分</td><td>寒露</td><td></td><td>霜降</td><td>立冬</td><td></td><td>小雪</td><td>大雪</td><td></td><td>冬至</td><td>小寒</td><td></td><td>大寒</td><td>立春</td><td>雨水</td><td></td><td>惊蛰</td><td></td><td>春分</td><td>清明</td><td></td><td>谷雨</td><td>立夏</td><td></td></tr>
<tr><td colspan="3">播种期</td><td colspan="8">苗期</td><td colspan="4">越冬期</td><td colspan="4">蕾薹期</td><td colspan="2">花期</td><td colspan="4">角果发育成熟期</td></tr>
<tr><td>整地</td><td colspan="25">水稻收获时采用大型水稻收割脱粒一体化机器，秸秆留茬高度为 20～25 厘米。水稻收获后及时开沟排水，晾晒田面。采用大型机器进行田块旋耕—开沟—起垄—施肥—播种—覆土一体化，厢宽一般 2 米左右，沟宽 30～35 厘米，沟深 25～30 厘米，坂田、低垄田要深开田，沿四沟和中沟，地势低、大田块的需要多开厢沟，每隔 90 米增开一条腰沟，以利于水分排疏与田间管理。翻耕 1～2 次，使田块疏松、细碎、平整，达到上虚下实。机械开沟时，沟土能均匀抛撒到沟两边的厢面上，分散距离为每边 1.5 米左右。开沟后及时清沟，对机械不方便操作的地方进行人工疏通</td></tr>
<tr><td>施肥</td><td colspan="25">根据当地土壤基础肥力特性测土配方后，合理运筹肥料施用。采用华中农业大学研制、湖北宜施壮农业科技有限公司生产的宜施壮油菜全营养专用缓释肥，其 N-P_2O_5-K_2O 为 25-7-8，另含有硼、镁、硫等中微量元素养分。目标产量为 150～200 千克/亩时，推荐一次基施专用肥 50～55 千克/亩和当地有机肥 70～80 千克/亩，均匀施入土壤，满足油菜全生育所需</td></tr>
<tr><td>灌溉</td><td colspan="25">浇好底墒水，灵活灌苗水，适时灌冬水，灌好蕾薹水，稳浇开花水，补灌角果水。春后雨水增多，及时做好清沟排水，防渍害、防早衰</td></tr>
<tr><td>播种</td><td colspan="25">(1) 品种选择：根肿病高发区域可选用抗根肿病品种，如华油杂 62R、华双 5R。非根肿病高发区域可选用高产稳产、耐渍多抗、耐密植迟播的中早熟优质油菜品种，如华油杂 62、中油杂 19、大地 199、圣光 128 等中油、华油系列优质品种
(2) 播种量：一般在 9 月下旬至 10 月中旬播种为宜，播种量 300～480 克/亩，不间苗，通过合理施肥和栽培管理措施实现收获成苗密度在 2.0 万～3.0 万株/亩，单株结角果 90～150 个，每公顷有效角果数 4 000 万～4 500 万个，每个角果实粒数 18 粒左右，千粒重 3.0～3.5 克左右，目标产量为 200 千克/亩
(3) 播种方式：人工播种、联合机播和无人机飞播。人工播种：可条播或撒播，播前精细整地。免耕直播条件下，利用开沟机实现种子覆土。联合机播：可采用中轩 2BFDN-10 等种肥同播机，一次性完成灭茬、旋耕、开沟、起垄、施肥、镇压、播种、覆土和封闭除草等工序。无人机飞播：可采用农用无人机改装喷头后实现油菜播种，无人机飞行高度一般为 2～3 米。无人机播种后利用开沟机实现种子覆土</td></tr>
</table>

（续）

操作	9月		10月			11月			12月			1月			2月			3月			4月			5月	
	中	下	上	中	下	上	中	下	上	中	下	上	中	下	上	中	下	上	中	下	上	中	下	上	中
		秋分	寒露		霜降	立冬		小雪	大雪		冬至	小寒		大寒	立春	雨水		惊蛰		春分	清明		谷雨	立夏	
	播种期			苗期								越冬期				蕾薹期				花期		角果发育成熟期			
稻草覆盖	在完成油菜施肥、播种和封闭除草后，利用机器将收割脱粒后的水稻秸秆粉碎至5～10厘米长度，每亩覆盖秸秆300千克，将粉碎秸秆均匀覆盖在厢面上																								
病虫草害防治	（1）播种前1～3天或当天可采用氰霜唑进行种子包衣处理 （2）播种后2～3天内每亩土施10^{10}个盾壳霉100克＋喷施减量25%的土壤封闭除草剂，如异松·乙草胺、精异丙甲草胺进行土壤封闭除草 （3）油菜4～5叶期：如果田间杂草仍较多，可每亩采用74%草除灵·烯草酮45毫升＋助剂如激健15毫升，兑水40～50千克喷施 （4）初花期可采用无人机飞防喷施，药剂可选用戊唑·咪鲜胺水乳剂（25克/亩）、异菌·氟啶胺悬浮剂（50毫升/亩）、醚菌·啶酰菌悬浮剂（50毫升/亩）、嘧环·咯菌腈水分散粒剂（25克/亩）等新型、低毒、高效复配药剂，于油菜盛花初期，使用植保无人机精准施药，飞防作业时，飞行速度控制在3～5米/秒，飞行高度控制在离油菜冠层2米以内，雾滴粒径以100～150微米为最佳																								
收获	长江中游油菜适宜收获时间为5月上中旬。当主花序角果、全株和全田角果70%～80%现黄时，采用催熟剂熟化，以联合油菜收割机进行收割。也可以选晴天早晨带露水收割，以免角果爆裂损失，轻割、轻放、轻捆、轻运，收获时果枝应长割，然后小捆架晒，促进后熟。晾晒3～4天即可脱粒，可选择晴朗的天气，精打细脱，当含水量为8%～9%时装袋																								
技术要点：稻草翻压＋覆盖综合利用、抗病品种、种子包衣、加密种植、专用肥深施、增施有机肥、综合防病（盾壳霉、飞防）																									

（六）适用范围

该模式可在长江中游地区推广，且在该地区水稻—油菜轮作两熟制区域适用。

（七）研发者联系方式

华中农业大学联系人：任涛，邮箱：rentao@mail. hzau. edu. cn；黄俊斌，邮箱：junbinhuang@mail. hzau. edu. cn；郑露，邮箱：luzheng@mail. hzau. edu. cn。

中国农业科学院油料作物研究所联系人：程晓晖，邮箱：chengxiaohui@caas. cn；顾炽明，邮箱：guchiming@foxmail. com。

（本节撰稿人：任涛、郑露、黄俊斌、程晓晖、顾炽明）

五、长江中游油玉轮作冬油菜化肥农药减施增效技术模式

（一）背景及针对的主要问题

油菜—玉米两熟轮作是我国湖北、河南、陕西等中部地区重要的油菜种植模式。在油菜肥料和药剂施用中主要存在以下问题：①肥料用量大，养分比例失调。种植户习惯施用复合肥或复合肥＋氮肥作底肥，追施 1～2 次氮肥或复合肥，极少施用有机肥。由于目前肥料市场复合肥种类多，种植户选用的复合肥往往养分比例不适于油菜，再加上一部分种植户用复合肥表面撒施作追肥，造成养分尤其是磷素养分的浪费，费工费时，肥料利用率低。②农药用量大，效果差。一是高抗农药施用频率高，如用药品种单一，杂草易产生抗药性，导致用药次数和剂量偏高；二是种植户对病虫草害发生规律不清楚，因而用药时期把握不准，用药技术水平不均；三是前茬（玉米）使用的农药，其残留对油菜产生药害，影响油菜出苗、生长。③秸秆处理方式不合理，影响油菜生长及产生环境问题。玉米秸秆焚烧或闲置带来的环境污染和农田安全等问题日趋严重。秸秆原位还田一是腐解慢，易在土壤耕层形成海绵层，影响作物根系与土壤接触，不利于作物生长；二是秸秆可能携带病菌，导致下季作物病害加重。④季节性干旱影响油菜生长和肥料施用效果。中部地区油菜播种期和翌年 2 月季节性干旱频率较高，影响油菜播种和施肥效果。针对以上问题，优化集成组装了中部油菜—玉米两熟轮作直播冬油菜化肥农药技术模式，以期解决该区域化肥农药施用过程中的突出问题，指导油菜生产科学用肥用药，达到化学肥料和化学农药使用量降低、利用率提高的目的，为实现我国油菜精准高效施肥施药和化肥农药减施增效提供技术支撑。

（二）关键技术组成

长江中游油菜—玉米轮作直播冬油菜化肥农药技术模式的关键技术组成包括：油菜专用缓释肥高效施用技术、氮密协同减肥抑草技术、秸秆原位还田腐熟技术、种肥异位同播一体化技术及装备、种子包衣防治苗期虫害与促生技术、周年农药管理技术、菌核病等高效复配药剂飞防技术。

1. 油菜专用缓释肥高效施用技术

（1）针对问题。针对肥料市场复合肥种类多、养分配比多样，种植户选肥用肥缺乏科学性，油菜施肥养分比例失调问题。

（2）技术要点。一次性基施40%全营养油菜专用肥［$N-P_2O_5-K_2O$-中微量元素（25-7-8-5）］。施用量：根据土壤肥力不同，每亩基施35～50千克。施用方法：利用油菜多功能精量直播机种肥异位同播，施肥开沟器入土深度10厘米。

（3）技术效果。与习惯施肥相比，专用肥一次性基施可每亩节约劳动力0.2个、减施氮磷钾总养分25.2%～34.6%，油菜籽增产2.2%～10.2%(表3-20)。

表3-20　油菜专用缓释肥施用效果

地点	专用肥施用量（千克/亩）	比习惯施肥减肥（%）	比习惯施肥增产（%）
湖北襄州	50	25.2	3.1
陕西武功	45	25.2	5.7
湖北宜城	40	26.2	10.2
湖北南漳	35	34.6	2.2

（4）适宜区域。本技术适用于陕西、河南、湖北等我国中部旱地两熟轮作区。

（5）注意事项。肥料的选择除上述专用肥外，可根据测土结果选用适于当地的肥料。肥料施用方法，不宜表施。

2. 氮密协同减肥抑草技术

（1）针对问题。针对我国目前油菜种植密度偏低现状，为提高油菜种植密度，构建合理的群体，可以减少肥料的施用，减少苗期地表裸露，抑制杂草生长，降低除草剂用量。

（2）技术要点。

品种选择：因地制宜选用优质、高产、高抗杂交油菜品种，推荐种植中油杂19、中油杂39、秦优7号等。

播种期：以9月下旬至10月上旬播种为宜。

播种量：300～350克/亩。播种深度3厘米。控制每亩有效株数2.0万～3.0万株，单株有效角果数120～150个，每角粒数18～21粒，千粒重3.6～3.9克。

播种方式：推荐使用多功能油菜精量直播机，一体化完成灭茬、旋耕、开沟、施肥、播种、覆土作业。

(3) 技术效果。9月下旬至10月上旬播种的油菜，在相同目标产量下，油菜种植密度3万株/亩比1万株/亩平均节省氮肥(N) 3.3千克/亩(图3-7)。

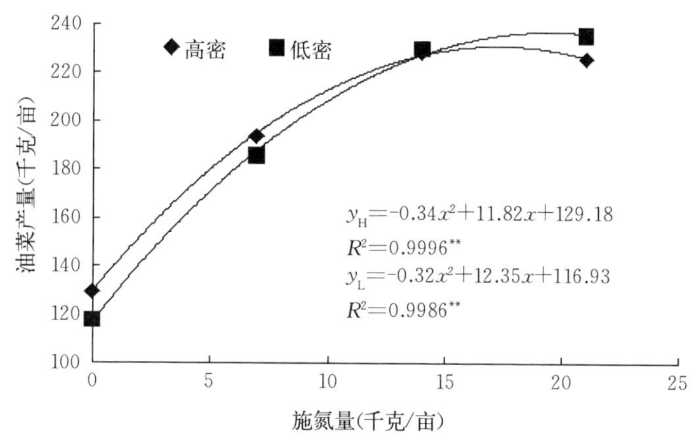

图3-7 油菜产量与密度和施氮量的关系

(4) 适宜区域。本技术适用于陕西、河南、湖北等我国中部旱地两熟轮作冬油菜区。

(5) 注意事项。播种量与播种时间、土壤肥力密切相关。播种早、土壤肥力高的田块，播种量可适当低些；播种较晚、土壤肥力低的田块，播种量要适当增加。

3. 秸秆原位还田腐熟技术

(1) 针对问题。作物秸秆原位还田肥料化利用是秸秆利用重要的途径。但还田秸秆腐解慢，在土壤中形成海绵层，影响后茬作物生长；秸秆携带病原菌，会加重下季作物病害的发生。针对上述问题，选用中国农业科学院油料作物研究所作物养分管理与资源利用团队研制的“有机物料腐熟剂”，可有效促进作物秸秆腐解、防治油菜菌核病。

(2) 技术要点。作物收获时通过在联合收获机或捡拾脱粒机上加装喷雾装置，喷施有机物料腐熟剂，施用量100克/亩。施用方法：按每0.5千克有机物料腐熟剂兑水1千克的比例溶解、双层纱布过滤、滤液兑适量水喷施于原位还田的秸秆。

(3) 技术效果。本技术可提高秸秆腐解率 14.1%～21.7%，降低菌核病发病指数 13.9%，增产油菜籽 7.1%，节支增效 20 元/亩以上。

(4) 适宜区域。本技术适宜油菜、水稻、玉米等作物秸秆原位还田时使用。

(5) 注意事项。有机物料腐熟剂要避光常温保存，避免与杀菌剂、杀虫剂等农药和肥料混放混用。

4. 种肥异位同播一体化技术及装备

(1) 针对问题。农村劳动力成本高、肥料利用率低、种子和肥料同位影响出苗等问题。

(2) 技术要点。利用多功能油菜精量直播机一体化作业，融合一次油菜专用肥深施技术、精量播种技术和封闭除草技术，一次作业完成旋耕、施肥、播种、开沟、覆土、封闭除草。

(3) 技术效果。近年来，由于农村劳动力呈现结构性紧缺，劳动力成本、生产资料的价格上涨，油菜传统种植方式的比较效益偏低，如油菜亩产量按 150 千克、单价按 5.0 元计算，产值仅 750 元/亩左右。传统方式种植一亩油菜需人工 7 个，农村劳动力每天按 60 元计算，用工成本在 420 元/亩左右，机械、肥料、农药和种子成本在 210 元/亩以上，油菜种植成本达到 630 元/亩，效益很低，其中劳动力成本就占产值的 1/2 以上。实现机械化后，油菜种植成本可控制在 300 元/亩左右。

(4) 适宜区域。本技术适用于平原、缓坡等适宜机械化作业的田块。

5. 种子包衣防治苗期虫害与促生技术

(1) 针对问题。针对油菜出苗至 3 叶期易受病虫危害造成缺苗断垄，选用低毒高效杀虫剂、杀菌剂、微肥、植物生长调节剂以及助剂等复配进行种子处理，达到预防苗期病虫害、培育壮苗的目的。

(2) 技术要点。在播种前 24 小时内，选用 70%噻虫嗪、25 克/升咯菌腈、250 克/升精甲霜灵、10%胺鲜酯等药剂按一定比例混合制成种子处理剂，然后按照 1：100 的药种比进行种子包衣。

(3) 技术效果。种子包衣处理操作简便，可有效防治油菜苗期病虫害的发生，促进油菜生长发育，培育壮苗，每亩节本增效 20 元以上。

(4) 适宜区域。本技术适用于我国长江流域旱地冬油菜田。

(5) 注意事项。一是要控制好种子处理剂浓度和药种比，避免产生药害；二是控制好拌种的时间，拌种到播种的时间以 4 小时为宜，不要超过 24 小时；三是待种子充分晾干后再进行播种；四是确保播种时土壤墒情可满足油菜出苗，避免种子萌动后干燥失水。

6. 周年农药管理技术

（1）针对问题。针对玉米种植过程中大量使用高毒、高残留除草剂、杀虫剂，对后茬油菜产生药害等问题，在油菜—玉米轮作周期中，统筹农药的使用，既有效防治草害和虫害的发生，又保障油菜的安全生产。

（2）技术要点。在油菜—玉米轮作周期中，玉米和油菜秸秆粉碎还田，播种时均使用960克/升精异丙甲草胺50毫升/亩进行封闭除草。

（3）技术效果。通过玉米—油菜周年统筹农药管理，使玉米和油菜生长季化学农药均减施20%以上，且对后茬作物安全友好，每亩节本增效30元以上。

（4）适宜区域。适用于我国油菜—玉米两熟轮作区。

（5）注意事项。避免油菜前茬使用残效期长且对油菜出苗和生长有影响的农药。

7. 菌核病等高效复配药剂飞防技术

（1）针对问题。油菜菌核病常年普遍发生，花期至角果期是菌核病发生期，也是防治油菜花而不实、早衰和高温逼熟的关键时期，但此时油菜已封行。针对这一时期人工防治操作不便，成本较高等问题。

（2）技术要点。利用植保无人机，在油菜开花初期喷施盾壳霉100克/亩或45%戊唑·咪鲜胺20克/亩，加磷酸二氢钾100克/亩及植物源助剂。

（3）技术效果。该技术以防治油菜菌核病为主，兼顾防治早衰和高温逼熟。与传统人工喷药相比，防治效率由20～30亩/(天·人）提高到500～1 000亩/(天·人)，节约药剂约20%，亩综合节省成本15～20元。

（4）适宜区域。本技术适用于我国长江流域冬油菜主产区。

（三）关键技术操作要点

1. 品种选择

因地制宜选用优质、高产、高抗杂交油菜品种，推荐种植中油杂19、中油杂39、秦优7号等。

2. 播前准备

（1）前茬管理。油菜前茬避免使用残效期长且对油菜出苗和生长有影响的农药。前茬收获时通过在联合收获机加装喷雾装置，喷施有机物料腐熟剂，施用量：100克/亩。施用方法：按每0.5千克有机物料腐熟剂兑水1千克的比例溶解、双层纱布过滤、滤液兑适量水喷施于原位还田的秸秆。

（2）种子包衣。播种前一天或当天，选用70%噻虫嗪、25克/升咯菌腈、250克/升精甲霜灵、10%胺鲜酯等药剂按一定比例混合制成种子处理剂，然后按照1∶100的药种比进行种子包衣。

3. 播种期

利用多功能油菜精量直播机一体化作业，融合一次油菜专用肥深施技术、精量播种技术和封闭除草技术，一次作业完成旋耕、施肥、播种、开沟、覆土、封闭除草。

(1) 播种期。以 9 月下旬至 10 月上旬播种为宜。

(2) 播种量。9 月 20—25 日播种，播种量 300 克/亩；10 月 5—10 日播种，播种量 350 克/亩。

(3) 肥料施用。选用 40%全营养油菜专用肥 [N－P_2O－K_2O－中微量元素 (25－7－8－5)] 一次性基施。施用量：根据土壤肥力不同，每亩基施 35～50 千克。

(4) 封闭除草。使用 960 克/升精异丙甲草胺 50 毫升/亩喷雾。

(5) 抗旱播种。适墒抢播，在有条件地区播种期遇旱浇足底墒水。

(6) 种肥播施方式。种肥异位，播种深度 3 厘米，施肥开沟器入土 10 厘米。

4. 花期菌核病防治

开花初期每亩喷施盾壳霉 100 克或 45%戊唑・咪鲜胺 20 克，加 98%磷酸二氢钾 100 克及植物源助剂。

5. 适期收获

可采用联合收获、分段收获。联合收获时，在油菜全田 95%以上角果枯黄、植株中上部茎秆褪绿后一次性机收，油菜秸秆同步粉碎还田。分段收获时，全田油菜 80%以上角果呈现枇杷黄时，先采用割晒机进行作业，将割倒的油菜晾晒 3～5 天后，再用捡拾脱粒机脱粒、秸秆同步粉碎还田。并在联合收获机或捡拾脱粒机上加装喷雾装置，喷施有机物料腐熟剂于还田秸秆，施用量：100 克/亩。施用方法：按每 0.5 千克有机物料腐熟剂兑水 1 千克的比例溶解、双层纱布过滤、滤液兑适量水喷施。

(四) 应用效果

在湖北省宜城市雷河镇（示范面积 1 200 亩）、湖北省襄阳市襄州区龙王镇（示范面积 500 亩）和黄集镇（示范面积 500 亩）、湖北省南漳市（示范面积 300 亩）、陕西省武功县（示范面积 350 亩）建立中部油菜—玉米两熟轮作直播冬油菜化肥农药技术模式试验示范基地，从化肥和农药投入来看，与习惯模式相比，集成技术模式通过引进、熟化和组装适合区域油菜生产特点的化肥农药减施增效关键技术，化肥投入减少了 25.2%～34.6%，农药投入减少了 34.4%～47.5%，实现了化肥和农药的双减（表 3－21）；化肥农学效率提高了 59.2～72.2%，化学农药农学效率提高了 1.5 倍，油菜产量提高 2.2%～10.2%，平均增产 5.5%（表 3－22），节本增效 58.6～99.6 元/亩（表 3－23）。

表 3-21 油菜减肥减药集成技术模式示范化肥和农药投入分析

地点	处理	化肥（$N-P_2O_5-K_2O$）投入		农药（除草-杀虫-杀菌）投入	
		数量（千克/亩）	减施（%）	数量（克/亩）	减施（%）
湖北南漳	习惯	9.4-6.0-6.0	—	100-12-0	—
	集成技术	8.75-2.45-2.8	34.6	50-3.5-120	34.4
陕西武功	习惯	15.4-6.0-3.0	—	70-50-0	—
	集成技术	11.25-3.15-3.6	26.2	50-3.5—20	38.8
湖北宜城	习惯	9.4-6.0-6.0	—	100-12-0	—
	集成技术	10.0-2.8-3.2	25.2	50-3.5—20	34.4
湖北襄州	习惯	11.75-7.5-7.5	—	100-12-0	—
	集成技术	12.5-3.5-4.0	25.2	50-3.5—20	34.4

表 3-22 油菜减肥减药集成技术模式示范产量及化肥、农药农学效率分析

地点	处理	油菜籽产量		氮磷钾化肥养分施用量（千克/亩）	化学农药施用量（克/亩）	化肥农学效率		农药农学效率	
		数量（千克/亩）	增产（%）			数量（千克/千克）	提高（%）	数量（千克/千克）	提高（%）
湖北南漳	不施肥	148.8		0	73.5				
	不施药	179.2		14	0				
	习惯	185.5	—	21.4	112	1.71	—	0.056	—
	集成技术	189.5	2.2	14	73.5	2.91	69.5	0.140	149.1
陕西武功	不施肥	142.6		0	73.5				
	不施药	175.2		18	0				
	习惯	185.1	—	24.4	120	1.74	—	0.083	—
	集成技术	196.6	5.7	18	73.5	3.00	72.2	0.291	252.9
湖北宜城	不施肥	121.9		0	73.5				
	不施药	175.8		16	0				
	习惯	190.2	—	21.4	112	3.19	—	0.129	—
	集成技术	209.7	10.2	16	73.5	5.49	71.9	0.461	258.7
湖北襄州	不施肥	43.9		0	73.5				
	不施药	99.5		20	0				
	习惯	121.7	—	26.75	112	2.91	—	0.198	—
	集成技术	136.5	3.1	20	73.5	4.63	59.2	0.503	154.0

表 3-23 油菜减肥减药集成技术模式经济效益分析

地点	处理	生产成本（元/亩）					油菜籽产值（元/亩）	净收益（元/亩）	增收（元/亩）
		种子	肥料	农药	其他	合计			
湖北南漳	习惯	18	119	26	160	323	927.7	604.7	—
	集成技术	21	91	12	160	284	947.3	663.3	58.6
陕西武功	习惯	18	121	13	160	312	951.0	639.0	—
	集成技术	21	117	12	160	310	1 048.3	738.3	99.3
湖北宜城	习惯	18	119	26	160	323	608.7	285.7	—
	集成技术	21	104	12	160	297	682.3	385.3	99.6
湖北襄州	习惯	18	149	26	160	353	925.3	572.3	—
	集成技术	21	130	12	160	323	983.0	660.0	87.7

（五）集成技术模式图

见表 3-24。

（六）适用区域

该模式可在湖北、河南、陕西油菜—玉米两熟轮作区及其他相似地区推广应用。

（七）研发者联系方式

中国农业科学院油料作物研究所联系人：廖星，联系电话：027-86819709，邮箱：liaox@oilcrops.cn。

陕西省杂交油菜研究中心联系人：杨建利，联系电话：029-68259039，邮箱：sxyczxjly@163.com；李永红，联系电话：029-68259060，邮箱：yhlion@126.com。

（本节撰稿人：谢立华、杨建利、李银水、廖星、顾炽明、程晓晖、黄军艳、李永红）

六、豫南稻油轮作冬油菜化肥农药减施增效技术模式

（一）背景及针对的主要问题

豫南地区地处亚热带向暖温带过渡区，雨热资源丰富，是河南主要的水旱轮作区，具有油菜种植的天然地理优势与经验，目前已经形成一套较为成熟的区域种植模式，但在肥料、农药的施用环节与栽培环节等方面依然存在很多问题。主要体现在：①肥料总用量较大、施用方式粗放；长期施用复合肥和尿素，肥料施用种类单一，没有考虑中微量元素的需求以及土壤中微量元素的供

表 3-24　油菜—玉米两熟轮作区直播冬油菜化肥农药减施技术模式

<table>
<tr><td colspan="2" rowspan="4">操作</td><td colspan="2">9月</td><td colspan="3">10月</td><td colspan="3">11月</td><td colspan="3">12月</td><td colspan="3">1月</td><td colspan="3">2月</td><td colspan="3">3月</td><td colspan="3">4月</td><td colspan="2">5月</td></tr>
<tr><td>中</td><td>下</td><td>上</td><td>中</td><td>下</td><td>上</td><td>中</td><td>下</td><td>上</td><td>中</td><td>下</td><td>上</td><td>中</td><td>下</td><td>上</td><td>中</td><td>下</td><td>上</td><td>中</td><td>下</td><td>上</td><td>中</td><td>下</td><td>上</td><td>中</td></tr>
<tr><td></td><td>秋分</td><td>寒露</td><td></td><td>霜降</td><td>立冬</td><td></td><td>小雪</td><td>大雪</td><td></td><td>冬至</td><td>小寒</td><td></td><td>大寒</td><td>立春</td><td>雨水</td><td></td><td>惊蛰</td><td></td><td>春分</td><td>清明</td><td></td><td>谷雨</td><td>立夏</td><td></td></tr>
<tr><td colspan="3">播种期</td><td colspan="8">苗期</td><td colspan="4">越冬期</td><td colspan="4">蕾薹期</td><td colspan="2">花期</td><td colspan="4">角果发育成熟期</td></tr>
<tr><td>播种</td><td>一体化播种</td><td colspan="25">播种说明：（1）品种：因地制宜选用优质、高产、高抗杂交油菜品种，推荐种植中油杂 19、中油杂 39、秦优 7 号等
（2）播种期：以 9 月下旬至 10 月上旬播种为宜
（3）播种量：9 月 20—25 日播种，播种量 300 克/亩；10 月 5—10 日播种，播种量 350 克/亩。播种深度 3 厘米，控制每亩有效株数 2.5 万～3.0 万株，单株有效角果数 120～150 个，每角粒数 18～21 粒，千粒重 3.5～3.9 克
（4）播种方式：推荐多功能油菜精量直播机，一体化完成灭茬、旋耕、开沟、施肥、播种、覆土作业</td></tr>
<tr><td>施肥</td><td>一体化施肥</td><td colspan="25">施肥说明：（1）基肥施用量：亩施纯氮（N）8.75～12.5 千克，磷（P_2O_5）2.45～3.5 千克，钾（K_2O）2.8～4.0 千克，硼 0.75 千克
推荐亩施油菜专用肥（25-7-8+B）35～50 千克
（2）基肥施用方式：选用多功能油菜精量直播机种肥异位同播时，施肥开沟器入土深度 10 厘米</td></tr>
<tr><td rowspan="2">病虫草害防治</td><td>周年农药管理
种子包衣防虫害</td><td colspan="17" rowspan="2">病虫草害防治说明：（1）周年农药管理：前茬玉米不使用影响油菜生长的农药
（2）种子包衣防治虫害：播种前一天或当天用 70%噻虫嗪等 1∶100。
（3）播种量封闭除草：播种时喷施 960 克/升精异丙甲草胺 50 毫升/亩</td><td colspan="3" rowspan="2">开花初期用植保无人机防治菌核病、早衰和高温逼熟</td><td colspan="5" rowspan="2">开花初期喷施说明：每亩喷施盾壳霉 100 克或 45%戊唑・咪鲜胺 20 克，加 98%磷酸二氢钾 100 克及植物源助剂</td></tr>
<tr><td>一体化封闭除草</td></tr>
<tr><td>灌溉</td><td>灌溉</td><td colspan="25">说明：播种期遇旱进行灌溉</td></tr>
<tr><td>收获</td><td colspan="24">收获说明：
（1）全田 80%角果呈黄绿色时进行割晒，晾晒 5 天左右后用机械捡拾脱粒；或 95%的角果枯黄色时联合收获。脱粒后及时晾晒，安全储藏
（2）在捡拾脱粒机或联合收获机上加装喷雾装置，喷施有机物料腐熟剂 100 克/亩于原位还田的作物秸秆</td><td colspan="2">收获</td></tr>
</table>

给；有机肥施用少。施肥时期、用量随意性和盲目性大，肥料利用率低。②草害严重，与油菜竞争生长空间和养分。豫南稻田油菜主要是防治草害，苗期后防治蚜虫、跳甲，花期开始防治菌核病。③油菜菌核病发生严重，防控措施不利，影响油菜产量。区域油菜病害主要有霜霉病、菌核病，菌核病对产量影响较大。区域油菜生产中虫害发生规律受天气影响较大，虫害防治主要针对蚜虫和菜青虫。④农药用量大，使用次数多，针对性不强，施药机械化程度低，人工成本高。施药方式主要采取人工背负式喷雾器喷雾，部分采用机械喷雾。整个生育期用药次数多的达到4～5次，农药品种老化单一、结构不合理，施药的剂量或浓度随意性比较大；施药的针对性不强，不区分草的种类、害虫种类等，笼统用药；低毒高效农药或绿色生物农药施用少，盲目追求施药效果，不考虑农药的残留与毒害，绿色防控意识缺乏。⑤机械化程度不高，农机农艺融合程度不够，轻简高效生产技术应用不充分，人工劳动成本高，降低油菜生产经济效益；丰产、高抗、高油、宜机收新品种的引进迟缓；栽培技术跟不上品种的更新，与品种要求不协调。

（二）关键技术组成

豫南油稻两熟区直播冬油菜化肥农药减施技术模式的关键技术组成包括：油菜专用缓释肥高效施用技术、氮密协同减肥抑草技术、油菜专用控释尿素施用技术、菌核病高效复配药剂防治技术和蚜虫高效复配药剂防治技术。

1. 油菜专用缓释肥高效施用技术

（1）针对问题。针对区域油菜种植中肥料施用管理粗放，肥料利用率低，肥效不能得到充分发挥，既浪费了肥料资源，也给环境造成一定的压力；同时也可能因为人力或者天气原因导致肥料无法追施，造成油菜产量较低，经济效益差，从而制约油菜种植面积的扩大和油菜产业的发展。减少施肥次数，提高肥效，省工省时、高产高效的轻简化施肥技术是调动农民油菜种植积极性、促进油菜生产的重要措施。

（2）技术要点。根据目标产量确定施用量，目标产量在170～190千克/亩时，油菜专用缓释复合肥用量为45～50千克/亩。一次性基施，整个生育期不追施任何肥料。

人工播种时，油菜播种前，旋耕土地时将每亩所需肥料全部撒施，然后旋耕5～10厘米，再进行播种，油菜可以采用条播或者撒播。机械播种时，可根据条件选择种肥同播机械，采用肥料侧深施技术，肥料条施深度5～10厘米，肥料距离油菜种子大约5厘米。

（3）技术效果。根据目标产量确定施用量，目标产量在170～190千克/亩时，油菜专用缓释复合肥用量为45～50千克/亩（表3-25）。一次性基施，整个生育期不追施任何肥料。与农户习惯施肥相比，节约化学养分投入量27.3%～34.5%，产量提高2.3%～16.5%（表3-26）。

表3-25　油菜专用缓释肥适宜用量

试验点	线性加平台	最佳施肥量（千克/亩）	产量（千克/亩）
光山	$y=32.93+3.01462x$　$0\leqslant x\leqslant 47$，$y=175$，$R^2=0.9959$	47.0	175
固始	$y=80.6+2.1882x$　$0\leqslant x\leqslant 45.5$，$y=180$，$R^2=0.9437$	45.5	180

表3-26　油菜专用缓释肥用量对油菜产量的影响

处理	养分投入量（千克/亩）		产量（千克/亩）	
	$N-P_2O_5-K_2O$	总量	光山	固始
CK	0	0	34c	78b
专用肥30千克	7.5-2.1-2.4	12	117b	157a
专用肥40千克	10-2.8-3.2	16	158ab	160a
专用肥50千克	12.5-3.5-4.0	20	174a	170a
专用肥60千克	15-4.2-4.8	24	175a	191a
常规	14-6.75-6.75	27.5	157ab	186a

（4）适宜区域。本技术主要基于河南南部水旱轮作区冬油菜化肥农药减施研究结果，适用于秦岭-淮河交界一带水旱轮作区，也可为淮河以南长江中游地区生态条件相似的区域提供参考。

2. 氮密协同减肥抑草技术

（1）针对问题。河南水旱轮作区油菜播种量低的只有200克/亩，收获密度15～20株/米^2，密度过低，抑制了产量提高，同时肥效不能得到充分发挥；草害严重，除草剂用量大。

（2）技术要点。水稻收获后，秸秆粉碎翻压还田。播量300～400克/亩，在干旱或者土壤湿度较大、较黏重不利于出苗时播量为400克/亩；土壤墒情湿润，利于油菜出苗时播量300克/亩。

播种时间选择在9月下旬至10月上中旬。可采用机械播种或人工撒播。播后封闭除草一次，不需要进行茎叶除草，减少农药除草剂的施用，同时减少施药用工。

每亩施用氮肥（N）10～12千克，选用油菜专用控释尿素时，一次性基施，油菜整个生育期不再追施氮肥；选择普通尿素时，基施50%～60%，越冬期追施 20%～30%，薹期追施 20%。每亩施用磷肥（P_2O_5）6 千克，钾肥（K_2O）8 千克，磷、钾肥可全部基施，选用过磷酸钙和氯化钾。每亩施用硼砂 1 千克，可选择与种子同播。

（3）技术效果。以 150 千克/亩为目标产量时，播量由 200 克/亩增加到 400 克/亩时，节约氮肥 33.4%。以 200 千克/亩为目标产量时，播量由 200 克/亩增加到 400 克/亩时，节约氮肥 25.6%（表 3－27）。

表 3－27　油菜播种量与施肥量的关系

目标产量（千克/亩）	播种量（千克/亩）	施氮量（千克/亩）
100	200	3.8
	400	1.4
	600	3.7
150	200	8.7
	400	5.8
	600	8.6
200	200	15.1
	400	11.2
	600	14.9

（4）适宜地区。本技术主要基于河南南部水旱轮作区冬油菜化肥农药减施研究结果，适用于秦岭-淮河交界一带水旱轮作区，也可为淮河以南长江中游地区生态条件相似的区域提供参考。

（5）注意事项。播种量与土壤墒情状况有关，过干或过湿黏重时适当增加播量；播量还与播种时间有关，错过最佳播期，晚播时适当增加播量。

3. 油菜专用控释尿素施用技术

（1）针对问题。由于天气原因可能导致氮肥不能追施，再加上当前农村劳动力的流失和缺乏，氮肥的追施存在一定的困难，并且生产成本高。

（2）技术要点。根据土壤肥力水平，目标产量 130～150 千克/亩时，纯氮施用量 6 千克/亩；目标产量 150～180 千克/亩时，纯氮施用量 10 千克/亩；目标产量 180～200 千克/亩时，纯氮施用量 12 千克/亩。氮肥选用油菜专用控释尿素时，一次性基施，油菜整个生育期不再追施氮肥。每亩施用磷肥（P_2O_5）6 千克、钾肥（K_2O）8 千克，磷、钾肥分别选用过磷酸钙和氯化钾。每亩施用硼砂 1 千克，可选择与种子同播。

（3）技术效果。采用油菜专用控释尿素一次性施用，在氮肥减施 25%的情况下，即氮素用量减少25%时，两个试验点油菜产量没有出现明显的减产，表明施用控释尿素（N）12千克/亩可满足油菜对氮素需求，实现目标产量。普通尿素一次性施用，氮肥减施25%时，产量显著降低，两个试验点减产率分别为40.6%和13.5%；普通尿素分3次施用，氮肥减施25%时，产量分别降低8.7%和15.1%（表3-28）。

表3-28　控释尿素施用效果

处理	养分（千克/亩）（N-P_2O_5-K_2O）	氮肥施用方式	光山		固始	
			产量（千克/亩）	减产率（%）	产量（千克/亩）	减产率（%）
CRU16	16-7-8	一次基施	220	—	170	—
CRU12	12-7-8（减量25%）	一次基施	218	0.9	166	2.4
OU16	16-7-8	一次基施	192	—	156	—
OU12	12-7-8（减量25%）	一次基施	114	40.6	135	13.5
TU16	16-7-8	三次（基-追-追）	207	—	199	—
TU12	12-7-8（减量25%）	三次（基-追-追）	189	8.7	169	15.1

（4）适宜区域。本技术主要基于河南南部水旱轮作区冬油菜化肥农药减施研究结果，适用于秦岭-淮河交界一带水旱轮作区，也可为淮河以南长江中游地区生态条件相似的区域提供参考。

4. 菌核病高效复配药剂防治技术

（1）针对问题。区域冬油菜种植中对产量影响最大的病害是菌核病，施用的农药品种老化、单一、结构不合理，施药的剂量或浓度随意性比较大，施药效果和环境效益差，绿色防控少。

（2）技术要点。油菜播种后3天内，用10^{10}个/克盾壳霉100克/亩+芽前75%异松·乙草胺50毫升/亩兑水20～25千克，进行土壤封闭，注意土壤不能太干；长期种植油菜，菌核病严重的田块，在油菜初花期再进行一次防治，10^{10}个/克盾壳霉100克/亩兑水20～25千克进行喷施。

（3）技术效果。与除草剂复配，一次性施入，减少草害和菌核病防治的农药施用用工76%，同时减少农药使用量50%。

（4）适宜区域。本技术主要基于河南南部水旱轮作区冬油菜化肥农药减施研究结果，适用于秦岭-淮河交界一带水旱轮作区，也可为淮河以南长江中游地区生态条件相似的区域提供参考。

（5）注意事项。施药时土壤不能太干，施药后3天内不能有大雨。

5. 蚜虫高效复配药剂防治技术

（1）针对问题。油菜蚜虫传统防治方法防效差、成本高、易产生抗药性。

（2）技术要点。采用高效复配药剂（吡虫啉＋辛硫磷复配剂），人工条播油菜时，用药量40克/亩，与细土或细沙拌匀，播种时在播种沟撒施；或者用药量60克/亩，与细土或细沙拌匀，覆土前土壤表面撒施。人工撒播油菜时，用药量60克/亩，与细土或细沙拌匀，覆土前土壤表面撒施。机械化播种时，用药量40克/亩，与种子掺拌均匀，并每亩配播1千克左右无发芽能力的商品油菜籽，均匀播种。

（3）技术效果。苗期防治效果可达100%，开花至结角期防治效果仍达90%以上，到成熟期防治效果仍可达60%以上。采用本技术防控蚜虫对油菜产量及其单株角果数、角粒数、千粒重均有显著提高。可使油菜产量增产10%～20%，而且油菜籽粒中没有检测到农药残留。

（4）适宜区域。本技术在冬油菜种植区进行了大面积的示范，适用地区广泛。

（三）关键技术操作要点

1. 品种选择

选择适宜当地的高产、优质、抗倒伏、宜机收油菜品种，如大地199、中油杂19、中油杂39、华油杂62。

2. 播前准备

水稻低留茬收割，收割过程中稻草粉碎为小于10厘米的小段全量还田，翻压入土。墒情适合时旋耕耘田，保持田间土壤平整疏松，然后开沟做厢，地势低的厢宽2.0～2.5米，地势高的厢宽2.5～3.0米，田间沟深15～20厘米，围沟深20～25厘米，沟宽20～25厘米。

3. 播种与施肥

（1）播种时期及播种量。适宜播期为9月下旬至10月中旬，适宜播种量300～400克/亩，播期推迟，播量增加到400克/亩。通过增加播种量提高群体密度，抑制杂草生长。

（2）播种方法。人工撒播或条播，机械播种。播后小型机械适度镇压，促苗保墒，防止稻草还田形成海绵层影响油菜出苗、成苗、越冬。

（3）施肥。施用油菜专用缓释复合肥（$N-P_2O_5-K_2O$为25－7－8－5，其中NPK总养分40%，硼以及中微量元素5%）45～50千克/亩，一次性基施，整个生育期不追施任何肥料。播种前整地时施入，与表土混匀；或者使用机械进行种子和肥料异位同播侧深施，施肥深度大约10厘米。

或者每亩施纯氮10～12千克，选择油菜专用控释尿素时，一次性基施，油菜整个生育期不再追施氮肥；选择普通尿素时，基施50%～60%，越冬期追施20%～30%，薹期追施20%；每亩施用P_2O_5 6千克、K_2O 8千克，磷、钾肥分别选用过磷酸钙和氯化钾，全部基施。每亩施用硼砂1千克，可选择与种子同播。

4. 病虫草害防治

播前用10^{10}个/克盾壳霉100克/亩＋芽前75%异松·乙草胺50毫升/亩兑水20～25千克混合施用，进行土壤封闭防除杂草，防治菌核病；如果杂草过多，在杂草3叶期用74%草除灵·烯草酮45毫升/亩＋助剂激健15毫升/亩混合施用，进行茎叶除草；长期种植油菜菌核病严重的田块，在油菜初花期喷施10^{10}个/克盾壳霉100克/亩。

5. 适期收获

可采用联合收获或分段收获。联合收获时，在油菜全田角果全部枯黄、植株中上部茎秆褪绿后一次性机收，油菜秸秆同步直接粉碎均匀还田。分段收获时，全田油菜80%以上油菜角果呈现枇杷黄时为收获适期，采用割晒机进行作业，将割倒的油菜晾晒3～5天，成熟度达到90%后，用捡拾脱粒机进行捡拾、脱粒并将秸秆粉碎均匀还田。

（四）应用效果

在河南省光山县北向店乡和固始县郭陆滩镇水稻田进行了冬油菜化肥农药减施集成技术模式的示范与应用，每个示范基地示范面积300亩。采用本技术，两个试验点化学肥料用量减少纯养分9.5千克/亩（减量34.5%），农药用量减少37.1%～43.6%，每亩肥料投入成本较习惯施肥减少投入20元，劳动用工从每亩1.4个减少到每亩0.25个，产量增加6%以上，每亩增加收益90元以上（表3-29）。

表3-29 化肥农药减施技术节本增效潜力

试验点	处理	养分投入（$N-P_2O_5-K_2O$）（千克/亩）	减施比例（%）	产量（千克/亩）	偏生产力（千克/千克）	肥料投入（元/亩）	施肥用工（元/亩）	经济效益（元/亩）	施肥效益（元/亩）
光山	习惯施肥	14-6.75-6.75	—	168	5.00	141	12	941	788
	优化施肥	11.25-3.15-3.6	34.5	178	8.17	121	7	997	871
固始	习惯施肥	14-6.75-6.75	—	162	2.46	141	12	907	754
	优化施肥	11.25-3.15-3.6	34.5	173	4.39	121	7	969	843

（五）集成模式图

见表3-30。

表 3-30　豫南油稻两熟区直播冬油菜化肥农药减施技术模式图

<table>
<tr><td rowspan="4">操作</td><td colspan="2">9月</td><td colspan="3">10月</td><td colspan="3">11月</td><td colspan="3">12月</td><td colspan="3">1月</td><td colspan="3">2月</td><td colspan="3">3月</td><td colspan="3">4月</td><td colspan="2">5月</td></tr>
<tr><td>中</td><td>下</td><td>上</td><td>中</td><td>下</td><td>上</td><td>中</td><td>下</td><td>上</td><td>中</td><td>下</td><td>上</td><td>中</td><td>下</td><td>上</td><td>中</td><td>下</td><td>上</td><td>中</td><td>下</td><td>上</td><td>中</td><td>下</td><td>上</td><td>中</td></tr>
<tr><td></td><td>秋分</td><td>寒露</td><td></td><td>霜降</td><td>立冬</td><td></td><td>小雪</td><td>大雪</td><td></td><td>冬至</td><td>小寒</td><td></td><td>大寒</td><td>立春</td><td>雨水</td><td></td><td>惊蛰</td><td></td><td>春分</td><td>清明</td><td></td><td>谷雨</td><td>立夏</td><td></td></tr>
<tr><td colspan="3">播种期</td><td colspan="8">苗期</td><td colspan="4">越冬期</td><td colspan="5">蕾薹期</td><td>花期</td><td colspan="4">角果发育成熟期</td></tr>
<tr><td>施肥</td><td colspan="25">目标产量 170～190 千克/亩，一次性基施油菜专用缓释肥（25-7-8，含硼等中微量元素）45～50 千克/亩，整个生育期不再追施任何肥料</td></tr>
<tr><td>播种</td><td colspan="25">品种选择：选择适合河南水旱轮作区域的抗倒、高产、双低优质油菜品种，如大地 199、中油杂 19、中油杂 39、华油杂 62 等
播种量：播种量 300～400 克/亩
播种方式：人工撒播或条播，或机械条播</td></tr>
<tr><td>开沟挂水</td><td colspan="25">开沟机开沟，田间沟深 15～20 厘米，围沟深 20～25 厘米，沟宽 20～25 厘米，地势低的厢宽 2.0～2.5 米，地势高的厢宽 2.5～3.0 米。春后雨水增多，及时做好清沟排水，防渍害、防早衰</td></tr>
<tr><td>病虫草害防治</td><td colspan="25">（1）播种后 3 天内：10^{10}个/克盾壳霉 100 克/亩＋芽前 75%异松・乙草胺 50 毫升/亩土壤封闭混合施用；防除杂草，预防菌核病
（2）油菜苗期：杂草 3 叶期用 74%草除灵・烯草酮 45 毫升/亩＋助剂激健 15 毫升/亩混合施用茎叶除草
（3）菌核病防治：视菌核病发生情况而定，如果菌核病发病比较严重，油菜初花期喷施 10^{10}个/克盾壳霉 100 克/亩</td></tr>
<tr><td>收获</td><td colspan="25">适宜的收获时间在油菜终花后 25～30 天，全田有 2/3 角果呈黄绿色，一般在 5 月上中旬收获。收获过程力争做到“三轻”（轻割、轻放、轻捆），力求在每个环节把损失降到最低限度
为促进部分未完全成熟角果的后熟，应将收获后的油菜及时堆垛后熟。堆放油菜时，应把角果放在垛内，茎秆朝垛外，以利后熟</td></tr>
</table>

（六）适用范围

本技术主要基于河南南部水旱轮作区冬油菜化肥农药减施研究结果，适用于秦岭-淮河交界一带水旱轮作区，也可为淮河以南长江中游地区生态条件相似的区域提供参考。

（七）研发者联系方式

信阳农林学院联系人：肖荣英，邮箱：xiaorongying@139.com。

河南省农业科学院经济作物研究所联系人：朱家成，邮箱：Jczhu2010@163.com。

（本节撰稿人：肖荣英、朱家成）

七、陕南稻油轮作冬油菜化肥农药减施增效技术模式

（一）背景及针对的主要问题

油菜是陕西省主要的油料作物和食用油来源。陕西南部地区油菜的种植面积和产量分别占全省种植面积和产量的60%和70%以上，是陕西油菜的主产区。近年来，随着劳动力结构性缺失的不断加剧和人工成本的不断上升，陕西南部地区油菜生产效率降低，农民种植积极性和种植面积不断下降，影响了陕西省油菜产业健康发展和农民收入的增加。目前，陕西油菜种植中存在化肥农药施用不科学、用量大、效率低、新技术应用滞后等问题，在此背景和问题下，通过对油菜全程机械化生产技术和油菜化肥农药减施增效技术集成研究与示范，研发集成陕西水旱轮作区油菜绿色高效生产“12345”集成技术模式，以期解决该区域油菜生产中化肥农药和劳动力投入过量、绿色高效技术匮乏的突出问题。

（二）关键技术组成

陕南水旱轮作区油菜绿色高效生产“12345”集成技术模式的关键技术组成包括：油菜专用缓释肥高效施用技术、种子包衣防治苗期病害与促生技术、秸秆原位全量还田腐熟技术、种肥异位同播一体化技术及装备、封闭与苗后茎叶化学控草技术、一喷三防精准高效施药施肥技术。

1. 油菜专用缓释肥高效施用技术

（1）针对问题。针对陕南油菜生产中，可供选择的油菜专用肥匮乏；各地农技部门为油菜种植户推荐的复合肥种类繁多，尽管各肥料均对油菜生产有效，但明显与油菜生长发育对养分的需求规律不符合，而且其中不包含油菜必需的硼等中微量元素；化肥企业基于油菜种植户对碳酸氢铵和过磷酸钙的依赖与研发人员不足的现状，也不愿涉足油菜专用肥的研发。

（2）技术要点。9月25日至10月5日每亩基施40%全营养油菜专用肥［$N-P_2O_5-K_2O$-中微量元素（25-7-8-5）］45～50千克，施用方法：利用油菜多功能精量直播机种肥异位同播，施肥开沟器入土深度10厘米。

（3）技术效果。与农民习惯施肥相比，采用油菜专用肥一次性施用技术可节肥26.2%，每亩节约劳动力0.2个，油菜籽平均增产5.0%。

（4）适宜区域。本技术适用于汉中、安康及其相类似的生态区域水稻—油菜两熟制平坝高肥力冬油菜种植田块。

2. 种子包衣防治苗期病害与促生技术

（1）针对问题。针对油菜出苗至3叶期生长较慢，易受到病虫危害造成缺苗断垄，以及油菜籽粒小，药剂附着量少，药效作用时间有限，一些种衣剂的成膜效果不佳等因素，致使经种衣剂处理后油菜种子晾干待播时间长，种子间易粘连，一些种衣剂浸入种子后影响其萌发。对70%吡虫啉、75%噻虫嗪、2.5%咯菌腈等现有低毒高效种衣剂进行比较研究，以期达到有效防控苗期病虫害、培育壮苗的目的。

（2）技术要点。在播种前1～24小时，选用70%吡虫啉悬浮种衣剂300～400毫升（100千克种子）；或播种前8～24小时选用2.5%咯菌腈悬浮种衣剂和75%噻虫嗪可分散性种子处理剂1 000毫升（100千克种子）和500克（100千克种子）的比例计算药种量进行包衣，待种子晾干离散后再进行播种。

（3）技术效果。利用种衣剂包衣油菜种子可有效防控其苗期病虫害的发生，降低农药使用剂量；同时还可提高种子的发芽势，促进油菜生长发育，培育壮苗。该项技术简便易行，每亩节本增效20元以上。

（4）适宜区域。本技术广泛适用于我国长江和黄淮流域冬油菜田。

（5）注意事项。一是要根据当地土壤营养和病虫种类确定防控对象，选定种衣剂及其类型；二是控制好种子处理剂浓度和药种比，避免产生药害；三是要控制好种子包衣时间，要按种衣剂的成膜效果提前包衣，以免固化不牢，降低药效，并要待种子充分晾干后再进行播种；四是包衣操作或播种的工作人员要戴口罩、手套，穿工作服，选择通风良好的场所安全作业；五是种衣剂为种子包衣的专用剂型，不能用于田间喷雾，包衣的种子应单独存放，不能与粮食饲料混放。

3. 秸秆原位全量还田腐熟技术

（1）针对问题。陕南稻油二熟轮作制下，油菜前茬水稻机收后，大约有500千克/亩水稻秸秆遗留在地表，如何实现秸秆就地肥料化？如何克服秸秆在土壤中形成海绵层对油菜出苗率的影响？如何防止带病秸秆还田后对下季作物的影响？针对上述问题，选用中国农业科学院油料作物研究所作物养分管理与资源利用团队研制的“有机物料腐熟剂”，可有效促进作物秸秆腐解、防治油菜菌核病。

（2）技术要点。油菜前茬水稻收获时，通过在联合收获机上加装喷雾装置，喷施有机物料腐熟剂，施用量100克/亩。施用方法：按每0.5千克有机物料腐熟剂兑水1千克的比例溶解、双层纱布过滤、滤液兑适量水喷施于原位还田的秸秆；9月25日至10月5日利用油菜多功能精量直播机结合灭茬、旋耕、施肥、开沟、精量播种等一体化作业将喷施过腐熟剂的稻草原位粉碎还田。

（3）技术效果。选用秸秆原位全量还田腐熟技术减少化肥用量10.8%，节约劳动力1个/亩。

（4）适用区域。本技术适用于陕西汉中、安康及周边类似的生态区域水稻—油菜两熟制平坝高肥力冬油菜种植田块。

（5）注意事项。有机物料腐熟剂要避光常温保存，避免与农药和肥料混放混用，喷施要均匀。

4. 种肥异位同播一体化技术及装备

（1）针对问题。针对油菜播种劳动力投入多、化肥撒施导致肥料利用率低，种子和肥料同位影响出苗的问题。

（2）技术要点。9月25日至10月5日利用多功能油菜精量直播机一体化作业，融合稻草原位全量还田技术（还田量500千克/亩）、机械开沟技术、油菜全营养专用肥精准机械深施技术（每亩施肥量45千克，施肥深度10厘米）、精量播种技术（每亩播量200克）、高密节肥抑草技术（密度2.5万～3.0万株/亩）和乙草胺封闭除草技术，一次性可以完成灭茬、旋耕、开沟（水旱区）、施肥、精量播种、覆土、封闭除草作业。

（3）技术效果。与人工直播相比，采用种肥异位同播一体化技术可减少化肥用量27.6%，每亩节约劳动力4.2个，平均增产6.9%。

（4）适用区域。本技术适用于陕西汉中、安康及周边类似的生态区域水稻—油菜两熟制平坝高肥力冬油菜种植田块。

（5）注意事项。播前检查播种机是否正确挂接，排种、排肥部分是否通畅；保证传动部件工作正常，螺丝无松动；根据土质和墒情调试开沟器深度和播深；根据当地农艺要求调试基肥用量和播量。

5. 封闭与苗后茎叶化学控草技术

（1）针对问题。针对冬油菜田间杂草种类多、危害重，一般年份可造成油菜减产10%～20%。而农户的生产管理水平参差不齐，一些种植户对除草剂的防除对象和施用时期认识不清，防除效果不佳，田间药害时有发生等。深入开展对油菜田间杂草的防控技术研究，将田间封闭除草与苗后茎叶防除相结合，科学适时适量用药，提高防控效率与质量，以达到防控目标。

（2）技术要点。根据当地油菜田间的主要杂草群落，确定防控对象。在油菜播种覆土后 48 小时内封闭除草，通常可选用 96%精异丙甲草胺 70 毫升/亩、50%乙草胺乳油 100 毫升/亩，每亩兑水 30～40 千克进行土壤表面喷施封闭。油菜 4～6 叶期可根据田间杂草为害程度及杂草群落，选择 17.5%精喹草除灵 90 毫升（或 38%精喹草除灵 60 毫升与 30%二氯吡啶酸 20 毫升混合）茎叶喷施（表 3-31）。

利用精异丙甲草胺或乙草胺封闭除草时田间要保持一定湿度，若土壤过于干旱，且短期内不会降雨，则不宜施药封闭，可改为苗期一次性茎叶防除。如土壤湿度过大，建议降低乙草胺的处理剂量至 50%乙草胺乳油 70 毫升/亩或选用精异丙甲草胺进行封闭处理。

（3）技术效果。利用封闭与苗后茎叶除草相结合可较好地控制油菜田间杂草。其中亩用 96%精异丙甲草胺 70 毫升封闭＋17.5%精喹草除灵 90 毫升（或 38%精喹草除灵 60 毫升与 30%二氯吡啶酸 20 毫升混合）茎叶处理防效较好，平均可达 94%以上（表 3-32、表 3-33、表 3-34）。

表 3-31　油菜田间杂草有效防控试验不同处理

处理	每亩除草剂配比
1	96%精异丙甲草胺 70 毫升＋17.5%精喹草除灵 90 毫升
2	50%乙草胺 100 克＋17.5%精喹草除灵 90 毫升
3	24%烯草酮 30 毫升＋17.5%精喹草除灵 90 毫升
4	96%精异丙甲草胺 70 毫升
5	覆农用黑色地膜
6	对照（不施药）

表 3-32　不同处理 45 天后防除油菜田杂草的效果（%）

处理	棒头草		鹅肠菜		猪殃殃		总防效	
	株防效	鲜重防效	株防效	鲜重防效	株防效	鲜重防效	株防效	鲜重防效
1	97.4	99.4	90.2	93.1	81.2	69.1	94.58	114.31
2	97.4	98.9	59.6	64.4	−3.6	−65.2	95.63	113.60
3	65.0	94.5	82.8	89.0	43.8	44.8	74.78	106.44

（续）

处理	棒头草		鹅肠菜		猪殃殃		总防效	
	株防效	鲜重防效	株防效	鲜重防效	株防效	鲜重防效	株防效	鲜重防效
4	69.6	85.0	52.4	−5.5	71.9	−16.1	60.77	50.68
5	10.6	86.8	55.6	89.1	61.1	38.1	45.82	104.04
6	0.0	0.0	0.0	0.0	0.0	0.0	0.00	0.00

表 3-33　不同处理对油菜经济性状和产量的影响

处理	株高（厘米）	分枝部位（厘米）	一次分枝数（个）	角果数（个）	每角粒数（粒）	千粒重（克）	株数（万株/亩）	理论产量（千克/亩）	实际产量（千克/亩）
1	156.1	77.6	5.5	202.5	23.00	3.66	2.3	392	284
2	161.2	75.8	5.3	197.8	22.99	3.66	2.3	383	284
3	151.0	70.3	5.7	196.8	23.21	3.64	2.3	382	277
4	149.8	81.0	5.1	158.7	23.68	3.63	2.3	314	219
5	171.2	75.5	7.2	339.3	22.97	3.71	1.5	434	286
6	148.7	84.2	4.8	149.0	23.03	3.56	2.3	281	112

表 3-34　各处理间的综合经济效益（元/亩）

处理	药剂成本	雇工费	防草成本	菜籽收益	增产效益	综合效益
1	16	50	66	1 136.5	688.1	622.1
2	12	50	62	1 134.0	685.6	623.6
3	7	25	32	1 109.8	661.4	629.4
4	9	25	34	877.3	428.9	394.9
5	23	200	223	1 142.0	693.6	470.6
6	0	0	0	448.4	0	0

（4）适宜区域。本技术适用于陕西、河南、湖北等我国中部水旱或旱旱轮作冬油菜区。

（5）注意事项。施药前要仔细阅读农药使用说明，严格按照使用说明的剂量范围配制，并均匀喷施，切忌擅自提高或降低使用剂量，以免造成药害或降低防效；茎叶防除需掌握好施药时期，通常直播油菜 4～6 叶期，移栽油菜返青后，禾本科杂草 2～5 叶期，阔叶杂草 2～4 叶期，进行喷药作业；对于喷施除草剂的药械，用完后要及时彻底清洗存放，并建议单独存放使用，切不可未经清洗直接用于喷施其他药物或作物，以免产生药害。

6. 一喷三防精准高效施药施肥技术

（1）针对问题。花角期是油菜菌核病发生与防控的主要时期，也是防治油菜花而不实、早衰和高温逼熟的关键时期，但此时油菜已封行，人工喷药操作不便，施药精准度与防效较差，成本较高。

（2）技术要点。利用植保无人机，在油菜初花期按每亩1升水加45%戊唑·咪鲜胺水乳剂40毫升、99%硼酸35～50克（或液体硼30毫升）、98%磷酸二氢钾50克、尿素20克（或意菲乐20毫升）及植物源助剂混合喷施。配制混合液时先将磷酸二氢钾加入水中充分搅拌，再加入硼酸搅拌，待两者基本溶解后加入尿素继续搅拌直至完全溶解。同时，可另将戊唑·咪鲜胺加入水中溶解，最后将两液体混合配成混合液进行喷施。

（3）技术效果。该技术在有效控制油菜菌核病发生的同时，还能较好地防治油菜花而不实，缺肥早衰和干热风危害，进而延长无柄叶、角果皮和茎秆的功能期，提高产量。与传统人工喷药相比，节省药剂20%左右，防治效率由10亩/(天·人）提高到400～600亩/(天·人)，亩综合节省成本10～15元。

（4）适宜区域。本技术适用于我国冬油菜主产区。

（5）注意事项。控制好药肥混合液的施用浓度，避免产生药害；药剂或药肥混施时，要充分考虑药药和药肥间的相互作用，以及混合液的水溶性，待混配的药液完全溶解后，再加入无人机药箱内喷施。配制的混合液要随配随用，不可混合后存放，以免降低药效。

（三）关键技术操作要点

油菜绿色高效生产“12345”集成技术模式是以高产为基础，以绿色高效为目标，种肥药一体，农艺农机融合，采取全程机械化栽培＋化肥农药减施增效技术路线的绿色高效生产方式。

1. 播前准备

前茬收获时通过在联合收获机加装喷雾装置，喷施有机物料腐熟剂，施用量100克/亩。施用方法：按每0.5千克有机物料腐熟剂兑水1千克的比例溶解、双层纱布过滤、滤液兑适量水喷施于原位还田的秸秆。

2. 一体化播种

利用多功能油菜精量直播机一体化作业，融合一次油菜专用肥精准深施技术、精量播种技术和封闭除草技术，一次作业完成旋耕、施肥、播种、开沟、覆土、封闭除草。

（1）品种选择。选用生育期适中、耐迟播、抗倒性好、抗病性强、适合机收的优质高产品种，如在陕南可选用陕油 28、秦优 28、沣油 737 等。

（2）种子包衣。播种前一天或当天，通常按 70%吡虫啉悬浮种衣剂 300～400 毫升（100 千克种子）；75%噻虫嗪可分散性种子处理剂 500 克（100 千克种子）；2.5%咯菌腈 1 000 毫升（100 千克种子）的比例计算药种量进行拌种。

（3）播种期。9 月 25 日至 10 月 5 日播种为宜。

（4）播种量。播种量 0.2～0.3 千克/亩。

（5）肥料施用。选用 40%全营养油菜专用肥［$N-P_2O_5-K_2O$-中微量元素（25-7-8-5）］一次性基施。施用量根据土壤肥力不同，每亩基施 45～50 千克。

（6）封闭除草。喷施 96%甲草胺或 50%乙草胺 70 毫升/亩封闭除草。

（7）种肥播施方式。种肥异位，播种深度 2 厘米，施肥开沟器入土 10 厘米。

3. 病害草害防治

（1）茎叶除草。油菜 5 叶期左右 38%精喹草除灵 60 毫升与 30%二氯吡啶酸 20 毫升混合茎叶喷施。

（2）一喷三防。开花初期每亩喷施盾壳霉 100 克或 45%戊唑·咪鲜胺水乳剂 40 毫升/亩，加上 99%硼酸 35～50 克（或液体硼 30 毫升）、98%磷酸二氢钾 50 克、尿素 20 克（或意菲乐 20 毫升）及植物源助剂混合喷施。

4. 适期收获

可采用联合收获、分段收获。联合收获时，在全田油菜 95%以上角果枯黄、植株中上部茎秆褪绿后一次性机收，油菜秸秆同步粉碎还田。分段收获时，全田油菜 80%以上油菜角果呈现黄绿色时，先采用割晒机进行作业，将割倒的油菜晾晒 3～5 天后，再用捡拾脱粒机脱粒、秸秆同步粉碎还田。

（四）应用效果

在陕西省勉县周家山镇（示范面积 300 亩）、南郑区新集镇（示范面积 200 亩）、汉滨区恒口镇（示范面积 250 亩）建立了陕南稻茬油菜绿色高效生产“12345”集成技术模式试验示范基地，从化肥和农药投入来看，与习惯模式相比，集成技术模式（表 3-35、表 3-36）化肥投入减少 26.2%～41.0%，农药投入减少 55.3%～57.3%；油菜产量提高 5.7%～10.2%，平均增产 7.3%，节本增效 302～362 元/亩（油菜籽单价 4.8 元/千克）。

表 3-35 技术模式示范产量及化肥、农药利用率分析

地点	处理	油菜籽产量 数量（千克/亩）	油菜籽产量 增产（%）	化肥施用量（千克/亩）	农药施用量（克/亩）	化肥农学效率（千克/千克）	农药农学效率（千克/千克）
陕西勉县	不施肥	182.1		0	218		
	不施药	190.4		14	0		
	习惯	265.5	—	24.4	510	3.42	0.147
	优化	281.3	6.0	14	218	7.09	0.417
陕西南郑	不施肥	88.0		0	228		
	不施药	108.8		17.4	0		
	习惯	159.0	—	18.5	510	3.84	0.098
	优化	204.1	5.7	17.4	228	6.67	0.418
陕西汉滨	不施肥	28.7		0	224		
	不施药	99.5		18.0	0		
	习惯	129.3	—	19.1	510	5.27	0.058
	优化	135.7	10.2	18.0	224	5.94	0.162

表 3-36 技术模式经济效益分析（元/亩）

地点	处理	生产成本 种子	肥料	农药	其他	合计	油菜籽产值	净收益	增收
陕西勉县	习惯	30	112	42	500	684	1274.4	590.4	—
	优化	20	117	30.7	230	397.7	1350.24	952.54	362.14
陕西南郑	习惯	30	118	38	500	686	763.2	77.2	—
	优化	20	117	30.7	230	397.7	979.68	981.98	504.78
陕西汉滨	习惯	30	121	40	500	353	620.64	—48.34	—
	优化	20	117	30.7	230	397.7	651.36	253.66	302

（五）集成模式图

见表 3-37。

（六）适用范围

本技术适用于陕南和黄淮区水稻—油菜两熟制油菜种植区。

（七）研发者联系方式

陕西省杂交油菜研究中心联系人：杨建利，电话：029-68259039，邮箱：sxyczxjly@163.com；李永红，电话：029-68259060，邮箱：yhlion@126.com。

（本节撰稿人：杨建利、王春丽、张智、李永红、李建厂、张振兰、王美宁）

表 3-37　陕南水旱轮作冬油菜绿色高效生产“12345”集成技术模式

<table>
<tr><td colspan="2" rowspan="4">时期
操作</td><td colspan="2">9月</td><td colspan="3">10月</td><td colspan="3">11月</td><td colspan="3">12月</td><td colspan="3">1月</td><td colspan="3">2月</td><td colspan="3">3月</td><td colspan="3">4月</td><td colspan="2">5月</td></tr>
<tr><td>中</td><td>下</td><td>上</td><td>中</td><td>下</td><td>上</td><td>中</td><td>下</td><td>上</td><td>中</td><td>下</td><td>上</td><td>中</td><td>下</td><td>上</td><td>中</td><td>下</td><td>上</td><td>中</td><td>下</td><td>上</td><td>中</td><td>下</td><td>上</td><td>中</td></tr>
<tr><td></td><td>秋分</td><td>寒露</td><td></td><td>霜降</td><td>立冬</td><td></td><td>小雪</td><td>大雪</td><td></td><td>冬至</td><td>小寒</td><td></td><td>大寒</td><td>立春</td><td>雨水</td><td></td><td>惊蛰</td><td></td><td>春分</td><td>清明</td><td></td><td>谷雨</td><td>立夏</td><td></td></tr>
<tr><td colspan="3">播种期</td><td colspan="8">苗期</td><td colspan="4">越冬期</td><td colspan="3">蕾薹期</td><td colspan="3">花期</td><td colspan="4">角果发育成熟期</td></tr>
<tr><td>播种</td><td>一体化播种</td><td colspan="25">播种说明：（1）品种：选用耐迟播、抗倒性好、抗病性强、适合机收的优质高产品种，推荐选用陕油 28、秦优 28、沣油 737 等
（2）播种期：9 月 25 日至 10 月 5 日为宜
（3）播种量：播种量 0.2～0.3 千克/亩，播种深度 2 厘米
（4）播种方式：推荐多功能油菜精量直播机，一体化完成灭茬、旋耕、开沟、施肥、播种、覆土、封闭除草作业</td></tr>
<tr><td>施肥</td><td>一体化施肥</td><td colspan="25">施肥说明：（1）基肥施用量：亩施纯氮（N）8.75～12.5 千克、磷（P_2O_5）5.45～6.5 千克、钾（K_2O）4.8～5.0 千克、硼 0.75 千克，推荐亩施油菜专用肥（25-7-8+B）45～50 千克
（2）基肥施用方式：选用多功能油菜精量直播机种肥异位同播时，施肥开沟器入土深度 10 厘米</td></tr>
<tr><td rowspan="2">病虫草害防治</td><td>一体化封闭除草</td><td colspan="16" rowspan="2">病虫草害防治说明：（1）种子包衣防治虫害说明：播种前一天或当天用 70%噻虫嗪等 1：100
（2）播种时封闭除草说明：播种时喷施 960 克/升精异丙甲草胺 70 毫升/亩
（3）5 叶期茎叶除草说明：38%精喹草除灵 60 毫升与 30%二氯吡啶酸 20 毫升混合茎叶喷施</td><td colspan="4" rowspan="2">开花初期用植保无人机防治菌核病、早衰和高温逼熟</td><td colspan="5" rowspan="2">开花初期喷施说明：45%戊唑・咪鲜胺水乳剂 40 毫升，加上 99%硼酸 35～50 克、98%磷酸二氢钾 50 克、尿素 20 克及植物源助剂混合喷施</td></tr>
<tr><td>茎叶除草</td></tr>
<tr><td>灌溉</td><td>灌溉</td><td colspan="10">说明：播种期遇旱进行灌溉</td><td colspan="2">冬灌</td><td colspan="13">一月初冬灌一次</td></tr>
<tr><td>收获</td><td colspan="23">收获说明：
（1）全田 80%角果呈黄绿色时进行割晒，晾晒 5 天左右后用机械捡拾脱粒；或 95%角果枯黄色时联合收获。脱粒后及时晾晒，安全储藏
（2）在捡拾脱粒机或联合收获机上加装喷雾装置，喷施有机物料腐熟剂 100 克/亩于原位还田的作物秸秆</td><td colspan="3">收获</td></tr>
<tr><td colspan="27">产量结构：每亩有效株数 2.5 万～3.0 万株，单株有效角果数 120～150 个，每角粒数 20～22 粒，千粒重 3.5～3.9 克</td></tr>
<tr><td colspan="27">“12345”目标：亩用工 1 个以下，肥、药减施 25%，亩生产成本下降至 300 元左右，亩产油菜籽 200 千克左右，亩纯收益 500 元</td></tr>
</table>

八、长江下游丘陵岗地油菜化肥农药减施增效技术模式

（一）背景及针对的主要问题

随着农业机械化程度的提高，油菜机播技术大受欢迎。但是，仍然存在一些问题，如：油菜种植密度偏低导致机收困难，养分施用比例不协调，高效肥料普及不足，秸秆还田率低，硫、镁、硼等中微量元素缺乏时有发生，机播油菜配方施肥与肥料产品难以统一等。因此，笔者结合秸秆全量还田、机播技术、油菜一次性施肥、油菜专用配方肥施用、无人机飞防等技术，形成安徽沿江区域油菜高效轻简化种植模式，为该区域油菜的化肥减量增效和油菜机械化种植提供高效的技术模式。

（二）关键技术组成及操作方法

1. 播前准备

品种选用产量高、抗病、抗倒伏、抗裂角、株高适中（160 厘米左右）、株型紧凑、花期集中，便于机械收获的双低品种。同时，可用新美洲星等拌种或用种衣剂等包衣。水稻收获前 7 天排水晾田，但需保证播种至出苗期 20 厘米表土层相对湿度达到 60%～70%。同时在机收时加装秸秆粉碎装置，秸秆切碎长度应不大于 10 厘米，秸秆切碎率不小于 90%，抛撒不均匀率不大于 20%。

2. 机械选择

选用油菜直播机或油菜联合播种机，技术参数应达到如下标准：配套动力≥44 千瓦拖拉机、作业幅宽 2 米、播种/施肥行数 6 行、纯工作生产率 4 000～5 336米^2/小时（作业效率 6～8 亩/小时）。

3. 肥料品种

应以新型肥料为主，如油菜专用肥、缓释肥料等，根据土壤类型、基础地力、目标产量、农田灌溉条件，有机无机相结合，合理搭配硫肥、硼肥、微量元素水溶肥料或含腐植酸水溶肥料等。根据油菜目标产量计算氮肥推荐用量，基于土壤养分丰缺指标计算磷肥、钾肥用量。在本区域内田间试验证明，一次性基施宜施壮油菜专用缓释肥（$N-P_2O_5-K_2O$ 为 25－7－8）50 千克/亩；冬至前后视苗情可追施尿素 5.0～7.5 千克/亩。在进行连续两年的综合优化模式中，施用湖北宜施壮油菜专用缓释肥（$N-P_2O_5-K_2O$ 为 25－7－8，并含 Ca、Mg、S、B 等中微量元素）50 千克/亩，一次性基施。冬至前后视苗情可追施尿素 5.0～7.5 千克/亩。

4. 施肥方式

基肥实行种肥同播，施肥深度 8～10 厘米，作业幅宽 1.2～2.0 米，4～6

行播种，4～6 行侧深施肥。苗肥、抽薹肥等追肥可人工撒施或选择机械追肥。

5. 适时灌溉

播种前需整好地，厢宽 1.5～2.0 米，机械开沟最适 1.6～1.8 米，开好腰沟（深 30～35 厘米）及围沟（沟宽及沟深各 20 厘米），排灌方便。特别是开春雨水多，要及时排水除渍。

（三）应用效果

近几年按本模式要求在安徽省全省开展了多个田间示范，并在太湖、当涂、池州等多地进行了示范推广。

针对安徽油菜种植施肥状况进行调研，调查结果发现，安徽沿江区域机械化施肥的氮、磷和钾肥的偏生产力分别高于人工施肥 22.1%、37.0% 和 37.0%，机械化施肥显著提高化肥利用率。

2019—2020 年在安徽当涂开展油菜机械化机播机收等综合优化技术的田间示范，连片规模 1 100 亩，种植品种为中油杂 19。实施的综合优化技术模式具体内容为：油菜机械化直播，种子包衣，播种量 360 克/亩，油菜专用缓释肥 50 千克/亩一次性基施；盾壳霉孢子液＋封闭除草剂（96%精异丙甲草胺）混合施用，全程实现机械化种肥药同播技术；实行稻草全量还田，无人机精准施药技术。测产结果表明，综合优化技术示范田和习惯施肥处理单产分别为 207.6 千克/亩、194.9 千克/亩，综合优化技术处理示范区相比习惯施肥区增产 12.7 千克/亩，增产率为 6.5%。按照综合优化技术所需生产资料，种子 16.2 元/亩、肥料 120 元/亩、农药 50 元/亩、播种 50 元/亩、机收 70 元/亩、机防 20 元/亩、田间管理 40 元亩、油菜单价 4.6 元/千克来计算经济效益，综合优化技术处理产值可达 955.1 元/亩，成本为 366.2 元/亩，纯效益（不含土地流转费）可达 588.9 元/亩。与习惯施肥处理相比，氮肥（N）、磷肥（P_2O_5）和钾肥（K_2O）分别减施 8.76%、22.22% 和 11.11%，可增收 81.8 元/亩（表 3－38）。

表 3－38　生产效益测算

处理	种子（元/亩）	肥料（元/亩）	农药（元/亩）	播种（元/亩）	机收（元/亩）	机防（元/亩）	田间管理（元/亩）	单产（千克/亩）	单价（元/千克）	产值（元/亩）	纯收益（元/亩）
优化技术	16.2	120	50	50	70	20	40	207.6	4.6	955.1	588.9
习惯施肥	12.6	106.7	50	50	70	50	50	194.9	4.6	896.4	507.1

（四）集成模式图

见图 3－8。

图3-8　长江下游丘陵岗地油菜化肥农药减施增效技术模式

（五）适用范围

本技术模式适用于长江下游丘陵岗地水稻—油菜轮作种植区及周边相似生态区。

（六）研发者联系方式

安徽省农业科学院作物研究所联系人：侯树敏（植保相关技术），邮箱：shuminhou@126.com；王慧（施肥相关技术），邮箱：kangxi20052009@163.com。

当涂县农业技术推广中心联系人：胡现荣，电话：13855521991。

（本节撰稿人：侯树敏、郝仲萍、王慧、武际、刘磊、张元宝、吴金水、胡现荣）

九、长江下游平原区中稻茬冬油菜化肥农药减施增效技术模式

（一）背景及针对的主要问题

长江下游以平原为主，有少量丘陵岗地，属亚热带湿润季风性气候，年平均气温17.0℃左右，为国家长江流域双低油菜优势产区，十分适宜种植油菜。目前油菜产量水平较高，但化肥和农药投入量也较高，存在养分比例和药剂使用不科学等问题。本模式旨在改变传统施肥和施药习惯，集成推广“优质高产杂交油菜品种＋中早熟耐密宜机收油菜品种＋机条播＋精量施肥＋安全化学除草＋一促四防＋机械收获（分段收获）”技术模式，实现油菜籽亩产200千克以上，化肥农药减量25％左右，同时有效改善环境。

（二）关键技术组成及操作方法

1. 技术概况

该技术集成优化优质多抗高产高效油菜新品种、秸秆全量还田、油菜专用缓控释肥、生物有机肥、防病虫种衣剂、绿色高效化学农药、封杀除草技术、航空植保和精准施药技术、全程机械化高效种植技术等形成一套油菜化肥农药减施增效综合技术。提质增效情况：劳动用工从每亩5～10个下降到0.5个以内，减少化肥用量25％以上，减少化学农药用量30％以上，直接或间接增产5％～15％。生产成本下降至2.0元/千克左右。亩效益300～500元。

2. 主要技术要点

（1）播前准备。前季作物为中籼稻，稻草全量还田。9月底至10月初用水稻收割机将稻草切成小于10厘米长的碎段均匀抛撒在田间，采用旋耕机正旋或反旋耕，将稻草翻埋于土中。

(2) 品种选择。选用中早熟优质、耐密植、抗裂荚、株高适中、角果层集中、成熟度较一致的适合全程机械化生产的双低油菜品种，如浙油51、宁杂21、浙油杂1403等。

(3) 种子处理。播种前在太阳下晒种4～5小时，提高种子活力，然后采用吡虫啉（每300克油菜种子使用10毫升60%吡虫啉拌种）或噻虫嗪（每500克油菜种子使用10毫升噻虫嗪拌种）种衣剂进行油菜种子包衣，晾干后使用。

(4) 播种与施肥。9月25日至10月20日播种，适时早播。采用旋耕、播种、施肥、喷药、开沟（25～30厘米）、覆土于一体的多功能油菜精量播种机播种，播种深度为1.5～2.0厘米，播种量300～400克/亩（现拌晾干的包衣种），播量随播期的推迟而增加。底肥用油菜专用缓释肥（25-7-8）50～55千克/亩+有机肥150千克，种子与肥料异位同播、肥料侧深施5厘米，后期不再追肥。

(5) 病虫草害防控。

草害防控：每亩采用96%精异丙甲草胺60毫升进行封闭除草。采用油菜精量直播机播种时可一次性完成封闭除草。可在油菜4～5叶期、杂草2～3叶期，采用油达（50%草除灵30毫升+24%烯草酮40毫升+异丙酯草醚45毫升）喷雾防治田间杂草。

虫害防控：主要以种衣剂拌种来防治油菜害虫。

病害防控：油菜蕾薹期视油菜长势，可亩用60毫升新美洲星喷施促进植株健康生长。2月下旬至3月上旬在油菜盛花初期采用无人机喷施8克/亩啶酰菌胺-氯啶菌酯组合（2：1），精准施药防治菌核病。

(6) 适期收获。油菜收获选用分段收获或一次性联合收获。5月上中旬待全田油菜有2/3角果呈枇杷黄时，采用割晒机或人工割倒，晾晒5～7天，再用捡拾脱粒机脱粒；5月中下旬待全田油菜95%左右角果成熟时，采用油菜联合收获机一次性收获。收获后抢晴好天气晾晒至含水量10%以下，确保籽粒安全储藏。

(三) 应用效果

2018—2019年度在安徽省当涂县开展了农民习惯种植模式与油菜化肥农药减施技术模式对比试验示范（两种处理的具体操作见表3-39）。与农民习惯种植模式（水稻秸秆全量还田，化肥纯养分投入量29千克/亩，农药280毫升/亩，人工施肥3次、人工施药3次）相比，应用本项技术模式（水稻秸秆全量还田，化肥纯养分投入量21.8千克/亩，农药183毫升/亩，人工施肥0次、人工施药0次、无人机施药1次）化肥总养分投入量减少24.8%、农药投入量减少 34.6%，油菜籽产量达到 197.9 千克/亩，比农民习惯种植模式增产 4.1%。从经济效益来看，油菜化肥农药减施技术模式亩成本 413.4 元，总效益 989.5 元，纯效益 576.1 元；农民习惯种植模式亩成本 441.0 元，总效益 950.5 元，纯效益 509.5 元。应用本项技术模式能够达到节肥节药高产高效的目标，节本增收效果显著（表 3－39）。

（四）集成模式图

见图 3－9。

（五）适用范围

本技术模式适用于长江下游平原区中稻茬冬油菜种植区及周边相似生态区。

（六）研发者联系方式

安徽省农业科学院作物研究所联系人：侯树敏（植保相关），邮箱：shuminhou@126.com；王慧（施肥相关），邮箱：kangxi20052009@163.com。

当涂县农业技术推广中心联系人：胡现荣，电话：13855521991。

（本节撰稿人：侯树敏、郝仲萍、王慧、刘磊、张元宝、吴金水）

十、长江下游晚稻茬毯苗机栽油菜化肥农药减施增效技术模式

（一）背景及针对的主要问题

江苏种植的水稻通常是单季晚粳，收获时间比较迟，基本至 11 月上旬才能收获。长江下游的江苏油菜产区与长江上中游相比，纬度相对较高，越冬期温度相对较低，时常会出现低于－10 ℃低温天气。为了保证油菜冬前生长量、提高菜苗的抗寒能力，该地区仍然采用育苗移栽方式，高产栽培条件下要求油菜移栽密度达到 7 000～8 000 株/亩，但是受限于劳动力紧缺和劳动力成本的增加，移栽密度偏低，通常不足 5 000 株/亩，在低密度条件下要获得较高产量通常施肥量比较高，目前江苏地区油菜生产氮肥平均用量约 20 千克/亩，磷、钾肥平均用量均为 10 千克/亩左右。持续的高肥力投入，地力水平比较高，一是油菜花角期倒伏风险增加，二是肥料利用率和种植效益显著降低，三是面临的环境污染问题日益突出。在保证油菜当前产量水平下，减少肥料投入的关键问题是如何增加移栽密度。2010 年至今，扬州大学与中国农业科学院南京农业机械化研究所联合探索油菜毯苗机栽新型栽培模式，通过农机与农艺相结合，培育油菜毯苗并研发油菜毯苗移栽的专用机型。近几年该项技术陆续在

表 3-39　农民习惯种植模式与长江下游平原区中稻茬冬油菜化肥农药减施增效技术模式的具体操作对比

处理	主要操作					
	前季水稻收获	开沟、播种	施肥	除草	防病	收获
长江下游平原区中稻茬冬油菜化肥农药减施增效技术模式	10月8日采用履带收割机收割水稻，稻草全量还田，稻桩留茬高度20厘米左右，稻草粉碎长度10厘米左右	10月11日采用多功能一体机一次性完成旋耕、灭茬、播种、开沟、起垄、施肥、覆土、镇压、封闭除草等多项工序，亩播种量400克	10月11日采用多功能一体机一次亩施宜施壮油菜专用缓释肥（25-7-8）54.5千克＋有机肥150千克，种子与肥料异位同播、肥料侧深施5厘米	10月11日采用多功能一体机一次亩施96%精异丙甲草胺60毫升封闭。油菜5叶期，采用50%草除灵30毫升＋24%烯草酮40毫升＋异丙酯草醚45毫升喷雾防治田间杂草	在油菜盛花初期亩选用8克啶酰菌胺-氯啶菌酯组合（2：1），用无人机精准施药防治菌核病	5月18日采用油菜联合收获机一次性收获脱粒
农民习惯种植模式	10月8日采用履带收割机收割水稻，稻草全量还田，稻桩留茬高度20厘米左右，稻草粉碎长度10厘米左右	10月11日用东方红1004旋耕机旋耕地、开沟，厢宽1.8米、沟宽20厘米、沟深30厘米。采用人工撒施的方式播种，亩播种量400克	全生育期施N 16千克/亩、P_2O_5 6千克/亩、K_2O 7千克/亩；氮肥采用一基二追方式施用，其他养分一次性基施	播后3天内亩施96%精异丙甲草胺100毫升封闭除草；冬前采用24%烯草酮40毫升/亩＋草除灵30克处理茎叶	在油菜盛花初期采用25%咪鲜胺100毫升＋43%戊唑醇10毫升，人工防治菌核病	5月18日一次性机械收获脱粒

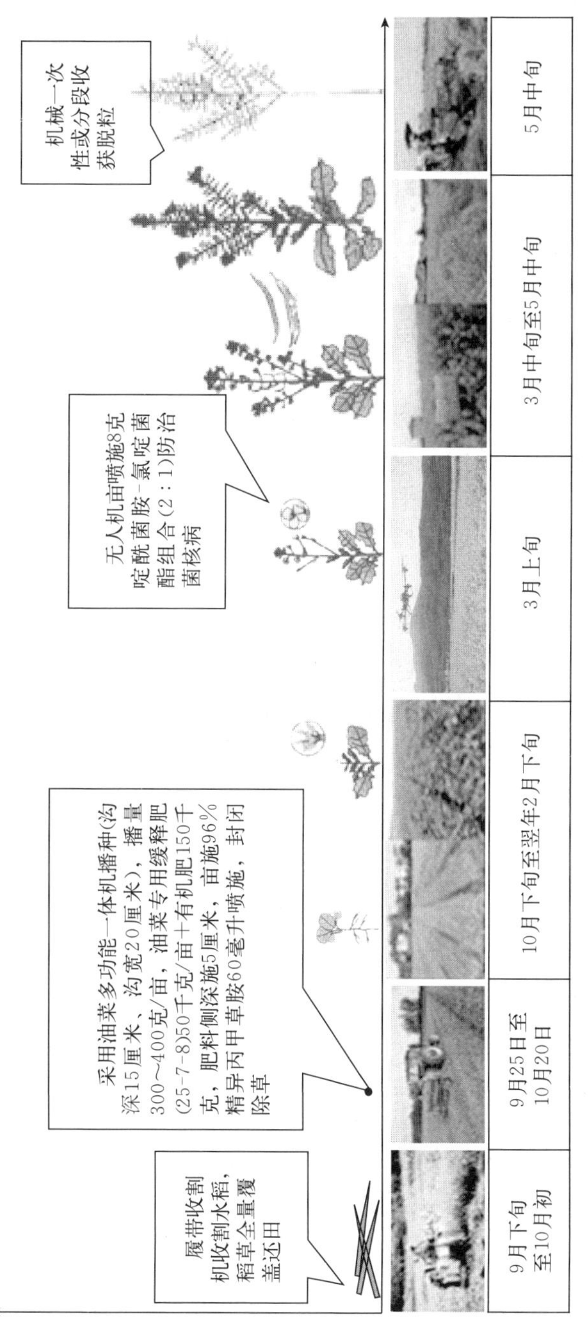

图3-9 长江下游平原区稻茬冬油菜化肥农药减施增效技术模式

江苏、江西、湖北等油菜主产省份进一步生产示范和推广。“油菜毯状苗机械化高效移栽技术”被农业农村部列为2018年度“十项重大引领性农业技术”。

该技术模式具有以下优点：油菜毯苗培育可与水稻毯苗培育实现资源共享，实现集约化、规模化育苗。与传统的人工育苗移栽油菜相比，该项技术可显著减少用工，节约苗床，移栽过程简便、高效。该项技术通过培育油菜毯苗并进行机械化移栽，解决了移栽油菜机械化生产的关键技术环节，从而实现茬口矛盾区域移栽油菜的全程机械化生产，提升油菜种植效率。

（二）关键技术组成及操作方法

1. 产量目标

目标产量230～250千克/亩，群体角果数400万～420万个/亩。

2. 毯苗培育技术要点

（1）品种选择。培育油菜毯苗过程中，基质常常处于湿润状态，含水量比较高，所以需要选用耐渍性强的品种，如宁杂1818、秦优7号、扬油9号等。

（2）育苗场地和育秧盘准备。选用平整的水泥场、平整的泥土地或人工温室进行育苗。常规的水稻育秧盘即可，长×宽×高为575毫米×275毫米×25毫米。

（3）适期播种。油菜毯苗播种期在9月20日至10月20日，移栽秧龄25～30天。

（4）床土的配制。取前茬为非十字花科作物的田块，土壤过筛。购买常规的育苗基质，晒干的土与基质按体积比1∶1拌匀制作成毯苗培育的营养土，然后喷水再拌匀装盘，保证营养土手握成团、落地即散。

（5）拌种。种子处理剂的成分包含：烯效唑、七水硫酸亚铁、硫酸镁、硼酸、硫酸锌以及硫酸锰，将上述成分用水配制成溶液，每升处理剂溶液的组成为：5%烯效唑5克、七水硫酸亚铁142毫克、硫酸镁294毫克、硼酸0.6毫克、硫酸锌0.6毫克、硫酸锰0.6毫克，余量为水。将100克种子用2～3毫升上述处理剂拌种，晾干后进行播种。

（6）播种、盖土、浇水、叠盘暗化、展盘。用扬州大学研制的油菜毯苗专用播种器播种，播种后用拌匀的床土覆盖3～5毫米，浇水，叠放2～4天暗化催芽，待芽长至0.5厘米左右时将秧盘展开放置到提前准备好的育苗场地。

（7）秧盘定期浇水。正常晴朗天气秧盘一天浇一次水，以浇至秧盘表层刚好有水渗出为止，如遇高温下午增浇一次，阴雨天可暂停浇水，如果大雨覆盖秧盘。

（8）肥料管理。叶片落黄即要补充肥料，氮磷钾肥均匀施用，在移栽前一周施一次送嫁肥。

(9)机械移栽。选用洋马集团(无锡)生产的油菜专用移栽机(型号 2ZYG-6),秧龄 25～30 天,移栽密度 12 000～14 000 株/亩。

3. 大田整地

水稻收获后及时旋耕灭茬,耕深 20～30 厘米,要求耕深一致,不重不漏,表层平整。开好三沟,厢面宽 2 米,沟系配套,确保灌得进、排得出,排水通畅,雨止田干。

4. 大田施肥技术

氮、磷、钾三要素配合施用,并增施硼肥。油菜全生育期总施氮量 16 千克/亩,氮肥基肥与苗肥比例为 5∶5;磷肥(P_2O_5)用量 7 千克/亩,钾肥(K_2O)用量 7 千克/亩,硼肥用量 0.3 千克/亩,磷、钾、硼一次性作基肥施用。缓释肥应用:建议基施宜施壮缓释肥(25-7-8)60 千克/亩或者绿聚能缓释肥(27-9-9)60 千克/亩。

5. 病虫害防治

苗期用 10 克/亩吡虫啉防治蚜虫,甲氰菊酯 60 毫升/亩防治菜青虫;盛花期亩用 50%异菌脲 50 毫升防治油菜菌核病。

(三)应用效果

近 3 年扬州、镇江和苏州试验示范结果显示,稻茬油菜采用油菜毯状苗机械化移栽,其产量高,稳产性好,3 年平均理论亩产 273.2 千克,平均实收 241.6 千克。油菜毯苗移栽密度为 12 000～14 000 株/亩,每亩用 25 盘秧苗左右,当地人工移栽密度约为 5 000 株/亩。

油菜毯苗机栽与传统的人工育苗移栽效益比较分析:目前江苏油菜高产栽培模式下氮、磷、钾用量分别为 20 千克/亩、10 千克/亩和 10 千克/亩,由于毯苗移栽油菜相对于人工移栽而言种植密度显著增加,氮、磷、钾用量分别调整为 16 千克/亩、7 千克/亩和 7 千克/亩,田间管理与最终收获毯苗机栽与人工机栽类似,传统的人工移栽高产栽培模式下平均实收产量为 220 千克/亩。毯苗机栽与人工移栽相比较,产量平均增加 20 千克/亩左右,菜籽以 5.0 元/千克计算,增收的菜籽效应可以抵消毯苗培育的基质和机栽成本。所以,毯苗机栽与传统的人工育苗移栽油菜相比,可以显著减少人工投入,同时可以减少 25%的肥料投入。在人工成本逐年增加、农田生态环境日益面临威胁的情况下,油菜毯苗机械化移栽技术将会得到更充分的推广应用。

(四)适用范围

本技术模式适用于江苏稻茬油菜种植区,其他生态和生产条件相似地区可参照采用。

（五）研发者联系方式

扬州大学联系人：左青松，邮箱：qszuo@yzu.edu.cn。

（本节撰稿人：高建芹、彭琦、王国平、陈震、左青松、冷锁虎）

十一、长江下游塘基冬油菜化肥农药减施增效技术模式

（一）背景及针对的主要问题

针对浙江省水域网络发达、塘基资源丰富、扩大油菜产能需求的内在动力及油菜高效、高产、绿色轻简化栽培技术需求迫切的现状，浙江省农业科学院、浙江省农业技术推广中心、湖州市农业科学院、湖州市农作物技术推广站等单位自2016年开始在湖州市开展塘基油菜化肥农药减施优质高产栽培模式的关键技术环节和技术参数研究。经过多年的研究与示范，建立了油菜工厂化育苗、降密移栽、芽前封闭、塘基淤泥上肥、一次性施用油菜专用缓释肥、绿色防控等关键技术环节的高产高效绿色种植模式。

该技术有以下优点：油菜种植期间，可利用水产养殖户等闲余劳动力。通过降密移栽的方法，减小劳动强度和劳动力成本。采用塘基淤泥作为有机肥，可大大减少化肥的投入；采用油菜专用缓释肥，一次性施入土壤后，减少劳动力投入，同时可根据油菜需肥特点释放养分，提高油菜肥料利用率。采用芽前封闭技术，可在油菜生长期间封杀杂草，减轻杂草危害以及与油菜竞争养分，提高药效和肥料利用率。利用塘基倾斜特点，在油菜生长期间，土壤水分不易积累，减缓浙江省油菜生长季节雨水多，土壤含水量高造成的渍害；同时利用塘基狭窄、两边通风透光特点，减少利于菌核病发生的生态条件，有利于油菜高效绿色生产。

（二）关键技术组成及操作方法

1. 前茬管理

前茬作物（芝麻等）种植后，清理干净。待鱼塘抽水打鱼后，采用鱼塘淤泥按照每亩1 000千克填充塘基。待淤泥干透后，准备移栽油菜。整地以窄垄方式，形成小沟，便于土壤中的水分及时回流鱼塘中。

2. 油菜育苗

采用基质育苗9月中下旬播种，采用穴盘基质育苗，苗龄控制在40天左右。若苗龄超过40天，采用喷施多效唑或提穴盘断根方式控制秧苗生长。采用微喷管进行水分管理：播种完第一次浇水要浇透，以穴盘底部泥土湿润为宜，之后生长前期隔2～3天喷灌1次，生长中后期严格控制水分，防止油菜长叶不长根。育苗期间注意猿叶甲、菜青虫等害虫，若发生可采用25%亚胺

硫磷乳油 30～40 毫升，或 2.5%溴氰酯粉剂 40～50 克兑水 50 升喷施。秧苗后采用薄尿素溶液补充肥料。

3. 适时移栽，合理密植

油菜秧苗达到壮苗标准（移栽时有绿叶 6～7 片，根颈粗达 0.6～0.7 厘米。株型矮壮，叶柄粗短，叶密集丛生不见节，无红叶和高脚苗。主根直，根系发达，无病虫害），苗龄 40 天后，于 10 月底 11 月上旬移栽。油菜种植密度不宜超过 4 000 株/亩。移栽 7 天后，查漏补缺，若有死苗，及时补充。

4. 油菜专用缓释肥侧深施肥

施用湖北宜施壮公司生产的油菜专用缓释肥（N－P_2O_5－K_2O 为 25－7－8，40%，含硼肥），每亩 40～50 千克。作为底肥一次性施入土壤，施肥深度 5 厘米左右。

5. 芽前封闭

移栽前用除草剂精异丙甲草胺 50 毫升/亩喷雾封闭，厢沟两侧均要打药封闭。施药封闭时应避开大雨天气；土壤含水量适中，约 50%左右，不宜太干或积水，否则造成封闭效果不良或者产生药害。

6. 适时收获

油菜转入完熟阶段，此时植株和角果含水量降低，角果层略抬起时为联合收获最佳时期。采用机械收获，选择早晨或傍晚收获为宜。

7. 注意事项

本技术选择的油菜品种需分枝性能、抗倒性和抗菌核病强；病虫害防治不能采用无人机飞防，防止药水进入鱼塘，影响鱼苗；可采用黄板、诱杀等方式防虫。

（三）应用效果

3 年试验示范结果显示，采用塘基油菜化肥农药减施优质高产栽培技术模式，稳产性和丰产性好，平均亩产达 200 千克以上，高产示范片亩产可达 250 千克以上。其中，2018—2020 年浙江省湖州市南浔区菱湖镇王家墩示范片亩产分别达到 205.6 千克、215.6 千克和 211.9 千克。塘基油菜化肥农药减施优质高产栽培模式投入成本控制在 420 元左右，其中种子 15 元、油菜专用肥 90～100元、农药 10 元、移栽与田间管理和收获人工 300 元；按每亩菜籽 200 千克、菜籽收购价 5.0 元/亩（榨油企业订单生产），亩产值达 1 000 元，扣除投入成本，亩收益约 600 元，节本增效显著。

（四）适用范围

本技术适用于长江下游塘基油菜种植区域及周边相似生态区。

（五）研发者联系方式

浙江省农业科学院联系人：华水金，邮箱：sjhua1@163.com。
浙江省农业技术推广中心联系人：怀燕，邮箱：595778787@qq.com。
湖州市农业科学研究院联系人：朱建方，邮箱：zjf3700@126.com。

（本节撰稿人：华水金、林宝刚、怀燕、朱建方、任韵、彭琦、高建芹、顾圣林、陈震）

十二、南方三熟区机械喷播油菜化肥农药减施增效技术模式

（一）背景及针对的主要问题

我国南方具有热量充足、雨量充沛、雨水集中、春温多变、夏秋多旱、严冬期短与暑热期长的气候特点，不仅有利于农作物生长，也有利于发展多熟制种植。稻—稻—油三熟区油菜对充分利用双季稻区冬季光温资源及进一步增加油菜种植面积具有重要意义。然而，三熟制油菜种植中与前茬晚稻、后茬早稻倒茬时间紧张的问题非常突出，同时存在劳动力不足、化肥施用量偏大、施肥结构不合理（氮磷钾比例不合理、中微量元素投入不足、有机肥用量偏低）、农药用量偏高等问题。本技术模式在适应现代油菜产业发展要求的前提下，以绿色、高产、高效为核心，组装集成了"优质高抗早熟品种、免耕机械喷播、以密补迟补氮、稻草覆盖抑草、化肥农药减量、缓控肥一次施"等关键技术，使油菜化肥减量28%以上、化学农药减量39%以上、油菜籽增产7%以上、每亩节本增效50元以上，实现了三熟区冬油菜的轻简化绿色高效生产。

（二）关键技术组成及操作方法

1. 大田准备

（1）晚稻收获与秸秆还田。采用带秸秆粉碎抛撒装置的水稻联合收割机收割水稻，秸秆打碎至不超过10厘米的长度。翻耕田留茬高度控制在20厘米以下，打碎的秸秆均匀还田。免耕田留茬高度控制在30～40厘米，水稻收获前播种的免耕田将秸秆直接均匀覆盖还田，水稻收获后播种的免耕田将秸秆每隔1.5～2.5米（即油菜厢面宽度）堆垛成条状（宽30～40厘米）备用，以便在油菜播种后均匀覆盖全量还田，并在秸秆堆垛过的位置开沟。

（2）整田。翻耕播种的田块，在翻耕前将积水及时排干适当晒田后，采用翻耕-开沟一体机一次完成翻耕、开沟作业，开沟形成的土破碎后均匀抛撒到厢面，要求土碎地平。厢宽1.5～2.5米，沟宽30～35厘米，排水良好的田块沟深25～30厘米，冷浸田沟深30～35厘米。

免耕播种的田块也需开沟作厢（畦），其技术参数同上述翻耕田块。

2. 品种选择与种子处理

由于稻—稻—油三熟区冬油菜生产的茬口限制，一般选择优质高抗早熟品种或中早熟品种（限于北纬27°以下地区），如湘油420、阳光131、丰油730、沣油5103等。

播前晒种4～5小时，采用30%噻虫嗪、20%吡虫啉或25%噻虫咯霜灵种衣剂等药剂进行拌种，防治地下害虫、苗期蚜虫和跳甲。也可用新美洲星肥药同源种衣剂进行拌种，促进生长，提高抗逆性。

3. 播种

（1）播种时期与方法。在晚稻收获后或收获前1～3天（仅限免耕）进行播种。播种时期一般为10月中旬至下旬，最晚不能晚于11月上旬，随着播期推迟产量会有所下降。选用WFB18-3型喷雾、喷粉、喷种、喷肥多功能型机械进行喷播。根据实际生产条件可选用翻耕或免耕播种。茬口时间紧、排水良好的田块建议采用免耕播种，尤其是在晚稻收割前1～3天免耕播种，对茬口矛盾有重要的缓解作用。

（2）播种量。喷播机播种的种子用量一般为400～500克/亩，水稻收获前秸秆全量覆盖还田时播种量增加到500～600克/亩。随着播期推迟或遇到不适宜气候（如连续低温阴雨天气）时也要适当增加播种量。苗期密度不少于5万株/亩，收获期密度不少于3万株/亩为宜。

4. 施肥

（1）肥料品种。油菜专用缓释配方肥（$N-P_2O_5-K_2O$为25-7-8，含硼）或油菜专用控释尿素+复合肥（或磷钾肥）+硼砂。有条件的地区提倡施用当地有机肥。

（2）施肥量。根据目标产量和田块肥力状况每亩施用油菜专用缓释配方肥（$N-P_2O_5-K_2O$为25-7-8，含硼、镁）30～50千克，或复合肥（$N-P_2O_5-K_2O$为15-15-15）20～35千克+10～12千克油菜专用控释尿素+硼砂0.75～1.00千克。建议有条件的地区每亩施用40～75千克当地有机肥。

（3）施肥时期与施肥方法。所有肥料在种子喷播前作基肥一次施用。用WFB18-3型喷雾、喷粉、喷种、喷肥多功能型机械将油菜专用缓释肥或普通复合肥和控释尿素混合后喷施。

5. 病虫草害防控

（1）杂草防控。主要采用油菜播种前或油菜播种后出苗前施药封闭除草方式。草害严重时采用封闭除草和茎叶除草相结合的方式。

封闭除草在播种前1天或播种后1～3天进行，尽量保证喷施封闭除草剂的当天无雨。因秸秆覆盖还田有很好的控草效果，封闭除草剂用量可减少1/2，即72%异丙甲草胺乳油50克/亩或75%异松·乙草胺乳油37.5毫升/亩，兑水30～40千克均匀喷雾，封闭除草后将打碎的秸秆全量覆盖还田。翻耕田无法进行秸秆覆盖还田，封闭除草剂的用量为72%异丙甲草胺乳油100克/亩或75%异松·乙草胺乳油75毫升/亩，兑水30～40千克均匀喷雾。草害严重时，在油菜5叶期采用油达（50%草除灵30毫升+24%烯草酮40毫升+异丙酯草醚45毫升）兑水30～40千克均匀喷雾进行茎叶除草。

（2）菌核病防治。随封闭除草施用10^{10}个/克盾壳霉可湿性粉剂200克/亩，或随封闭除草施用10^{10}个/克盾壳霉可湿性粉剂100克/亩，再于开花初期喷施25%咪鲜胺乳油40毫升/亩，兑水40～50千克均匀喷雾。另外，尽量选用对菌核病抗性相对强的早熟油菜品种。

（3）虫害防治。三熟区油菜播期较晚，加上播种前的种子已经过处理，虫害发生一般较轻。根据虫害发生情况，需要时适当用药：防治小菜蛾、菜青虫可施用1.8%阿维菌素乳油20毫升/亩，兑水40～50千克，均匀喷雾；防治蚜虫、菜青虫可施用2.5%高效氟氯氰菊酯水乳剂20毫升/亩，兑水40～50千克，均匀喷雾，也可用黄板进行物理防控。

6. 收获与贮藏

（1）收获。可根据实际情况采用人工收获或机械收获。机械收获包括机械分段收获和一次联合收获两种方式。机械收获方法按NY/T 2208—2012中规定执行。

人工收获可在油菜终花后35天左右，当全株2/3角果呈枇杷黄或主轴中部角果内种子种皮开始变色时进行。人工收获时，做到轻割、轻放、轻捆、轻运、晒场摊晒5～7天或高割茎秆架空晾晒5～7天后人工或机械脱粒。

机械分段收获适宜时期与人工收获适宜时期一致。选用能够将油菜割倒并有序铺放的割晒机和能将铺放在田间的油菜捡拾并脱粒清选的捡拾脱粒机，推荐使用4SY-2.0油菜割晒机和4SJ-1.8型油菜捡拾脱粒机。利用油菜割晒机割倒，铺放于田间晾晒5～7天后用油菜捡拾脱粒机捡拾脱粒。为不影响早稻生产，也可先将油菜割倒搬到田外堆垛，待后熟后用脱粒机脱粒。作业质量应符合总损失率≤6.5%、含杂率≤5%、破碎率≤0.5%等要求。

一次联合收获在全田油菜角果外观颜色全部变黄色或褐色、完熟度基本一致时进行。选用能够一次作业可完成切割、脱粒、清选和秸秆粉碎还田的联合收割机，推荐使用碧浪4升Z（Y）-1.8型、星光至尊4升L-2.0Y型、沃德4LZ-5.0E等油菜联合收割机。其割台高度调至油菜茎秆第一分枝高度处偏下5厘米左右。联合收割作业质量应符合总损失率≤8%、含杂率≤6%的要求。

（2）贮藏。当油菜籽含水量在9%以下时可装袋入库。贮藏方法按NY/T 1087中规定执行。

（三）应用效果

2018—2020年，连续两年在湖南省安仁县开展了农民习惯栽培模式与机械喷播油菜绿色高产生产技术模式同田对比试验示范（两种处理的具体操作见表3-40）。2018—2019年度与农民习惯种植模式相比，应用本项技术模式在化肥减施28.5%（化肥纯养分投入量每亩由26.3千克减到18.8千克）、农药减施39.5%（化学农药投入量每亩由215克减到130克）、劳动用工量（习惯模式多3次人工施肥、1次人工播种、2次人工施药）和劳动力成本降低55%的条件下，油菜籽产量提高14.9%，田间杂草量减少40.9%，菌核病得到有效预防，收益增加了61%。

2019—2020年度与农民习惯种植模式相比，应用本项技术模式在化肥总养分投入量减少31.6%（化肥纯养分投入量每亩由26.3千克减到18.0千克）、农药投入量减少68.9%（有效成分由125.2克减少到38.9克）、人工投入减少55%的情况下，有效控制了田间杂草和菌核病，油菜籽产量达到127千克/亩，比农民习惯种植模式增产7.4%。从经济效益来看，农民习惯种植模式亩成本356元，总效益755元，纯效益399元；油菜绿色高效生产技术模式亩成本306元，总效益813元，纯效益507元，比农民习惯种植模式增加了27%。两年的实践证明，应用本项技术模式能够达到节肥节药高产高效的目标，可实现节本增收绿色生产。

（四）集成模式图

见图3-10。

（五）适用范围

本技术模式由湖南省安仁县稻—稻—油三熟制油菜化肥农药减施技术产生，适用于湖北南部、湖南大部、江西大部、广西北部等南方稻—稻—油三熟制油菜种植区，也可供其他省份稻—稻—油轮作种植区参考。

（六）研发者联系方式

湖南省土壤肥料研究所联系人：鲁艳红，邮箱：luyanhong6376432@163.com。

湖南农业大学联系人：袁哲明，邮箱：zhmyuan@sina.com。

全国农业技术推广服务中心联系人：张哲，电话：010-59194506，邮箱：zhangzhe@agri.gov.cn。

（本节撰稿人：鲁艳红、袁哲明、宋海星、贺志鹏、鲁剑巍、王积军、张哲）

表 3-40 农民习惯种植模式与机械喷播油菜绿色高产生产技术模式具体操作对比

处理		主要操作				
		前茬收获	开沟、播种稻草还田	施肥	施药	收获
机械喷播油菜绿色高产生产技术模式	2018—2019 年	10 月 11 日采用联合收割机收割水稻，茬高 40 厘米，稻草粉碎至 10 厘米左右。将粉碎的稻草每隔 1 米堆垛成条状（宽约 30 厘米）备用	10 月 14 日免耕机械喷播，亩播种量 400 克，施肥播种后稻草均匀覆盖还田。采用碎土抛撒开沟机开沟，碎土均匀抛撒至厢面，浅覆在种子和肥料表层，厢宽 1 米，沟宽 30 厘米，沟深 30 厘米	10 月 14 日亩施有机肥 40 千克，油菜专用控释尿素 12 千克＋复合肥（15－15－15）30 千克＋硼砂 1 千克，采用喷播机喷施	10 月 15 日用 72%异丙甲草胺乳油 90 克＋10^{10}个/克盾壳霉 100 克兑水 40 千克喷施。初花期用 NAU－R1 25 克兑水 40 千克无人机喷施	4 月 25 日一次性机械收获脱粒
	2019—2020 年	10 月 5 日采用联合收割机收割水稻，茬高 40 厘米，稻草粉碎至 10 厘米左右。将粉碎的稻草每隔 1.5 米堆垛成条状（宽约 30 厘米）备用	10 月 7 日免耕机械喷播，亩播种量 400 克，施肥播种后稻草均匀覆盖还田。采用碎土抛撒开沟机开沟，碎土均匀抛撒至厢面，浅覆在种子和肥料表层，厢宽 1.5 米，沟宽 30 厘米，沟深 30 厘米	10 月 7 日亩施有机肥 75 千克，宜施壮油菜专用缓释配方肥 45 千克，采用喷播机喷施	10 月 7 日用 75%异松·乙草胺乳油 37.5 毫升＋10^{10}个/克盾壳霉 100 克兑水 40 千克喷施。12 月 20 日用 1.8%阿维菌素乳油 20 毫升＋2.5%高效氟氯氰菊酯水乳剂 20 毫升兑水 40 千克喷施。初花期用 25%咪鲜胺乳油 40 毫升兑水 40 千克无人机喷施	4 月 15 日一次性机械收获脱粒

（续）

处理		主要操作				
		前茬收获	开沟、播种稻草还田	施肥	施药	收获
农民习惯栽培模式	2018—2019年	10月11日采用联合收割机收割水稻，稻草移出大田或焚烧	10月14日免耕机械开沟，厢宽1米，沟宽30厘米，沟深30厘米。采用人工撒播，亩播种量300克	全生育期亩施复合肥（15－15－15）40千克＋尿素18千克＋硼砂1千克，尿素分3次施用，其他作基肥一次性施用。人工撒施	10月15日用90%乙草胺乳油60毫升兑水40千克喷施，12月24日用24%烯草酮乳油80毫升兑水30千克喷施。初花期用40%菌核净可湿性粉剂40克＋25%多菌灵可湿性粉剂35克兑水30千克电动喷雾机喷施	4月25日一次性机械收获脱粒
	2019—2020年	10月5日采用联合收割机收割水稻，稻草移出大田或焚烧	10月14日免耕机械开沟播种，厢宽1.5米，沟宽30厘米，沟深30厘米。采用人工撒播，亩播种量400克	全生育期亩施复合肥（15－15－15）40千克＋尿素18千克＋硼砂1千克，尿素分3次施用，其他作基肥一次性施用。人工撒施	10月7日用90%乙草胺乳油60毫升兑水40千克喷施。12月20日用24%烯草酮乳油80毫升（茎叶除草）＋5%阿维菌素悬浮剂240克（杀虫）兑水40千克喷施。初花期用电动喷雾机喷施40%菌核净可湿性粉剂100克	4月15日一次性机械收获脱粒

· 技术特点：轻简化免耕直播、稻草覆盖还田控草、缓解茬口矛盾、飞防、联合或者分段收获
· 适应范围：南方稻稻油三熟区

图3-10 南方三熟区机械喷播油菜化肥农药减施增效技术模式

十三、南方三熟区机械起垄降渍栽培冬油菜绿色高效生产技术模式

（一）背景及针对的主要问题

长江流域稻田油菜生产前茬为水稻，田间持水量高，土壤黏重。同时，该地区雨水较多，农田积水现象时常发生，容易形成水渍涝害，根系生长不良，严重降低油菜产量和影响品质，已成为我国南方油菜生产发展的瓶颈。起垄栽培不仅可以开沟排湿、增加耕作层厚度、降低渍害的影响，还有利于通风透光，提高油菜抗逆性。机械起垄栽培将灭茬、旋耕、开沟、起垄、施肥、播种一体化实施，并结合飞防和机械化收割，可实现全程机械化生产，缓解了劳动力不足的压力，推进了油菜规模化生产的发展。但是，匹配该技术的化肥和农药科学高效施用技术还有待进一步跟进。本项技术模式以绿色高产高效机械起垄栽培为核心，组装集成了“起垄降渍、基肥深施、种肥同播、生防菌抗菌核病、视情施药、药肥双减、机播机收”等关键技术，使油菜化肥减量26%以上、化学农药减量34%以上、油菜籽增产6%以上、每亩节本增效50元以上，实现了冬油菜的全程机械化绿色高效生产。

（二）关键技术组成及操作方法

1. 机械播种

（1）播种期。适宜播期为9月末至10月中旬，三熟制油菜可推迟至10月底或11月初。

（2）油菜地准备。晚稻后期干湿交替灌溉，收获前提前排干水分。采用带秸秆粉碎抛撒装置的水稻联合收割机收割水稻，留茬高度控制在20厘米以下，秸秆粉碎均匀还田。

（3）种子准备。选择国家或本地省级审定或登记的丰产、优质、抗菌核病、抗倒伏和耐密的冬油菜品种。品种选择符合NY 414的规定，种子质量符合GB 4407.2的规定。湖南地区可选用湘杂油763、湘杂油188、丰油730、大地199、中油杂19等。稻—稻—油三熟区选择生育期180天左右的早熟冬油菜品种，如湘油420、阳光131、湘油104等。每亩用种量300～400克，根据播期不同适当调整种子用量，播期越晚种子用量越多。

在播前晒种4～5小时，采用30%噻虫嗪、20%吡虫啉或25%噻虫·咯·霜灵、种卫士等药剂进行拌种，防治地下害虫、苗期蚜虫和跳甲。也可用新美洲星肥药同源种衣剂进行拌种，促进生长，提高抗逆性。

（4）肥料准备。推荐选用油菜专用配方肥，如宜施壮油菜专用缓释肥（N－P_2O_5－K_2O为25－7－8，含硼、镁）、韶峰油菜专用控释肥（N－P_2O_5－K_2O为22－7－8，含硼、镁）等，每亩40～50千克。另准备颗粒大小与油菜

籽相近的磷酸二铵（也可用磷酸一铵或其他含氮磷复合肥）2 千克。没有油菜专用肥可选用养分配比相近的其他复合肥，另每亩备 5～10 千克尿素和 0.6～1.0 千克含硼 10%以上的硼砂。

（5）播种机准备。选用能够一次作业完成旋耕、灭茬、起垄、播种、施肥、开沟、覆土的垄作播种机。推荐使用桑铢特 2BYL-220 型，并配备 55 千瓦以上轮式四驱拖拉机。

（6）播种与施肥。水稻收获后晾晒 4～5 天即可进行田间机械起垄播种作业。选用油菜专用配方肥，并采用基肥深施与种肥同播技术，提高肥料利用率、减少化肥投入量。复合肥、种子和种肥（种肥和种子拌匀装入种子盒）全部由联合播种机一次性施入，采用油菜垄作播种机（如 2BYL-220 型），针对不同地块形状，起垄播种建议优先选用南北向作业，作业时建议采用如图 3-11 所示的梭形路线。即在机组进田后，播第 1 行时，靠田埂边留一个畦宽，且四周均留一个畦宽，最后沿田块四周绕一圈完成作业。田间垄沟交错处均有一段未开沟的盲地，应人工辅助开通。

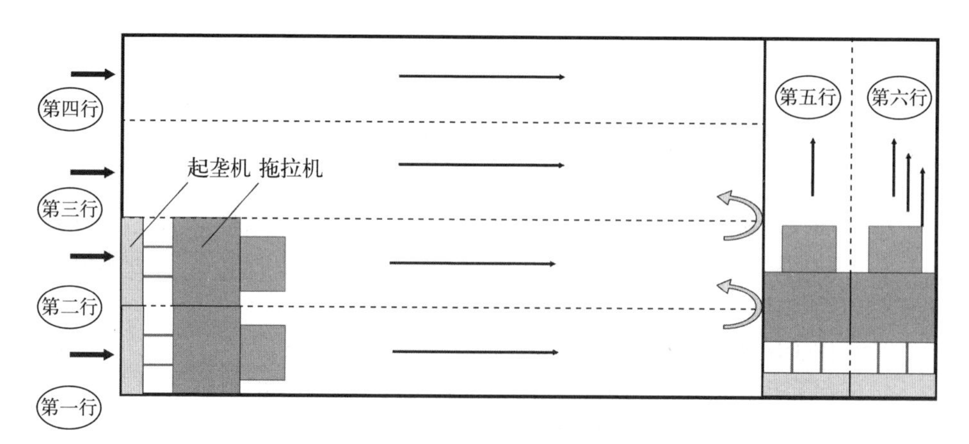

图 3-11 旋耕起垄直播作业路线

2. 田间管理

（1）清沟和排灌。播种后及时疏通边角排水沟，清除沟中碎土，做到沟沟相通，旱能灌、涝能排。遇天气干旱，播后及时沟灌。春季注意清沟排水。

（2）除草。采用以封闭除草为主、茎叶除草为辅，视情选用封闭除草剂种类的方法，提高除草效果、减少除草剂用量。播种前 1 天或播种后 1～3 天，每亩用 90%乙草胺乳油 50 毫升或 72%异丙甲草胺乳油 100 克兑水 30～40 千克均匀喷雾，进行封闭除草。需要注意的是，乙草胺的除草效果更好，但土壤含水量高时对幼苗的伤害也更大，所以根据雨情或灌沟情况应合理选用封闭除草剂种类，即遇雨或遇干旱天气需播后灌沟时选用异丙甲草胺，否则选用乙草胺。草害严重时，在油菜5叶期每亩用油达（50%草除灵30毫升＋24%烯草酮40毫升＋异丙酯草醚45毫升）兑水30～40千克均匀喷雾进行茎叶除草。

（3）菌核病防治。用生防菌盾壳霉替代抗菌核病化学农药，显著减少化学农药用量。随种施用或播种后出苗前施用10^{10}个/克盾壳霉可湿性粉剂200克/亩，或随种施用10^{10}个/克盾壳霉可湿性粉剂100克/亩，再于开花初期用25%咪鲜胺乳油40毫升/亩，兑水30～40千克均匀喷雾。

（4）虫害防治。根据虫害发生情况，需要时适当用药，并结合物理防控，减少化学农药用量。防治小菜蛾、菜青虫可施用1.8%阿维菌素乳油20毫升/亩，兑水40～50千克均匀喷雾；防治蚜虫、菜青虫可施用2.5%高效氟氯氰菊酯水乳剂20毫升/亩，兑水40～50千克均匀喷雾。也可用黄板进行物理防控。

3. 机械收获

油菜机械收获可根据实际情况采用一次联合收获和分段收获两种方式进行。茬口不紧张或产量不是很高的田块，可采用一次机收，茬口紧张或产量高的田块，采用分段收获。

（1）收割机准备。因地制宜采用分段收获或一次联合收获。高产田、茬口紧张田块，采取分段收获；低产或茬口不紧张的田块，可采取一次性联合收获。分段收获时，选用能够将油菜割倒并有序铺放的割晒机和能将铺放在田间的油菜捡拾并脱粒清选的捡拾脱粒机，推荐使用4SY－2.0油菜割晒机和4SJ－1.8型油菜捡拾脱粒机；联合收获时，选用能够一次作业可完成切割、脱粒、清选和秸秆粉碎还田的联合收割机，推荐使用碧浪4升Z（Y）－1.8型、星光至尊4升L－2.0Y型、沃德4LZ－5.0E等油菜联合收割机。

（2）分段收获。在油菜终花后35天左右，当全株2/3角果呈枇杷黄或主花序中下部角果内种子种皮开始转色时用油菜割晒机割倒，铺放于田间，经5～7天后熟作用后用油菜捡拾脱粒机捡拾脱粒。为不影响早稻生产，也可先将油菜割倒搬到田外堆垛，待后熟后采用脱粒机脱粒，作业质量应符合总损失率≤6.5%、含杂率≤5%、破碎率≤0.5%等要求。

（3）联合收获。待油菜完全成熟后，全田油菜角果外观颜色全部变黄色或褐色、完熟度基本一致时，选用油菜联合收割机下田作业，其割台高度调至油菜茎秆第一分枝高度处偏下5厘米左右。联合收割作业质量应符合总损失率≤8%、含杂率≤6%的要求。

（4）贮藏。当油菜籽含水量在9%以下时可装袋入库。贮藏方法按NY/T 1087中规定执行。

（三）应用效果

2019—2020年度在湖南省衡阳县台源镇开展了农民习惯施肥施药模式与油菜绿色高效施肥施药模式对比试验示范（两种处理的具体操作见表3-41），供试品种为适宜于稻—稻—油三熟制生产的早熟冬油菜品种湘油420。与农民习惯施肥施药模式（化肥纯养分投入量26.3千克/亩，农药有效成分投入125.2毫升或克/亩，人工追肥2次，人工施药2次）相比，应用本项技术模式（化肥纯养分投入量19.3千克/亩，农药有效成分投入82毫升或克/亩，全程机械化）在化肥总养分投入量减少26.6%、农药投入量减少34.5%、劳动力投入减少65%的条件下，油菜籽产量达到137.5千克/亩，比农民习惯种植模式增产6%。从经济效益来看，油菜绿色高效施肥施药模式亩成本276元，总效益825元，纯效益549元；农民习惯施肥施药模式亩成本353元，总效益776元，纯效益423元。可见，应用本项技术模式能够达到节肥节药高产高效的目标，可实现节本增收绿色生产。

（四）集成模式图

见图3-12。

（五）适用范围

本技术模式由湖南省稻—油轮作油菜化肥农药减施技术产生，适用于湖南省稻—油轮作种植区，可供其他省份的稻—油轮作种植区参考。

（六）研发者联系方式

湖南农业大学联系人：官梅，邮箱：972696327@QQ.com；张秋平，邮箱：zqp_815@163.com。

全国农业技术推广服务中心联系人：张哲，电话：010-59194506，邮箱：zhangzhe@agri.gov.cn。

（本节撰稿人：官梅、张秋平、王积军、张哲、陈常兵）

十四、南方三熟区秸秆全量还田油菜飞播绿色高效生产技术模式

（一）背景及针对的主要问题

我国水旱轮作三熟区，常采用早稻—晚稻—油菜、水稻—再生稻—油菜和一季晚稻—油菜的轮作种植模式，具有茬口紧、气温低、墒情不足等特点。该区域油菜产量水平较高，但也存在化肥施用量较高和配比不科学、农药用量大和人力成本投入过多等问题。本技术模式在适应现代油菜产业发展要求前提下，以绿色、高产、高效为核心，组装集成了“谷林套播、无人机播种、稻草还田、油菜专用肥、全程机械轻简化种植”等关键技术，在油菜籽亩产180千

表 3-41 农民习惯施肥施药模式处理与油菜绿色高效施肥施药模式的具体操作对比

处理	主要操作					
	前季水稻收获	开沟、播种	施肥	除草	防病	收获
油菜绿色高效施肥施药模式	10月10日采用履带收割机收割水稻，稻草全量还田，留茬高度小于20厘米，稻草切碎长度10厘米以下	10月16日采用油菜垄作播种机一次性完成旋耕、灭茬、播种、开沟、起垄、施肥、覆土、镇压等多项工序，亩播种量400克	10月16日采用油菜垄作播种机，随旋耕操作一次性深施（5～10厘米）宜施壮油菜专用缓释肥45千克/亩；随播种施小颗粒磷酸二铵（拌种）2千克/亩	10月17日喷施72%异丙甲草胺乳油100克/亩，进行封闭除草	10月17日结合封闭除草施用10^{10}个/克盾壳霉孢子100克，初花期喷施25%咪鲜胺乳油40毫升/亩（防治菌核病）	4月23日一次性机械收获脱粒
农民习惯施肥施药模式	10月10日采用履带收割机收割水稻，稻草全量还田，留茬高度小于20厘米，稻草切碎长度10厘米以下	10月16日采用油菜垄作播种机一次性完成旋耕、灭茬、播种、开沟、起垄、施肥、覆土、镇压等多项工序，亩播种量400克	10月16日采用油菜垄作播种机施45%复合肥（15-15-15）40千克/亩和硼砂0.6千克/亩；苗期人工追施尿素10千克/亩，抽薹前人工追施尿素8千克/亩	10月17日喷施90%乙草胺乳油50毫升/亩；苗期喷施24%烯草酮80毫升/亩+5%阿维菌素240克/亩	初花期喷施40%菌核净可湿性粉剂100克/亩（防治菌核病）	4月23日一次性机械收获脱粒

图3-12　南方三熟区机械起垄降渍栽培冬油菜绿色高效生产技术模式

克的情况下，提高部分生产环节作业效率，实现油菜生产过程成本减少8%、收益提高85%。

（二）关键技术组成及操作方法

1. 油菜品种选择

由于轮作制给予油菜的生育时间有限，一般选用早中熟优质甘蓝型油菜品种，全生育期180～220天。湖北省早稻—晚稻—油菜和水稻—再生稻—油菜生产区域可选用华早291、阳光2009、华油杂13等品种。

2. 播种

在9月下旬至11月上旬，于水稻收获前3天左右进行油菜的谷林飞播，播种时期选择原则是充分利用稻田土壤墒情，同时避免水稻收获时油菜苗高超过3厘米。根据播种时间确定油菜播种量，一般为0.30～0.75千克/亩，播种量随着播种时间延迟而增加。如果水稻收获后播种需增加20%左右的播种量。采用无人机播种时，无人机可选用极飞P30或大疆1P-RTK，飞行高度为3米左右，装料后每分钟完成1.5～2.0亩播种面积，选择无雨无风的时间进行飞播作业。没有无人机时也可采用人工撒播或机械喷播。

3. 秸秆还田

采用联合收割机收获水稻，同时将秸秆直接粉碎还田。可选用久保田4LZ-4型履带收割机、东风常拖4LZ-4.0Z收割机、沃德锐龙4LZ-5.0E收割机等机型并加装配套的秸秆粉碎配件。水稻收获时留桩30～50厘米，留桩高度不能低于30厘米，稻草粉碎长度5～10厘米，粉碎的稻草最好能均匀抛撒在田面上，达到原位均匀覆盖还田的目标，部分秸秆抛撒不均匀时可辅以人工覆盖。还田草量每亩300～500千克。

4. 施肥

在油菜播种后7～20天内进行施肥作业，可以采用人工均匀撒施或机械撒施。油菜籽目标产量水平为120～150千克/亩时施用氮、磷、钾（纯量）9千克/亩、3.5千克/亩、2.5千克/亩左右，产量水平150～180千克/亩时施用氮、磷、钾（纯量）11千克/亩、4千克/亩、3千克/亩左右，另施硼砂0.50～0.75千克/亩。建议施用油菜专用配方肥，如油菜专用缓释肥（25-7-8，含硼）40～50千克/亩。如用油菜专用缓释肥则后期不用追肥，用一般油菜专用配方肥在薹期视苗情追施尿素3～5千克/亩。

5. 开沟

在基肥作业结束后进行机械开沟作业，用沟土覆盖肥料。可以选用1KJ-35型圆盘开沟机，与其配套的拖拉机动力为36.8～58.8千瓦（50～80马力），作业速度5～8亩/小时。一般厢宽设置为2～3米、沟宽30厘米左右、沟深

25～30 厘米，田块较大时可每隔 90 米增开一条腰沟，以利于水分排疏与田间管理。机械开沟时，沟土能均匀抛撒到沟两边的厢面上，分散距离为每边 1.5 米左右。开沟后及时清沟，对机械不方便操作的地方进行人工疏通。

6. 病虫草害防治技术

开沟覆土后，进行封闭除草。由于该模式采用秸秆全量覆盖种植，杂草较少，因此可以减少除草剂的使用。封闭除草可以用无人机、田间行走机械或人工喷雾，用 35%异松·乙草胺 50 毫升/亩。为防治菌核病，可以在封闭除草时将 10^6 个/毫升盾壳霉孢子液 60 毫升/亩＋35%异松·乙草胺 50 毫升/亩混合施用。根据天气情况和病情预报，在初花期用无人机喷施 45%咪鲜胺 37.5 毫升/亩＋助剂融透 20 毫升/亩防治菌核病。

7. 适时收获

湖北省油菜适宜收获时间为 5 月上中旬。一般在油菜终花后 30 天左右，当全株 2/3 角果呈黄绿色，主轴基部角果呈枇杷色，种皮呈黑褐色时，进行分段机械收获，如果采用联合机收一般推迟 5～7 天。收割时应避免选择下雨过后，以防止油菜霉变腐烂。为了便于油菜秸秆直接还田，宜采用带有秸秆粉碎装置的油菜收获机。

（三）应用效果

2018—2019 年度在湖北省武穴市开展了农民习惯种植模式与谷林飞播模式对比试验示范（两种处理的具体操作见表 3 - 42）。与农民习惯种植模式（水稻秸秆不还田，化肥纯养分投入量 27.2 千克/亩，人工施肥 3 次、人工播种 1 次）相比，应用本项技术模式（水稻秸秆原位粉碎还田，化肥纯养分投入量 20 千克/亩，人工施肥 1 次、无人机播种 1 次）在化肥总养分投入量减少 26.5%，人工投入减少 3 次，油菜籽产量达到 180.8 千克/亩，比农民习惯种植模式增产 33.40%。从经济效益来看，油菜绿色高效生产技术模式亩成本 327 元，总效益 832 元，纯效益 505 元；农民习惯种植模式亩成本 354 元，总效益 624 元，纯效益 270 元。应用本项技术模式能够达到节肥节药高产高效的目标，节本增收效果显著。

（四）集成模式图

见图 3 - 13。

（五）适用范围

本技术模式由湖北省武穴市秸秆全量还田油菜飞播技术产生，适用于湖北省三熟区种植区，可供其他省份的水旱轮作三熟种植区参考。

（六）研发者联系方式

华中农业大学联系人：鲁剑巍，邮箱：lujianwei@mail. hzau. edu. cn。

表 3-42　农民习惯种植模式处理与油菜绿色高效生产技术模式处理的具体操作对比

处理	主要操作					
	前季水稻收获	播种	施肥	开沟	施药	收获
油菜绿色高效生产技术模式	10月6日采用沃得锐龙4LZ-4.0E联合收割机收割水稻，加装秸秆粉碎装置，稻草全量粉碎还田，稻桩留茬高度30厘米左右，稻草粉碎长度7厘米左右	10月7日采用无人机播种，品种选用阳光2009，在秸秆上方2.5米高处进行播种，亩播种量600克	10月7日一次性亩施宜施壮油菜专用缓释肥（25-7-8）50千克	10月8日利用拖拉机605搭配开沟部件1KJ-35进行开沟，开沟时沟土自抛，抛到沟两侧的厢面上，各1米的距离，覆盖肥料与种子	播后一天施用35%异松·乙草胺50毫升/亩	5月18日一次性机械收获脱粒
农民习惯种植模式	10月13日采用沃得锐龙4LZ-4.0E联合收割机收割水稻，稻草移出农田打捆售卖	10月15日采用人工撒施的方式播种，品种选用阳光2009，亩播种量500克	全生育期施N 15.2千克/亩、P_2O_5 6千克/亩、K_2O 6千克/亩；氮肥采用一基二追方式施用，其他养分为复合肥一次性基施	10月15日利用拖拉机605搭配开沟部件1KJ-35进行开沟，开沟时沟土自抛，抛到沟两侧的厢面上，各1米的距离，覆盖肥料与种子	播后一天施用异丙甲草胺，稀释比例为3∶1 000，一亩施用25克，费用为5元/亩	5月18日一次性机械收获脱粒

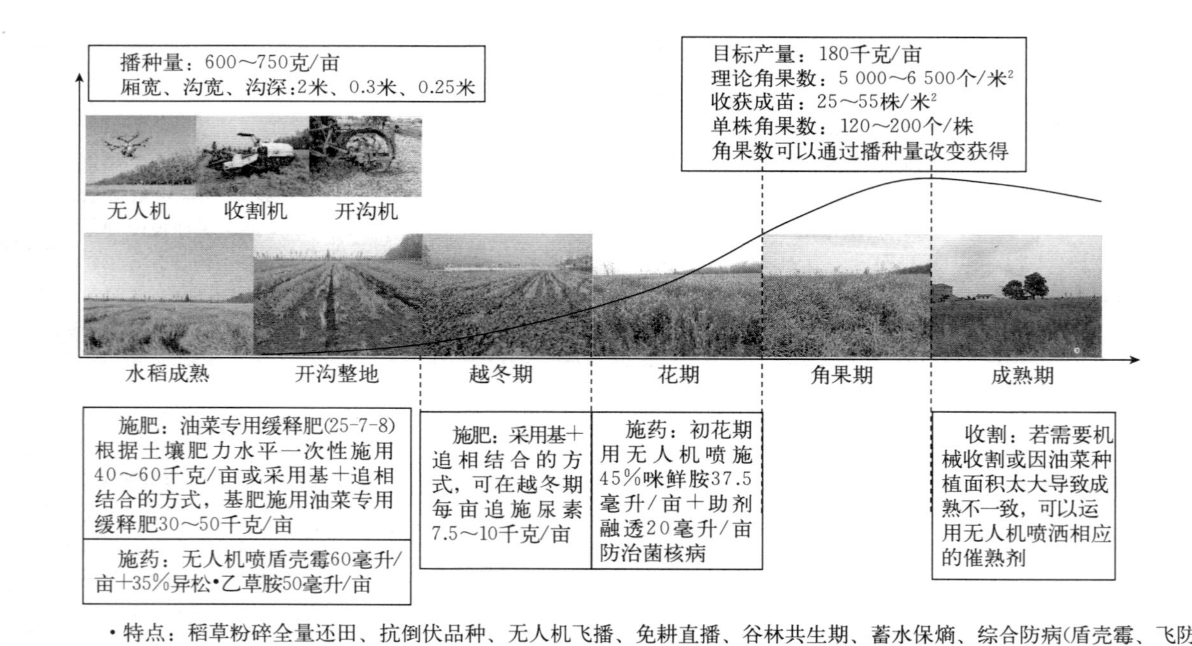

- 特点：稻草粉碎全量还田、抗倒伏品种、无人机飞播、免耕直播、谷林共生期、蓄水保熵、综合防病(盾壳霉、飞防)
- 适用区域：水稻收获较晚、茬口时间紧张区域
- 应用前景：茬口时间紧张区域、充分利用稻草、油菜轻简化大面积种植、冬闲田利用

图3-13　南方三熟区秸秆全量还田油菜飞播绿色高效生产技术模式

全国农业技术推广服务中心联系人：张哲，电话：010－59194506，邮箱：zhangzhe@agri.gov.cn。

（本节撰稿人：鲁剑巍、李小坤、宋海星、任涛、杨龙、王积军、王哲、陈常兵）

十五、南方三熟区晚稻秸秆还田油菜绿色高效生产技术模式

（一）背景及针对的主要问题

油—稻—稻轮作模式是江西中南部油菜生产的主要种植制度之一，主要采用轻简化免耕直播方式，在水稻收割后直接播种和施肥，再用开沟机完成开沟和覆土。轻简化种植模式对保持江西油菜生产持续稳定发挥了很大作用。但是该模式的关键环节是秸秆处理，以往的焚烧处理不仅受天气影响，更重要的是浪费资源并污染环境，而秸秆全量还田易导致油菜出苗障碍。此外，化肥用量较高和配比不科学、农药用量大和使用不规范、油—稻—稻茬口矛盾突出等关键问题也亟待解决。本项技术模式以绿色、高效、优质为核心，组装集成了“切草还田、适期早播、平衡施肥、农药减量、全程机械轻简化操作”等关键技术，实现油菜化肥、农药减量25%以上，油菜籽平均增产10%的目标。

（二）关键技术组成及操作方法

1. 播前准备

（1）大田准备。稻田适时排水非常关键，宜根据晚稻生育进程、土壤保水能力，特别是天气形势变化，在水稻收获前7～12天排水晒田，为晚稻收获和收后的油菜播种创造适宜的墒情。

（2）切草还田。晚稻收获时切草还田是经济有效的秸秆还田方式，在水稻联合收割机上加装切草和喷草装置，收获时同步将稻草切碎并抛撒均匀，留茬高度30厘米左右。

（3）选择优良品种。选用早熟、丰产、优质和多抗双低油菜品种，并在品种登记的种植区域范围之内，如沣油730、阳光131等。

（4）种子处理。播种前用高巧、种卫士等拌种或浸种，防治苗前期主要病虫害。

2. 播种与施肥

（1）适期播种。宜在晚稻收获后趁早播种，力争10月底之前完成，最晚可延迟到11月上旬。

（2）联合机播。采用油菜联合播种机或油麦多功能播种机，一次性完成浅耕、开播种沟、播种、施肥、覆土和开厢沟等多个环节，根据种子大小、土壤

水分和播期早晚调整播种机播量，早播的 300～350 克/亩，迟播的 350～400 克/亩；或采用免耕直播方式，先人工播种、施肥，再用手扶拖拉机配套或大型拖拉机配套的开沟机开沟覆土，播种量比机播方式增加 50～100 克。

（3）施肥。优先采用油菜专用缓释肥（$N-P_2O_5-K_2O$ 为 25－7－8），每亩 35～40 千克；或按每亩普通复合肥（$N-P_2O_5-K_2O$ 为 15－15－15）35～40 千克、尿素 4～5 千克、颗粒硼肥 0.60～0.75 千克混合后施用。

3. 田间管理

（1）清沟。播种后及时清沟，要求厢沟、腰沟和围沟三沟配套，做到排水通畅。一般厢沟宽 30 厘米、深 20～30 厘米，腰沟和围沟宽 40 厘米、深 40～50 厘米。

（2）芽前封草。播种后 3 天内，每亩用 55 毫升 960 克/升精异丙甲草胺乳油，或 80～100 毫升 50%乙草胺乳油兑水 30 千克喷在田面上进行芽前除草。

（3）预防菌核病。盛花期根据温度和湿度，用无人机喷洒咪鲜胺，每亩采用 25%咪鲜胺乳油 40～50 毫升，预防菌核病 1～2 次，间隔 7～8 天。

4. 适时机收

一般在终花后 30 天左右，当全田 80%的角果果皮呈黄绿色，主轴基部角果呈枇杷色，种皮呈黑褐色时，为适宜分段机收期，如果采用联合机收一般推迟 5～7 天进行。

（三）应用效果

2018—2019 年度在江西省万安县开展了农民习惯种植模式与秸秆全量还田下的油菜绿色高效生产技术模式对比试验示范（两种处理的具体操作见表 3－43）。与农民习惯种植模式（晚稻秸秆不还田，化肥纯养分投入量 22.6 千克/亩，农药 330 毫升/亩，人工施肥 3 次、人工施药 3 次）相比，应用本项技术模式（晚稻秸秆全量切碎还田，化肥纯养分投入量 16 千克/亩，农药 140 毫升/亩，人工施肥 0 次、人工施药 1 次、无人机施药 1 次）化肥总养分投入量减少 29.2%，农药投入量减少 57.6%，油菜籽产量达到 122.1 千克/亩，比农民习惯种植模式增产 14.7%。从经济效益来看，农民习惯种植模式亩成本 464.5 元，产值 638.7 元，纯效益 174.2 元；秸秆全量还田下的油菜绿色高效生产技术模式亩成本 300 元，产值 732.3 元，纯效益 432.3 元。应用本项技术模式能够达到减肥减药、绿色高效生产的目标，经济效益增加显著。

（四）集成模式图

见图 3－14。

（五）适用范围

本技术模式由江西省晚稻秸秆全量还田油菜化肥农药减施技术产生，适用

表 3-43 农民习惯种植模式处理与秸秆全量还田下的油菜绿色高效生产技术模式处理的具体操作对比

处理	主要操作					
	晚稻收获	开沟、播种	施肥	除草	防病	收获
绿色高效生产技术模式	10月28日采用联合收割机收获水稻，收割机上加装切草和喷草装置，收获时同步将稻草切碎并抛撒均匀，留茬高度30厘米左右，秸秆粉碎长度10厘米左右	10月31日采用联合播种机一次性完成浅耕、开播种沟、播种、施肥、覆土和开厢沟等多项工序，亩播种量350克	10月31日采用联合播种机一次性施用宜施壮油菜专用缓释肥（25-7-8）40千克/亩	播种后3天以内，每亩用100毫升50%乙草胺乳油兑水喷在田面上进行芽前除草	初花期采用无人机喷施25%咪鲜胺40毫升/亩防治菌核病	4月27日一次性机械收获脱粒
农民习惯模式	10月28日采用联合收割机收获水稻，秸秆移出水田，不还田	10月31日用手扶拖拉机配套开沟机开沟，厢宽1.6米、沟宽30厘米、沟深30厘米。采用人工撒施的方式播种，亩播种量300克	每亩施用N 10.6千克、P_2O_5 6千克、K_2O 6千克、硼砂（含硼11%）1千克；氮肥基施60%，苗肥、薹肥各20%；磷肥和硼砂一次性基施；钾肥基施50%，薹肥50%	播种后3天以内，每亩用100毫升50%乙草胺乳油兑水喷在田面上进行芽前除草；苗期用17.5%精喹·草除灵乳油80毫升/亩进行茎叶除草	初花期采用50%多菌灵可湿性粉剂150克/亩防治菌核病	4月27日一次性机械收获脱粒

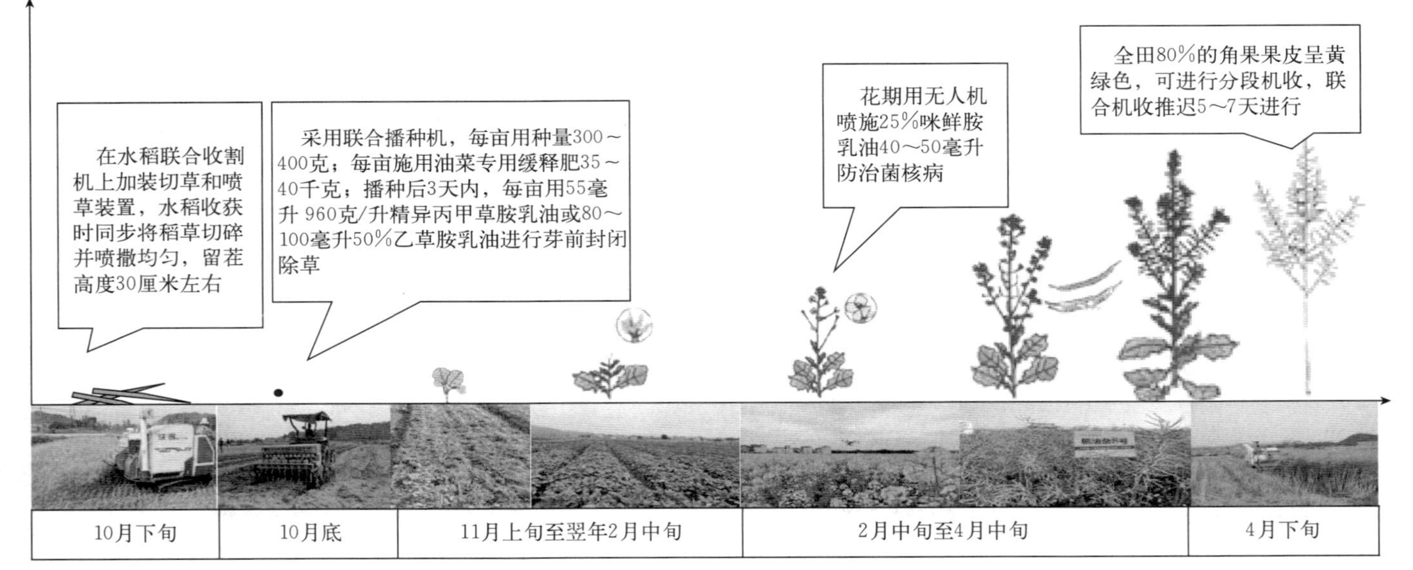

图3-14　南方三熟区晚稻秸秆全量还田油菜绿色高效生产技术模式

于江西省油—稻—稻轮作种植区，可供其他省份的油—稻—稻轮作种植区参考。

（六）研发者联系方式

江西省农业科学院作物研究所联系人：宋来强，邮箱：songlq168@163. com；熊洁，邮箱：ixiongjie@163. com。

全国农业技术推广服务中心联系人：张哲，电话：010－59194506，邮箱：zhangzhe@agri. gov. cn。

（本节撰稿人：宋来强、熊洁、宋海星、王积军、张哲、陈常兵）

十六、内蒙古高寒高纬度区春油菜化肥农药减施增效技术模式

（一）背景及针对的主要问题

针对内蒙古春油菜产业中存在的三大问题：一是品种方面，近 20 多年均为外调品种，远距离调种成本高，常年连续种植单一品种，导致品种抗性衰退，病虫害防治难度加大，被迫提高农药施用量和用药次数，提高了病虫防治成本；二是油菜养分管理方面，氮、磷肥施用过量，钾肥施用不足，致使氮、磷肥料利用率低，不重视中微量营养元素肥料应用，降低了油菜抗性和氮、磷利用率，同时没有适于一次性施用的春油菜专用缓控释配方肥料，常规施肥方式中追肥作业增加了成本；三是植保方面，有害生物发生规律不明、缺乏精准测报，农药用量大、用药次数多、农药防效低，缺乏生物物理等绿色防控技术。基于此，通过开展抗病品种选育、缓控释肥研发和病虫草害绿色防控技术研究，集成了内蒙古春油菜“抗病品种＋缓控释肥＋绿色防控”的化肥农药减施增效综合模式。

（二）关键技术组成及操作方法

1. 抗病高油双低杂交新品种 NM88（蒙审油 2016001 号）

具有自主知识产权的抗病高油双低春油菜杂交种 NM88，含油率 44.62%、油酸含量 67.5%、硫苷含量 17.37 微摩尔/克（饼）、芥酸未检出；抗病性水平高于全国油菜菌核病抗性鉴定对照品种中油 821。含油率、品质指标与抗菌核病水平均属于优质品种。

2. 春油菜专用配方肥及减施增效技术（专利号：201910239149.8）

硫基种肥（$N-P_2O_5-K_2O$ 为 15－15－15）＋缓控释基肥（$N-P_2O_5-K_2O-B-Zn$ 为 28－12－8－2－4）。与常规施用的复合肥比较，提高了钾素，补充了微量元素硼和锌。与当地常规施肥相比，相同目标产量下，一次性亩施专用肥 10 千克硫基种肥＋20 千克缓控释基肥，保证油菜稳产且化肥减施

26.2%、肥料农学利用率提高 8.0 千克/千克、亩节本 20.5 元。

3. 春油菜主要病虫草害绿色防控、农药减施与节本增效技术

（1）种子丸化包衣防治黄曲条跳甲技术。黄曲条跳甲的成虫减退率为 40%～50%，与常规处理相比苗期减少 2～3 次化学农药喷药。

（2）主要杂草药剂防治减施及增效技术。除草剂配方中添加叶面肥、有机硅与助剂，实现了除草剂减施 20%、杂草鲜重防效提高 23.91%的效果。

（3）性诱剂诱杀小菜蛾替代化学农药。每亩放置 35 枚诱芯，在第 3 天和第 7 天的防效与亩用 38 毫升的 4.5%高效氯氰菊酯防效相当，可替代化学药剂。

（4）免疫蛋白诱导抗病增产替代技术。500 克种子拌 15 克、苗期结合除草亩用 50 克、蕾薹期亩用 50 克免疫蛋白，提高春油菜对菌核病的防效 58.3%～79.2%，同时增产 6.6%～7.1%。

（三）应用效果

2020 年呼伦贝尔农垦中标采购：NM88 品种 2 500 千克和春油菜专用缓控释配方肥 180 吨；2020 年呼伦贝尔农垦集团重点推广技术——油菜双减标准化生产（关键技术：抗病高油双低品种 NM88；春油菜专用缓控释配方肥；油菜种子丸化包衣技术；油菜病虫草害绿色防控）6 000 亩核心示范。与农民习惯相比，本技术模式油菜籽含油率提高 4 个百分点，增产 9.7%；农药利用率提高了 20%、农药减施 50%以上；化肥减施 26.2%、化肥农学利用率提高 8 千克/千克；每亩节约成本 30.5～35.5 元，新增纯收益 188.9 元。

（四）适用范围

内蒙古春油菜主产区的呼伦贝尔市和兴安盟阿尔山市两个高寒高纬度地区及周边区域。

（五）研发者联系方式

内蒙古农牧业科学院联系人：李子钦，邮箱：zi.qin.li@hotmail.com。

全国农业技术推广服务中心联系人：张哲，电话：010－59194506，邮箱：zhangzhe@agri.gov.cn。

（本节撰稿人：李子钦、宋培玲、郭晨、王积军、张哲、陈常兵）

十七、青藏高原春油菜化肥农药减施增效技术模式

（一）背景及针对的主要问题

青藏高原春油菜区存在海拔较高、积温偏低的气候限制条件。该区域油菜产量水平较低，存在化肥和农药施用量较高，肥药利用率不高、配比不科学、

施用方式不合理等问题。因此本项技术模式在适应现代油菜产业发展要求前提下，以绿色、高质、高效为核心，组装集成了“轮作倒茬、覆膜穴播、肥药减量增效、全程机械化”等关键技术，分别针对性解决了阻断土传病害渠道、增温保墒抑草、肥药精准施用、减轻工作强度等生产关键问题，为青藏高原春油菜主产区提质增效提供了良好的技术支撑，进一步实现了油菜化肥农药减量25%以上，生产优质油菜籽亩产200千克的目标。

（二）关键技术组成及操作方法

1. 春油菜缓释专用肥高效施用技术

采用春油菜缓释专用肥（N-P_2O_5-K_2O-B-Zn为28-12-8-2-4）一次性施用，与常规施用的尿素、磷酸二铵比较，补充了油菜生长需求量较大的钾素，添加了硼和锌两种油菜生长必需的微量元素；同时与覆膜穴播栽培技术配套应用，起到了“保温增墒”的作用。与当地常规施肥相比，在相同目标产量下，一次性亩施30千克春油菜缓释专用肥，化肥可减量34.5%的同时保证油菜稳产，肥料农学利用率提高7.98千克/千克，每亩节本38.2元。

2. 春油菜主要病虫草害绿色防控、农药减施技术研究

（1）黄板防治跳甲、油菜茎象甲技术。黄板对油菜跳甲、油菜茎象甲的诱杀效果比较好，诱杀量分别占诱捕昆虫总量的26.28%和71.58%，明确了黄板放置的最佳位置和放置时段。

（2）种子包衣技术。用35%毒·氟种衣剂种子包衣防治油菜跳甲、油菜茎象甲药剂效果最佳，油菜出苗后25天防效分别达53.3%、70.8%。

（3）油菜草害黑膜覆盖防治技术。采用覆膜穴播技术后，油菜田间杂草减退优势种群减退74.5%、一般种群减退87.7%。

（4）春油菜菌核病综合防治技术。化学药剂中25%吡唑醚菌酯乳油亩施药量40毫升对油菜菌核病的防效达90%；200克盾壳霉拌种生物防治油菜菌核病防效达59.2%，油菜增产18%。

通过以上春油菜绿色防控技术对病虫草害实现了轻简化、无毒化控制，减少农药用量65.1%，病虫草害防控亩节本18.2元。

（三）应用效果

2018—2019年度在青海省油菜种植大县互助土族自治县开展了农民习惯种植模式与肥药减施增效综合技术模式对比试验示范。与农民习惯种植模式（尿素15.4千克/亩，磷酸二铵21.7千克/亩，硫酸钾2千克/亩；农药315毫升/亩，施药4次）相比，应用本项技术模式（化肥用量减少34.5%，农药用量减少65.1%），油菜籽产量达到161.5千克/亩，增产7.0%。从经济效益来看，农民习惯种植模式亩成本为275.4元（其中化肥成本116.2元、农药成本

159.2元)，总效益664.4元(油菜籽单价按每千克4.4元计)，纯效益389元；油菜绿色高效生产技术模式化肥亩成本219.0元(其中化肥成本78元、农药成本141元)，总效益710.6元(油菜籽单价按每千克4.4元计)，纯效益491.6元。与农户习惯种植模式相比，每亩增产10.5千克，新增纯收益102.6元；同时每亩减少间苗、定苗用工6个工时。应用本项技术模式能够达到节肥、节药、高产、高效的目标，节本增收效果显著。

(四) 适用范围

本技术模式适用于青藏高原海拔2 700米左右的春油菜产区及周边相似生态区域。

(五) 研发者联系方式

青海省农林科学院联系人：李月梅，邮箱：yuemeili2002@hotmail.com。

内蒙古农牧业科学院联系人：李子钦，邮箱：zi.qin.li@hotmail.com。

全国农业技术推广服务中心联系人：张哲，电话：010－59194506，邮箱：zhangzhe@agri.gov.cn。

(本节撰稿人：李月梅、王瑞生、李子钦、王积军、张哲、陈常兵)

十八、西北干旱半干旱区春油菜化肥农药减施增效技术模式

(一) 背景及针对的主要问题

针对甘肃不同生态类型区春油菜生产中存在的问题：一是高效栽培技术集成度低；二是施肥制度不合理，氮磷钾配合施用比例失调，施用肥料品种单一，多采用常规肥料尿素、磷酸二铵和过磷酸钙，作物专用肥和新型肥料施用较少；三是病虫害植保防控技术相对滞后，施用化学农药不合理，大量使用除草剂。针对以上问题，以提高化肥、农药利用率，减少化学肥料、农药投入和保证春油菜产量为目标，建立以“有机替代＋化肥减量、春油菜专用缓控释肥、春油菜高效栽培技术”为核心和以“春油菜复合拌种技术、春油菜增效喷施技术、春油菜免疫诱导抗病增产与绿色防控技术”为核心的甘肃春油菜化肥农药减施综合技术模式。

(二) 关键技术组成及操作方法

1. 甘肃春油菜高效栽培种植技术

甘肃河西灌区采用全黑膜覆盖穴播技术(图3－15)，当每亩施氮量为10～15千克时，较当地传统春油菜露地条播技术增产39.3%～64.1%，氮肥利用率较同等施氮水平下的露地条播技术提高61.96%～87.72%，春油菜亩产可达289千克。

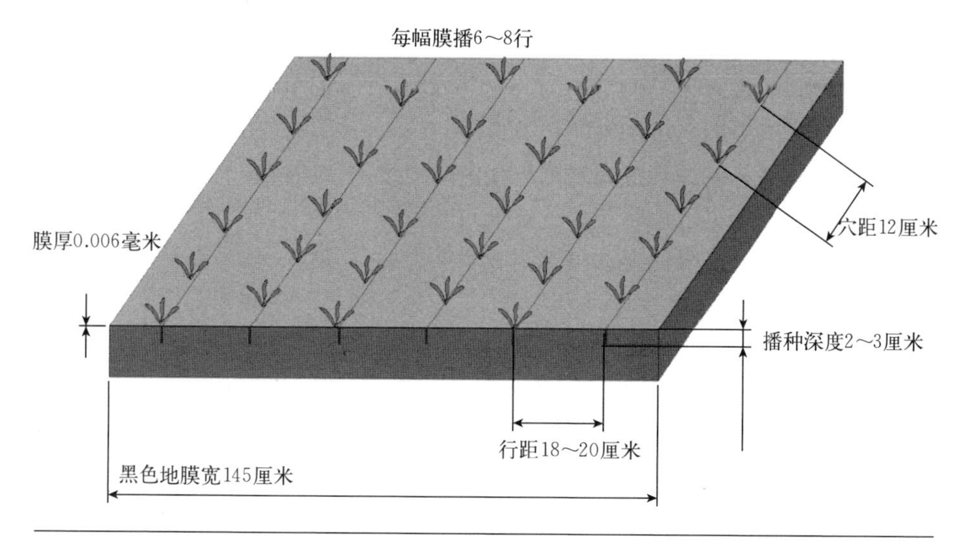

图3-15 甘肃河西灌区采用全黑膜覆盖穴播技术示意图

2. 甘肃春油菜化肥减施增效技术

（1）甘肃春油菜有机肥替代＋化肥减施增效技术。采用有机肥替代部分化学肥料的施肥方式，既可达到化肥减施的目的，又可使农田土壤实现提质增效和可持续发展。增施30％有机肥替代化肥，较传统施肥节省化学氮肥投入47.5％，减少化学磷肥投入50.6％，氮、磷肥农学效率分别提高187.7％、205.6％，氮、磷肥利用率分别提高38.6％、17.5％，春油菜产量可达308千克/亩。

（2）甘肃春油菜专用缓控释肥技术。施用春油菜专用缓控释肥代替常规化学肥料，既能够根据春油菜全生育期养分需求规律进行科学养分供给，又可减少施肥次数，实现肥料一次性基施，大大节约农田生产投入成本。播前一次性施用春油菜专用缓控释肥料，较农户传统施肥增产21.3％；氮、磷肥利用率分别提高33.6％、32.1％；可减少化学氮肥投入25％，减少化学磷肥投入29.4％，同时节约人工投入50％。

3. 甘肃春油菜化学农药减施增效技术

（1）春油菜复合拌种技术。通过多地多次春油菜拌种试验，提出高效低毒低残留化学农药咯菌腈和吡虫啉（或噻虫嗪）复合拌种技术。该技术对春油菜跳甲防效可达66.8％，对春油菜茎象甲防效可达69.2％，对春油菜菌核病防效可达72.9％，对春油菜白粉病防效可达59.3％。该技术可替代生产中传统的土壤大量撒施化学农药防控技术，具有突出的减药省工、经济环保优势。

（2）春油菜农药增效喷施技术。在传统的春油菜病虫草害农药喷施技术基础上，采用添加农药增效剂如杰效利、云展等有机硅制剂，可消除油菜茎叶表面蜡质层引起的药液流失问题，减少55%的化学农药用量，节省1/3的喷药用工，并可显著提高病虫草害防控效果。

（3）春油菜免疫诱导抗病增产与绿色防控技术。通过春油菜叶面增效喷施试验，筛选出阿泰灵（植物免疫诱抗剂）、芸薹素内酯（调节剂）、禾奇正（中药类叶面肥）等，可降低春油菜株高、增加春油菜茎粗、提高春油菜产量，增产率分别为12.42%、8.48%和6.54%，并对春油菜白粉病和菌核病有显著的防控效果，对白粉病的防效在31.35%～51.04%，对菌核病的防效在27.96%～41.73%。该免疫诱导抗病增产技术，可减少1～2次的化学农药使用。综合生物防控和物理防控试验，总结提出春油菜免疫诱导抗病增产与绿色防控技术，采用土壤撒施纯生物农药盾壳霉制剂、球孢白僵菌制剂，悬挂黄板、蓝板，喷施纯生物农药盾壳霉、苏云金杆菌、阿泰灵、枯草芽孢杆菌、禾奇正等防控技术，可有效控制春油菜主要病虫害，100%减免化学农药使用，确保了春油菜的绿色品质。

（三）关键技术操作方法

1. 播前准备

结合整地，撒施盾壳霉制剂150克/亩、球孢白僵菌制剂2千克/亩。

2. 品种选择

选用抗逆性强的优质品种，如甘蓝型春油菜圣光402等。

3. 种子处理

每千克种子采用20毫升水均匀拌湿后，再均匀拌入25克/升咯菌腈悬浮种衣剂10毫升，最后加600克/升吡虫啉悬浮种衣剂20克（或30%噻虫嗪种子处理剂14毫升）进行拌种，晾干后常规播种。

4. 播种与施肥

4月中下旬左右采用全黑膜覆盖穴播。黑膜幅宽140厘米，用河西地区常用的玉米点播器播种，每幅行距18～20厘米，穴距15厘米，每幅播6行。播种深度2～3厘米，每穴3～4粒，播种量400克/亩，保苗密度2.25万株/亩。每亩施有机肥280千克+尿素18千克、磷酸二铵12千克、硫酸钾4千克；或亩施春油菜专用缓控释肥（28-12-8）40千克。所有肥料随播前整地一次性施入，后期不追肥。

5. 田间管理

苗期：悬挂黄板、蓝板（各30～45张/亩），喷施盾壳霉制剂100克/亩（或200克/升氯虫苯甲酰胺悬浮剂5～10毫升/亩）+0.04%芸薹素内酯2毫升/亩＋农药增效剂（杰效利 5 毫升）。

现蕾期：喷施苏云金杆菌（或吡虫啉）＋寡糖链蛋白＋农药增效剂。

初花期：喷施枯草芽孢杆菌（或噻虫嗪）＋中药类叶面肥＋农药增效剂。

6. 适时收获

8 月底至 9 月初待全株 90％角果呈黄色，油菜籽成熟度达 90％时，为适宜联合机械收获期，实现一次性机械收获脱粒。

（四）应用效果

甘肃河西灌区春油菜化肥农药减施综合技术模式：改肥料基施＋现蕾期追肥为播前一次性基施，产量达到 229.4～230.3 千克/亩，与当地传统露地条播相比，增产 39.3％～61.2％。有机无机替减较传统施肥节省化学氮肥 22.0％～47.5％，磷肥 29.4％～50.6％，氮肥利用率提高 62.0％～87.7％。缓控释肥较传统施肥节省化学氮肥 21.9％～30.0％、磷肥 33.8％～57.6％，氮肥利用率提高 33.6％～40.5％；改 3 次施药为 2 次，减药 40％以上，防效提高 15％以上，省工 50％，投入减少 43％。亩增产 161.0 元、肥料节本 34.1 元、农药节本 22.0 元，亩新增纯收益 117.1 元。

（五）集成模式图

见图 3－16。

（六）适用范围

甘肃春油菜化肥农药减施综合技术模式适用于西北干旱半干旱区春油菜种植区。

（七）研发者联系方式

甘肃省农业科学院联系人：王婷，邮箱：wangting@gsagr. ac. an；郑果，邮箱：445623882@qq. com。

内蒙古自治区农牧业科学院联系人：李子钦，邮箱：zi. qin. li@hotmail. com。

全国农业技术推广服务中心联系人：张哲，电话：010－59194506，邮箱：zhangzhe@agri. gov. cn。

（本节撰稿人：王婷、郑果、李子钦、王积军、张哲、陈常兵）

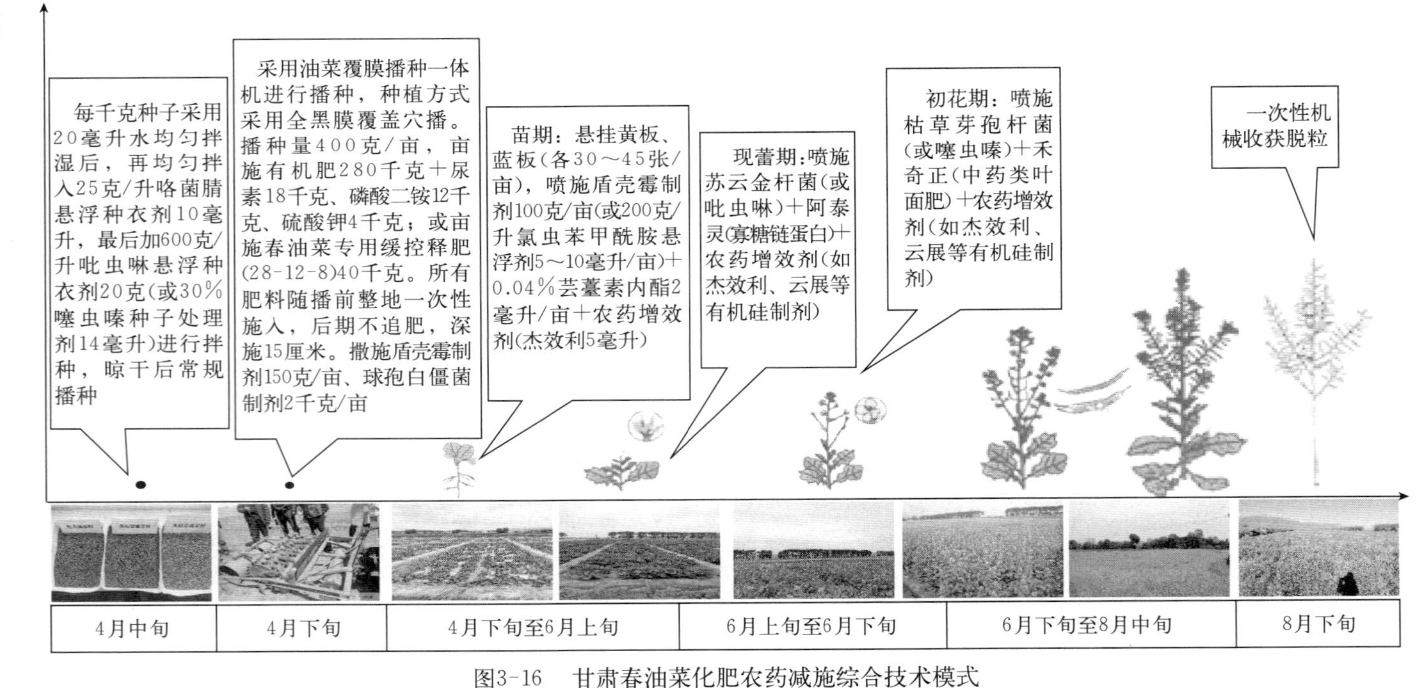

图3-16　甘肃春油菜化肥农药减施综合技术模式

第四章 <<<
油菜核心种植区化肥农药减施增效技术模式验证与效果

一、滇西油烟轮作油菜化肥农药减施增效技术模式验证

（一）背景及针对的主要问题

滇西烟草—油菜轮作种植区具有苗期高温高湿，根肿病高发，后期菌核病发生偏重的特点。该区域油菜产量水平较高，但存在烟/油茬口矛盾突出、氮肥和农药施用过量、配比不合理等问题。本项技术模式，以轻简化、机械化为突破口，组装集成“适时推迟播种、烟墒免耕直播油菜、一次基施专用缓释肥、机械飞防菌核病、绿色防控蚜虫”等关键技术，实现油菜化肥农药减量25%以上，油菜籽亩产200千克的目标。

（二）关键技术组成及操作方法

1. 播前准备

不对烟田进行翻耕，只清除田间杂草及烟株。播前10～15天用草铵膦水剂300毫升（有效成分含量200克/升）兑水30千克进行化学除草，以减少油菜生长期杂草危害。

2. 品种选择

选用抗逆性强的中早熟品种，如云油杂15、绵油系列、德油99、种都油等。

3. 种子处理

播前晒种1～2天。采用新美洲星拌种处理（每750克油菜种子使用新美洲星30毫升原液不加水拌种）晾干，不经晾干直接播种效果较佳。也可不拌种，直接播裸种。

4. 播种与施肥

适时延迟播种。最佳播期为10月底至11月上旬。播期过早土壤湿度大，根肿病发生率偏高；播期过迟土壤湿度降低，出苗受影响，后期随气温降低油菜生长缓慢。播种时顺烟草垄两侧打塘播种，行距60厘米，塘距20～25厘米，每亩3 800～5 500塘，每塘播种5～7粒，用种量100～150克/亩。播种

后细土浅盖。每亩密度 1.6 万～1.8 万株。种子和肥料异位同播。一次性基施油菜专用缓释肥（25-7-8）45～50 千克/亩，后期不再追肥，油菜专用缓释肥每塘约 10 克。

5. 田间管理

播种后 6～8 天油菜出苗，进行间苗和补苗。如严格按每塘 5～7 粒播种，幼苗期可不间苗，以节省劳动投入；在播种后约 25 天，间苗和补苗一次完成。适时灌水，视田间墒情适时补水。一般田块苗期灌水一次即可，抽薹现蕾期视墒情灌水一次。

做好病虫害的预防和防治。出苗后用 2.5%氯氟氰菊酯加 80%敌敌畏 800～1 000 倍液喷雾防治跳甲虫，隔 4～5 天视田间虫情再防治一次。在油菜抽薹现蕾期和初花期对菌核病各做一次预防，每亩施用 38%唑醚·啶酰菌 15 克兑水 15 千克喷施，或 40%菌核净 100 克兑水 45 千克喷施。在生长期，田间可使用黄板、蚜茧蜂、七星瓢虫进行物理和生物防控蚜虫。

6. 适时收获

5 月上旬待全株油菜角果外观 80%以上呈枇杷色，籽粒呈褐色时，选择晴天机械或人工割倒，晾晒 5～7 天，机械自动捡拾脱粒两段式适时抢收。

（三）验证案例

2018—2020 年度在云南省腾冲市开展了连续两年的农民习惯种植模式与油菜化肥农药减施技术模式对比试验示范（两种处理的具体操作见表 4-1）。与农民习惯种植模式（化肥纯养分投入量 27.7 千克/亩，农药 720 毫升/亩，人工施肥 2 次、人工施药 7 次）相比，应用本项技术模式（烟墒免耕直播，化肥纯养分投入量 20 千克/亩，农药 480 毫升/亩，人工施肥1 次、人工施药 2 次、无人机施药 2 次）。在化肥总养分投入量减少 27.8%、农药投入量减少 33.3%的基础上，油菜籽产量达到 258.3 千克/亩，比农民习惯种植模式增产 8.6%。从经济效益来看，油菜化肥农药减施技术模式亩成本 314 元，总效益 1 162.35 元，纯效益 848.35 元；农民习惯种植模式亩成本 488 元，总效益 1 070.24 元，纯效益 582.24 元。应用本项技术模式能够达到节肥节药省工及高产高效的目标，节本增收效果显著。

（四）集成模式图

见图 4-1。

表 4-1　农民习惯种植模式处理与烟草—油菜轮作油菜化肥农药减施技术模式处理的具体操作对比

处理	主要操作					
	前季烟草收获	开沟、播种	施肥	防虫	防病	收获
油菜化肥农药减施技术模式	10月25日前清除田间杂草及烟株，理通边沟，播前10～15天用草铵膦水剂300毫升（有效成分含量200克/升）兑水30千克进行化学除草	10月30日播前晒种并采用新美洲星拌种处理（每750克油菜种子使用新美洲星30毫升原液不加水拌种），顺烟草垄两侧打塘播种，行距60厘米，塘距20～25厘米，每塘播种5～7粒，亩播种量120克	10月30日一次性施油菜专用缓释肥（25-7-8）50千克/亩，种子与肥料异位同播、肥料侧深施5厘米	11月6日采用高效氯氟氰菊酯100毫升+敌敌畏50毫升防治跳甲，2月12日采用黄板、蚜茧蜂、七星瓢虫进行物理和生物防控蚜虫	2月17日和3月25日采用无人机喷施38%唑醚·啶酰菌30毫升/亩防治菌核病	两段式收获，5月3日人工割晒，5月10日机械收获脱粒
农民习惯种植模式	10月25日前清除田间杂草及烟株，理通边沟，播前10～15天用草铵膦水剂300毫升（有效成分含量200克/升）兑水30千克进行化学除草	10月30日顺烟垄两侧打沟播种，行距60厘米，塘距20～25厘米，每塘播种5～7粒，亩播种量120克	全生育期施N 18.2千克/亩、P_2O_5 3.5千克/亩、K_2O 65克/亩、硼砂1千克/亩；氮肥采用一基二追方式施用，其他养分一次性基施	分别于3月25日和4月12日采用70%吡虫啉30克/亩和50%吡蚜酮30克/亩兑水喷雾防治	2月17日和3月25日采用40%菌核净可湿性粉剂50克/亩+72%甲霜锰锌100克/亩防治菌核病	两段式收获，5月3日人工割晒，5月10日机械收获脱粒

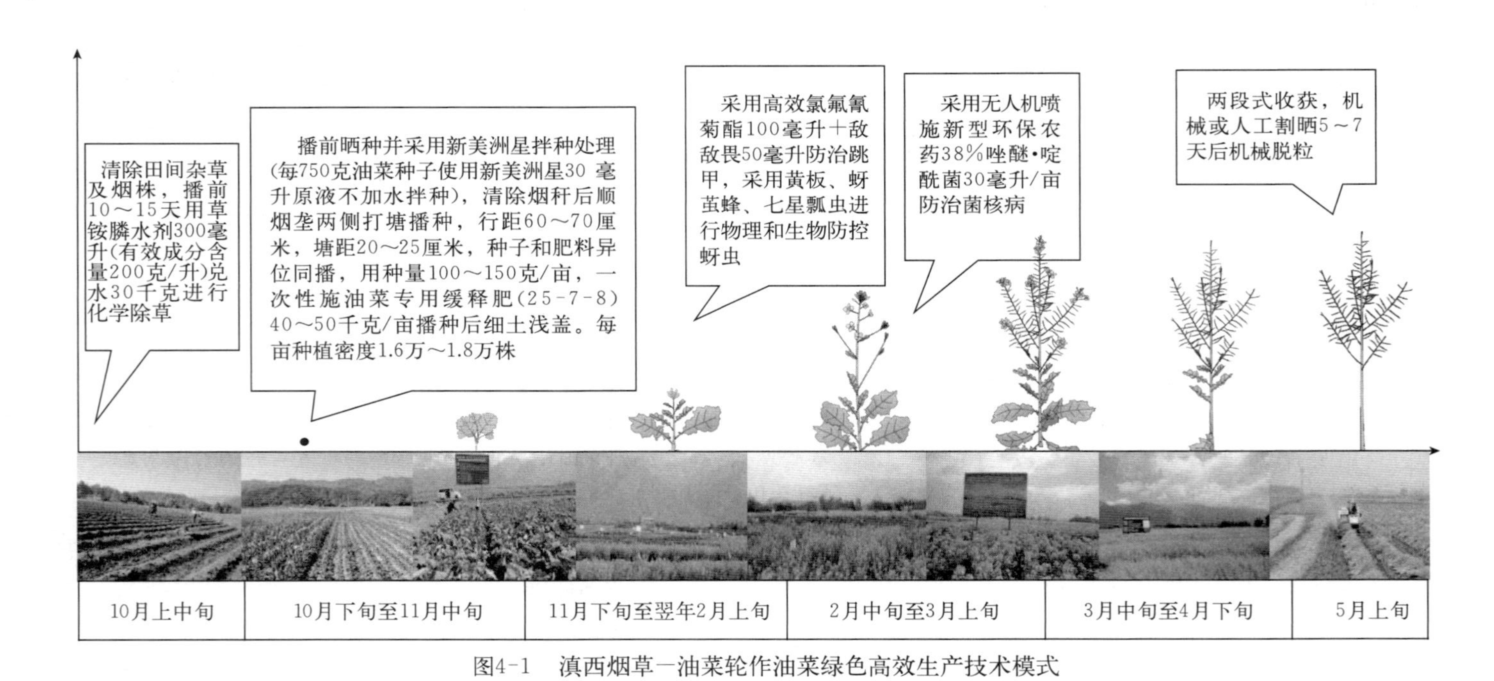

图4-1　滇西烟草—油菜轮作油菜绿色高效生产技术模式

（五）适用范围

本技术模式由云南省腾冲市烟草—油菜轮作油菜化肥农药减施技术产生，适用于云南省烟草—油菜轮作种植区，可供其他省份的烟草—油菜轮作种植区参考。

（六）研发者联系方式

腾冲市农业技术推广所联系人：杨兆春，邮箱：tcnksyzc@163. com。

云南省农业技术推广总站联系人：李竹仙，邮箱：1844018252@qq. com。

华中农业大学联系人：丛日环，电话：027－87288589，邮箱：congrh@mail. hzau. edu. cn。

全国农业技术推广服务中心联系人：张哲，电话：010－59194506，邮箱：zhangzhe@agri. gov. cn。

（本节撰稿人：杨兆春、谢芹芳、李竹仙、鲁剑巍、丛日环、王积军、张哲、陈常兵）

二、贵州喀斯特山区免耕移栽油菜化肥农药减施增效技术模式验证

（一）背景及针对的主要问题

贵州省稻—油轮作种植区油菜产量生产水平高，但是存在化肥和农药施用量较高、配比不科学等问题。本项技术模式在适应现代油菜产业发展要求前提下，以化肥农药减施为核心，组装集成了“稻草覆盖、种子包衣、化控除草、肥药减量、稻茬免耕移栽”等关键技术，实现油菜化肥农药减量20%以上，稻茬免耕移栽优化模式与农户传统翻犁移栽施肥习惯相比油菜籽亩产增产3%左右的目标。

（二）关键技术组成及操作方法

1. 播前准备

前季作物为水稻。稻茬免耕育苗移栽播种期在9月中旬，10月5—10日采用履带收割机收割水稻，稻草全量覆盖还田，稻桩留茬高度20厘米左右，稻草粉碎长度10厘米左右，起到稻草还田抑草、冬季保温保墒的作用。

2. 品种选择

选用耐渍与养分高效、抗（耐）病性好、适宜机械化生产的油菜品种，如庆油3号、黔油28、油研50、德油杂11、德新油49等。

3. 种子处理

根据当地虫害发生情况，采用种子包衣剂（福亮40%溴酰·噻虫嗪种子处理悬浮剂）进行种子包衣处理：每1千克油菜种子使用5毫升悬浮剂兑水

10 毫升进行拌种。

4. 播种与施肥

9 月中旬育苗，用种量 100 克/亩，5 叶期移栽，移栽期在 10 月 10 日左右。移栽密度 5 000 株/亩左右，行距 1.5 厘米、窝距 25 厘米。移栽时一次性基施宜施壮油菜专用缓释肥（25－7－8）40～45 千克/亩或沃夫特缓控释肥（23－11－12）45～50 千克/亩；油菜生长期可根据苗情诊断追肥 1 次（如提苗肥，追施尿素 5～10 千克/亩）。

5. 化控除草

大田移栽前用 90%乙草胺乳油 50～80 毫升/亩兑水 40 千克进行封闭除草；或移栽成活后，于油菜 5～7 叶期，每亩用 10.8%高效氟吡甲禾灵乳油 30 毫升＋30%草除灵悬浮剂 50 毫升兑水 40 千克人工喷施除草。

6. 病虫害防治

初花期，每亩用 45%咪鲜胺 50 毫升兑水人工或植保无人机喷施防治菌核病。

根据蚜虫发生情况防控虫害。油菜蕾薹期至初花期亩用 15～20 张黄板诱杀蚜虫；当蚜虫危害发生较轻时，不进行处理；当蚜虫发生较重时，在油菜初花期至青荚期结合菌核病防治，用 2.5%高效氯氟氰菊酯 75 毫升/亩＋2%磷酸二氢钾人工或植保无人机喷雾防治蚜虫、增加粒重。

7. 适期收获

5 月上旬待全株 90%角果呈黄色，油菜籽成熟度达 90%时，为适宜联合机械收获期，实现一次性机械收获脱粒。

（三）验证案例

2019—2020 年度贵州省遵义市播州区开展了农民习惯种植模式与稻茬油菜免耕移栽技术模式对比试验示范（两种处理的具体操作见表 4－2）。农民习惯种植模式（水稻秸秆不还田，化肥纯养分投入量 31.7 千克/亩，农药 385 克或毫升/亩，人工施肥 3 次、人工施药 3 次）与稻茬油菜免耕移栽技术模式对比试验示范相比，应用本项技术模式（水稻秸秆覆盖还田，化肥纯养分投入量 20.6 千克/亩，农药 130 毫升/亩，人工施肥 2 次、人工施药 2 次）在化肥总养分投入量减少 35.02%、农药投入量减少 66.23%的基础上，油菜籽产量达到 161.12 千克/亩，增产 2.93%。从经济效益来看，稻茬油菜免耕移栽技术模式亩成本 590 元，总效益 966.72 元，纯效益 376.72 元；农民习惯种植模式亩成本 720 元，总效益 939.24 元，纯效益 219.24 元。应用本项技术模式能够达到节肥节药的目标，节本增效明显。

（四）集成模式图

见图 4－2。

表 4-2 农民习惯种植模式处理与油菜稻茬免耕移栽化肥农药减施技术模式处理的具体操作对比

处理	主要操作						
	前季水稻收获	播种、移栽	施肥	化控除草	追肥	防病虫	收获
稻茬免耕育苗移栽技术模式	10月2日采用履带收割机收割水稻，稻草全部覆盖还田用	9月15日播种育苗，亩播种量100克。10月10日采用稻茬免耕移栽，密度5 000株/亩	10月10日采用人工一次性亩施宜施壮油菜专用缓释肥（25-7-8）40千克作底肥	每亩施用10.8%高效氟吡甲禾灵乳油30毫升+30%草除灵悬浮剂50毫升兑水40千克进行除草	11月20日亩追施尿素10千克	播前种子包衣处理 初花期喷施45%咪鲜胺50毫升/亩防治菌核病 油菜蕾薹期至初花期亩用15～20张黄板诱杀蚜虫	5月10日一次性机械收获脱粒
农民习惯种植模式	10月5日收割机收割水稻，稻草还田	9月15日播种，亩播种量100克。10月12日采用翻犁移栽，密度4 000株/亩	10月16日采用人工一次性亩施复合肥（15-15-15）50千克作底肥	每亩施用高效精氟吡甲禾灵乳油（108克/升）60毫升兑水30千克进行除草	尿素分2次追施，越冬期追施10千克/亩，蕾薹期追施10千克/亩	初花期喷施25%多菌灵可湿性粉剂300克/亩防治菌核病 初花期至角果期，采用20%氰戊·马拉松25毫升/亩防治蚜虫	5月10日一次性机械收获脱粒

图4-2 贵州喀斯特山区黄壤稻茬免耕移栽油菜两减优化技术模式

（五）研发者联系方式

贵州省农作物技术推广总站联系人：凡迪，邮箱：410509115@qq. com。

遵义市播州区农业农村局联系人：陈德珍，邮箱：311562733@ qq. com。

全国农业技术推广服务中心联系人：张哲，电话：010－59194506，邮箱：zhangzhe@agri. gov. cn。

华中农业大学联系人：丛日环，电话：027－87288589，邮箱：congrh@mail. hzau. edu. cn。

（本节撰稿人：凡迪、肖华贵、王积军、张哲、丛日环、陈志群、徐志丹、陈德珍）

三、贵州喀斯特山区直播油菜化肥农药减施增效技术模式验证

（一）背景及针对的主要问题

贵州省稻—油轮作种植区油菜生产水平高，但是存在化肥和农药施用量较高、配比不科学等问题。本项技术模式在适应现代油菜产业发展要求前提下，以化肥农药减施为核心，组装集成了“稻草还田、适时播种、以密补迟、种肥同播、肥药减量、浅耕分厢定量直播”等关键技术，实现油菜化肥农药减量20%以上，浅耕分厢定量直播优化模式与农户传统翻犁移栽施肥习惯相比油菜籽亩产增产3%左右的目标。

（二）关键技术组成及操作方法

1. 播前准备

前季作物为水稻。直播播种期在10月10日左右，10月5—10日采用履带收割机收割水稻，稻草全部粉碎还田。

2. 品种选择

选用宜迟播、中早熟、耐密植、抗裂荚、株高适中、茎枝结构平衡的适合机械化生产的油菜品种，如黔油早2号、阳光131、油研早18等。

3. 种子处理

根据当地虫害发生情况，采用种子包衣剂（福亮40%溴酰·噻虫嗪种子处理悬浮剂）进行种子包衣处理，每1千克油菜种子使用5毫升悬浮剂兑水10毫升进行拌种。

4. 播种与施肥

浅耕分厢定量直播优化模式：10月10—15日采用小型旋耕机浅旋翻犁开沟分厢进行播种，厢宽2米左右、沟宽0.3～0.4米、沟深0.3米左右。播种量300～350克/亩，每亩一次性基施宜施壮油菜专用缓释肥（25－7－8）

40～45千克/亩或沃夫特缓控释肥（23－11－12）45～50千克/亩作底肥，种子、肥料同时撒播或肥料随多功能播种机施用，减少生产环节，提高作业效率。11月15日前后根据苗情诊断追肥1次（如提苗肥，追施尿素5～8千克/亩）。

5. 化控除草

根据杂草情况，播前用90％乙草胺乳油进行封闭除草，药剂量50～80毫升/亩兑水40千克，或于5～7叶期，用10.8％高效氟吡甲禾灵乳油30毫升＋30％草除灵悬浮剂50毫升兑水40千克喷施茎叶除草。

6. 防治菌核病

初花期，每亩用45％咪鲜胺50毫升兑水人工或植保无人机喷施防治菌核病。

7. 防治蚜虫

根据蚜虫发生情况防控虫害。油菜蕾薹期至初花期亩用15～20张黄板诱杀蚜虫，当蚜虫危害发生较轻时，则不进行处理；当蚜虫发生较重时，在油菜初花期至青荚期结合菌核病防治，用2.5％高效氯氟氰菊酯75毫升/亩＋2％磷酸二氢钾人工或植保无人机喷雾防治蚜虫、增加粒重。

8. 适期收获

5月上旬待全株90％角果呈黄色，油菜籽成熟度达90％时，为适宜联合机械收获期，实现一次性机械收获脱粒。

（三）验证案例

2019—2020年度贵州省遵义市播州区开展了农民习惯种植模式与浅耕分厢定量直播技术优化模式对比试验示范（两种处理的具体操作见表4－3）。农民习惯种植模式（水稻秸秆不还田，化肥纯养分投入量31.7千克/亩，农药385克/亩，人工施肥3次、人工施药3次）与浅耕分厢定量直播优化模式对比试验示范相比，应用本项技术模式（水稻秸秆全量还田，化肥纯养分投入量21.5千克/亩，农药130毫升/亩，人工施肥2次、人工施药2次）在化肥总养分投入量减少32.3％、农药投入量减少66.2％的基础上，油菜籽产量达到154.07千克/亩，增产3.16％。从经济效益来看，油菜浅耕分厢定量直播技术优化模式亩成本520元，总效益924.42元，纯效益404.42元；农民习惯种植模式亩成本720元，总效益896.28元，纯效益176.28元。应用本项技术模式能够达到节肥节药的目标，节本增收效果显著。

（四）集成模式图

见图4－3。

表 4-3　农民习惯种植模式处理与浅耕分厢定量直播技术模式处理的具体操作对比

处理	主要操作						
	前季水稻收获	开沟、播种	施肥	除草	追肥	防病虫	收获
浅耕分厢定量直播技术模式	10 月 3 日采用履带收割机收割水稻，稻草全部还田	10 月 14 日采用小型旋耕机翻犁、开 2 米厢面，沟宽 30 厘米，10 月 15 日播种，亩播种量 300 克	10 月 15 日采用人工一次性亩施宜施壮油菜专用缓释肥（25-7-8）40 千克作底肥	每亩施用 10.8%高效氟吡甲禾灵乳油 30 毫升+30%草除灵悬浮剂 50 毫升兑水 40 千克进行除草	11 月 25 日施追肥尿素 7.5 千克/亩	播前种子包衣处理 初花期，喷施 45%咪鲜胺 50 毫升/亩防治菌核病 油菜蕾薹期至初花期亩用 15～20 张黄板诱杀蚜虫	5 月 12 日一次性机械收获脱粒
农民习惯种植模式	10 月 5 日收割机收割水稻，稻草还田	9 月 15 日播种，亩播种量 100 克。10 月 12 日采用翻犁移栽，密度 4 000 株/亩	10 月 16 日采用人工一次性亩施复合肥（15-15-15）50 千克作底肥	未采用稻草覆盖，每亩施用高效氟吡甲禾灵乳油 60 毫升兑水 30 千克进行除草	尿素 2 次追施，越冬期追施 10 千克/亩，蕾薹期追施 10 千克/亩	初花期，喷施 25%多菌灵可湿性粉剂 300 克/亩防治菌核病 初花期至角果期，采用氰戊·马拉硫磷氰 25 毫升/亩防治蚜虫	5 月 10 日一次性机械收获脱粒

图4-3　贵州喀斯特山区黄壤稻田浅耕分厢定量直播油菜两减优化模式

（五）研发者联系方式

贵州省农作物技术推广总站联系人：凡迪，邮箱：410509115@qq. com。

遵义市播州区农业农村局联系人：陈德珍，邮箱：311562733@ qq. com。

华中农业大学联系人：丛日环，电话：027－87288589，邮箱：congrh@mail. hzau. edu. cn。

全国农业技术推广服务中心联系人：张哲，电话：010－59194506，邮箱：zhangzhe@agri. gov. cn。

（本节撰稿人：凡迪、肖华贵、王积军、丛日环、张曦、张哲、刘芳、徐志丹、陈德珍）

四、四川盆地紫色土稻油轮作油菜化肥农药减施增效技术模式验证

（一）背景及针对的主要问题

四川盆地紫色土水稻—油菜轮作区油菜生产水平高，但在油菜生产过程中存在田间渍害问题突出、根肿病发生严重、化肥和农药投入量大、施用不合理等问题。本项技术模式在化肥和农药使用量零增长的目标前提下，以绿色、高产、高效为目标，集成组装了以“秸秆还田、开沟排湿、种子包衣、翻耕（机）直播、肥药减量、肥料深施、高效精准防控、分段收获”为核心的油菜绿色高效生产技术模式，实现了油菜化肥及农药减量25%以上，油菜籽亩产187千克/亩，为实现四川省油菜产业绿色、高效发展提供了重要技术保障。

（二）模式的关键技术组成及操作方法

1. 播前准备

水稻收获前5～7天（土壤黏重田块可在水稻收获前7～10天），大田及时开沟排湿，沟宽0.2～0.3米、沟深0.2～0.3米；水稻收获后秸秆粉碎成约10厘米小段后还田。

2. 品种选择

选用高效利用肥料、株型紧凑、抗倒性好、抗裂角的双低油菜中熟品种，如德新油88、华海油1号、蓉油18、川油46等品种。

3. 种子处理

种子清选；采用兼具防治油菜苗期病害和虫害功效的种子包衣剂进行种子包衣（如四川省农业科学院植物保护研究所研制的GZ1号），风干备用。

4. 播种与施肥

直播油菜适宜播期为9月下旬至10月上旬，根肿病高发区域可推迟至

10月中旬播种。播种前一周，一次性撒施氰氨化钙10千克/亩对土壤进行消毒并调节土壤酸碱度，撒施有机肥60～70千克/亩后旋耕土壤；人工条播按行距25厘米、沟深2～5厘米开沟，将种子拌少量细沙条播后覆土，亩用种量250～300克；在播种行中间开施肥沟深8～10厘米，一次性条施油菜专用配方肥（25-7-8）30千克/亩并覆土。

5. 除草和化控

播种后一天内喷施96%精异丙甲草胺或50%乙草胺30毫升/亩进行封闭除草。视杂草情况，可在3～6叶期采用24%烯草酮和50%草除灵复配30毫升/亩进行二次除草。视虫害情况，可在苗期采用80%烯啶·吡蚜酮7.5克/亩和5%阿维菌素10毫升/亩复配防治菜青虫。油菜3叶1心至封行前，施用盾壳霉40亿个/克可湿性粉剂60克/亩预防菌核病发生。油菜主茎开花株率95%以上时采用植保无人机复混喷施45%咪鲜胺50毫升/亩和新美洲星60毫升/亩兑水30千克/亩防治菌核病并增强作物抗逆性。角果期人工喷施10%苯醚甲环唑水分散粒剂60克/亩防治黑斑病、炭疽病、霜霉病、黑胫病等。

6. 适期收获

当整株75%～80%以上角果呈枇杷黄、籽粒转为红褐色时，选用油菜割晒机于早晚或阴天割晒，田间晾晒4～5天后采用捡拾机捡拾脱粒；秸秆全量粉碎还田。

（三）验证案例

2019—2020年度在四川省绵阳市安州区开展了农民习惯种植模式与油菜绿色高效生产技术模式对比试验示范（两种处理的具体操作见表4-4）。与农民习惯种植模式（水稻秸秆不还田，总养分投入量24.0千克/亩，农药410毫升/亩，人工施肥1次、人工施药5次）相比，应用本项技术模式（水稻秸秆覆盖还田，总养分投入量18.0千克/亩，农药187.5毫升/亩，人工施肥1次、人工施药5次、无人机施药1次）在总养分投入量减少25.06%、农药投入量减少54.27%的基础上，油菜籽产量较农民习惯种植模式增产13.1%；从经济效益来看，农民习惯种植模式亩成本904元，总产值994元，纯效益90元；绿色高效生产技术模式亩成本901元，总产值1 124元，纯效益223元。应用本项技术模式能够达到节肥节药高产高效的目标，增产增效效果显著。

（四）集成模式图

见图4-4。

表 4-4　农民习惯种植模式处理与绿色高效生产技术模式处理的具体操作对比

处理	主要操作					
	前季水稻收获	开沟	施肥、播种	除草	防虫防病	收获
绿色高效生产技术模式	9月25日采用履带收割机收割水稻，稻草全量覆盖还田	9月15日开围沟，9月25日整理围沟	9月28日种子包衣；10月1日撒施氰氨化钙10千克/亩进行土壤消毒，撒施有机肥68千克/亩后机械旋耕；10月7日采用人工条施后覆土的方式基施宜施壮油菜专用配方肥（N-P_2O_5-K_2O为25-7-8）30千克/亩；10月8日采用人工条播，亩播种量250克。全生育期N、P_2O_5和K_2O养分投入量分别为11.26千克/亩、3.14千克/亩和3.58千克/亩	采用配置高效喷头的机动式喷雾器，10月8日采用96%精异丙甲草胺30毫升/亩封闭除草，12月4日用24%烯草酮和50%草除灵复配30毫升/亩除草	11月20日用80%烯啶·吡蚜酮7.5克/亩和5%阿维菌素10毫升/亩复配防治菜青虫、蚜虫，12月20日施用盾壳霉40亿个/克可湿性粉剂60克/亩。2月24日用无人机复喷45%咪鲜胺50毫升/亩防治菌核病、新美洲星60毫升/亩增强作物抗逆性。4月10日人工喷施10%苯醚甲环唑水分散粒剂60克/亩防治黑斑病、炭疽病、霜霉病、黑胫病等	5月3日机械割晒、5月10日机械脱粒，秸秆粉碎还田
农民习惯种植模式	9月25日收割机收割水稻，稻桩留茬高度20厘米左右，稻草用水稻秸秆打捆机移出农田		10月7日采用人工撒施的方式一次性基施当地复合肥（N-P_2O_5-K_2O为25-7-8）60千克/亩，10月8日使用人工撬窝直播，亩播种量250克。全生育期N、P_2O_5和K_2O养分投入量分别为15千克/亩、4.2千克/亩和4.8千克/亩	采用常规人工背负式喷雾器，11月6日用50%草除灵40毫升/亩除草，12月4日用50%草除灵40毫升/亩除草	11月20日采用40%毒死蜱40毫升/亩等防地下害虫，2月24日人工喷施40%菌核净150克/亩防治菌核病。4月10日使用40%百菌清悬浮剂120毫升/亩防治黑斑病、炭疽病、霜霉病、黑胫病等。同时喷施10%吡虫啉20克/亩防止蚜虫	5月3日人工砍割，5月10日机械脱粒，秸秆粉碎还田

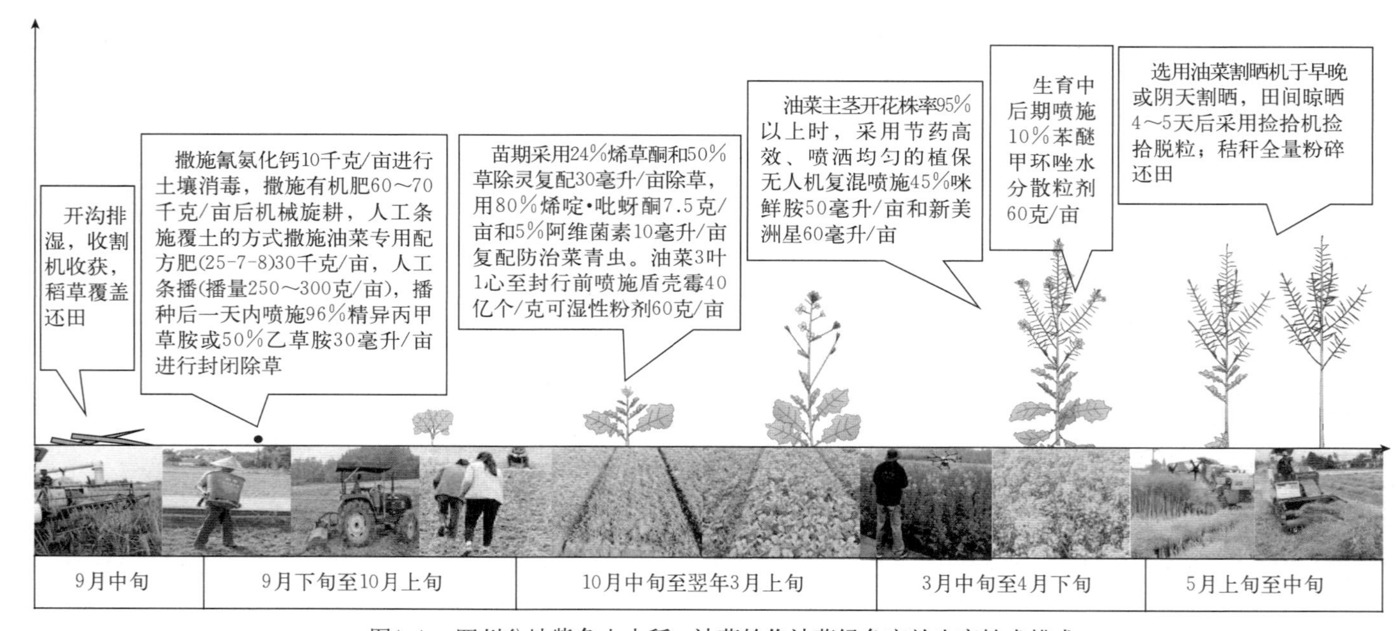

图4-4　四川盆地紫色土水稻—油菜轮作油菜绿色高效生产技术模式

（五）适用范围

本技术模式由四川省绵阳市安州区水稻—油菜轮作油菜化肥农药减施技术产生，适用于四川盆地紫色土水稻—油菜轮作种植区，可供其他省份水稻—油菜轮作种植相似生态区参考。

（六）研发者联系方式

绵阳市安州区农业农村局联系人：钟思成，电话：13708125293。

四川省农业科学院土壤肥料研究所联系人：刘定辉，邮箱：dinghuiliu@163. com。

华中农业大学联系人：丛日环，电话：027－87288589，邮箱：congrh@mail. hzau. edu. cn。

全国农业技术推广服务中心联系人：张哲，电话：010－59194506，邮箱：zhangzhe@agri. gov. cn。

（本节撰稿人：钟思成、薛晓斌、刘定辉、刘勇、王积军、丛日环、张哲、陈常兵）

五、重庆紫色土稻油轮作油菜化肥农药减施增效技术模式验证

（一）模式的背景及主要针对问题

重庆市南川区紫色土稻油轮作种植区油菜存在化肥和农药施用量较高、配比不科学等问题。本项技术模式在适应现代油菜产业发展要求前提下，以绿色、高产、高效为核心，组装集成了“稻草还田、免耕直播、肥药减量、机械收获”等关键技术，实现油菜化肥农药减量25%以上，油菜籽亩产180千克的目标。

（二）模式的关键技术组成及操作方法

1. 播前准备

前季作物为中稻。9月5—10日采用收割机收割水稻，稻草全量覆盖还田，稻桩留茬高度25厘米左右。稻田按6～7米开厢，四周开好边沟，做到排水畅通，防止湿害。

2. 品种选择

选用优质高产、含油率高、抗裂荚、株高适中、茎枝结构平衡的适合机械化生产的双低油菜品种，如庆油1号、庆油3号、渝油28等，推荐使用包衣种子。

3. 播种与施肥

9月20日至10月5日采用油菜精量播种机播种或人工撬窝点播。采用油

菜精量播种机一次性完成旋耕、灭茬、播种、开沟（25～30 厘米）、起垄、施肥、覆土、镇压等多项工序，播种量 250～400 克/亩，油菜专用缓释肥（25－7－8）40～45 千克/亩。人工撬窝点播按宽窄行栽培，宽行 50～60 厘米、窄行 30 厘米、退窝 20～30 厘米，每窝 5～8 粒种子，用种量 200～400 克/亩，基肥亩施油菜专用缓释肥（25－7－8）40～45 千克，油菜 3～4 叶时亩施尿素 4 千克提苗。

4. 除草化控

根据田间杂草发生情况，油菜 7～8 叶时采用选择性除草剂（如 36%精喹·草除灵）50 毫升/亩喷雾防除杂草。在初花期采用无人机喷施药剂防治菌核病：6%寡糖链蛋白（20 克/亩）＋38%唑醚·啶酰菌（40 克/亩），或 45%咪鲜胺 37.5 毫升/亩＋助剂融透 20 毫升/亩，或新美洲星 100 毫升/亩。

5. 适期收获

4 月底至 5 月初油菜全株 2/3 角果呈黄绿色或淡黄色时，采用人工或机械方式将油菜割倒，晾晒 5～10 天，选择晴天进行机械脱粒。

（三）验证案例

2018—2019 年度在重庆市南川区开展了农民习惯种植模式与油菜化肥农药减施技术模式对比试验示范（两种处理的具体操作见表 4－5）。与农民习惯种植模式（化肥纯养分投入量 25.9 千克/亩，农药 450 毫升/亩，人工施肥 2 次、人工施药 4 次、无人机施药 1 次）相比，应用本项技术模式（化肥纯养分投入量 17.8 千克/亩，农药 200 毫升/亩，人工施肥 2 次、人工施药 1 次、无人机施药 2 次）在化肥总养分投入量减少 31.1%、农药投入量减少 55.6%的基础上，油菜籽产量达到 180.7 千克/亩，比农民习惯种植模式增产 18.0%。从经济效益来看，油菜化肥农药减施技术模式（采用人工播种）亩成本 713 元，总效益 1 084 元，纯效益 371 元；农民习惯种植模式亩成本 800 元，总效益 919 元，纯效益 119 元。应用本项技术模式能够达到节肥节药高产高效的目标，节本增收效果较好。

（四）集成模式图

见图 4－5。

（五）适用范围

本技术模式由重庆市南川区稻油轮作种植区油菜化肥农药减施技术产生，适用于重庆市及周边相似稻油轮作种植区。

（六）研发者联系方式

重庆市农业技术推广总站联系人：刘丽，电话：023－89133433，邮箱：332188511@qq.com。

表 4-5 农民习惯种植模式处理与油菜化肥农药减施技术模式处理的具体操作对比

处理	主要操作					
	前季水稻收获	开沟、播种	施肥	除草	病虫防治	收获
化肥农药减施技术模式	9月6日采用履带收割机收割水稻，稻桩留茬高度25厘米左右	9月24日采用宽窄行撬窝点播，宽行50厘米、窄行30厘米、退窝30厘米，每窝5～8粒种子，亩用种量300克	宜施壮油菜专用缓释肥（25-7-8）40千克/亩；11月8日追施苗（肥尿素4千克/亩）	12月1日亩用120克/升烯草酮30毫升，36%精喹·草除灵50毫升无人机喷施除草	种子包衣防治地下害虫；甲氰菊酯60毫升/亩人工喷施防治青虫；初花期用6%寡糖链蛋白（20克/亩）+38%唑醚·啶酰菌（40克/亩）无人机喷施1次防治菌核病	5月1日人工收割，5月9日机械脱粒
农民习惯种植模式	9月6日采用履带收割机收割水稻，稻桩留茬高度25厘米左右	9月24日采用宽窄行撬窝点播，宽行50厘米、窄行30厘米、退窝30厘米，每窝5～8粒种子，亩用种量300克	全生育期每亩施N 13.6千克/亩、P_2O_5 5.6千克/亩、K_2O 6.7千克/亩。氮肥采用60%基施+40%追施的方式施用，其他养分一次性基施	12月1日亩用120克/升烯草酮30毫升，36%精喹·草除灵50毫升无人机喷施除草	甲氰菊酯60毫升/亩喷施防治青虫；初花期用吡虫啉10克/亩防治蚜虫；初花期和盛花期用25%多菌灵可湿性粉剂150克/亩（2次）防治菌核病	5月1日人工收割，5月7日人工脱粒

图4-5　重庆市南川区紫色土稻油轮作油菜化肥农药减施技术模式

重庆市南川区农业技术推广中心联系人：宋敏，电话：023－71421040，邮箱：490663253@qq.com。

华中农业大学联系人：丛日环，电话：027－87288589，邮箱：congrh@mail.hzau.edu.cn。

全国农业技术推广服务中心联系人：张哲，电话：010－59194506，邮箱：zhangzhe@agri.gov.cn。

（本节撰稿人：宋敏、刘丽、周志淑、李楠楠、刘伟、王积军、丛日环、张哲、梁颖）

六、渝东南油玉轮作油菜化肥农药减施增效技术模式验证

（一）背景及针对的主要问题

为了扩大油菜种植面积，提高菜油自给率，针对渝东南秀山土家族苗族自治县玉米—油菜轮作种植区油菜菌核病发生较重、化肥和农药施用量较高、配比不科学等问题，开展了技术研究，形成了玉米—油菜轮作油菜绿色高效生产技术模式。本技术模式在适应现代油菜产业发展要求前提下，以绿色、高产、高效为核心，组装集成了“秸秆还田、适期播种、机械作业、种肥同播、肥药减量、绿色防控”等关键技术，实现油菜化肥农药减量20%以上，油菜籽亩产180千克的目标。

（二）关键技术组成及操作方法

1. 播前准备

前季作物为玉米。9月上旬采取拖拉机旋耕整地，实行“一犁一旋”的作业方式，玉米秸秆还田。

2. 品种选择

选用耐密植、抗裂荚、株高适中、出油率高、茎枝结构平衡的适合机械化生产的庆油3号、庆油8号包衣种子。

3. 播种施肥

9月下旬至10月上旬采用油菜精量播种机浅旋播种；采用精量播种机一次性完成旋耕、灭茬、播种、开沟（25～30厘米）、起垄、施肥、覆土、镇压等多项工序，播量300～350克/亩，油菜专用缓释肥（25－7－8）40～45千克/亩，种子与肥料异位同播、肥料侧深施5厘米左右。

4. 除草化控

采用油菜精量播种机可一次性实现封闭除草。初花期采用无人机喷施45%咪鲜胺37.5毫升/亩＋助剂融透20毫升/亩防治菌核病。或在蕾薹期采用

无人机喷施新美洲星100毫升/亩，始花期采用无人机喷施新美洲星100毫升/亩+25%咪鲜胺乳油140毫升/亩。

5. 适期收获

5月中旬待全株90%角果呈黄色，油菜籽成熟度达90%时，实现一次性机械收获脱粒。

（三）验证案例

2018—2019年度在重庆市秀山土家族苗族自治县开展农民习惯种植模式与油菜绿色高效生产技术模式对比试验示范（具体模式操作见表4-6）。与农民习惯种植模式（化肥纯养分投入量30千克/亩，农药272毫升/亩，人工施肥1次、人工施药4次）相比，应用本项技术模式（化肥纯养分投入量16千克/亩，农药190毫升/亩，人工施肥0次、人工施药0次、无人机施药2次）在化肥总养分投入量减少46.67%、农药投入量减少30.15%的基础上，油菜籽产量达到188.4千克/亩，比农民习惯种植模式增产4.6%。从经济效益来看，油菜化肥农药减施技术模式亩成本506元，总效益1 130.4元，纯效益624.4元；农民习惯种植模式亩成本759元，总效益1 080.72元，纯效益321.72元。应用本项技术模式能够达到节肥节药高产高效的目标，节本增收效果显著。

（四）集成模式图

见图4-6。

（五）适用范围

本技术模式由重庆市渝东南秀山土家族苗族自治县玉米—油菜轮作油菜绿色高效生产技术产生，适用于重庆市玉米—油菜轮作种植区，可供其他相同气候条件下的玉米—油菜轮作种植区参考。

（六）研发者联系方式

秀山土家族苗族自治县农业综合服务中心联系人：许洪富，电话：023-7665336，邮箱：1072403638@qq.com。

重庆市农业技术推广总站联系人：刘丽，电话：023-89133433，邮箱：332188511@qq.com。

华中农业大学联系人：丛日环，电话：027-87288589，邮箱：congrh@mail.hzau.edu.cn。

全国农业技术推广服务中心联系人：张哲，电话：010-59194506，邮箱：zhangzhe@agri.gov.cn。

（本节撰稿人：许洪富、刘丽、刘伟、王积军、丛日环、张哲、刘芳）

表 4-6 农民习惯种植模式处理与油菜绿色高效生产技术模式处理的具体操作对比

处理	主要操作					
	整地	播种	施肥	除草	防控	收获
油菜绿色高效生产技术模式	9月上旬采取拖拉机旋耕整地，实行“一犁一旋”的作业方式，玉米秸秆还田	9月下旬至10月上旬采用精量直播机一次性完成旋耕、灭茬、播种、开沟、起垄、施肥、覆土、镇压、封闭除草等工序，亩播种量300克	9月下旬至10月上旬播种时亩施宜施壮40%油菜专用缓释肥（25-7-8）40千克，种子与肥料异位同播	9月下旬至10月上旬采用精量直播机一次性亩施35%异松·乙草胺50毫升	在蕾薹期采用无人机亩喷施新美洲星100毫升；始花期采用无人机喷施新美洲星100毫升+25%咪鲜胺乳油140毫升	5月中旬一次性机械收获脱粒
农民习惯种植模式	9月上旬采取拖拉机旋耕整地，实行“一犁一旋”的作业方式，玉米秸秆还田	9月上旬育苗，10月中旬移栽，亩用种量100克	10月下旬至11月上旬亩施30%有机-无机复混肥料100千克（硫酸钾型，15-8-7，有机质≥15%，中微量元素≥2%）	12月上旬亩用120克/升烯草酮30毫升+36%精喹·草除灵50毫升喷施除草	苗期亩用甲氰菊酯60毫升喷施防治青虫；蕾薹期和初花期亩用40%菌核净60克+70%吡虫啉6克+98%磷酸二氢钾晶体75克+国光硼45克喷施	5月中旬两段式收获脱粒

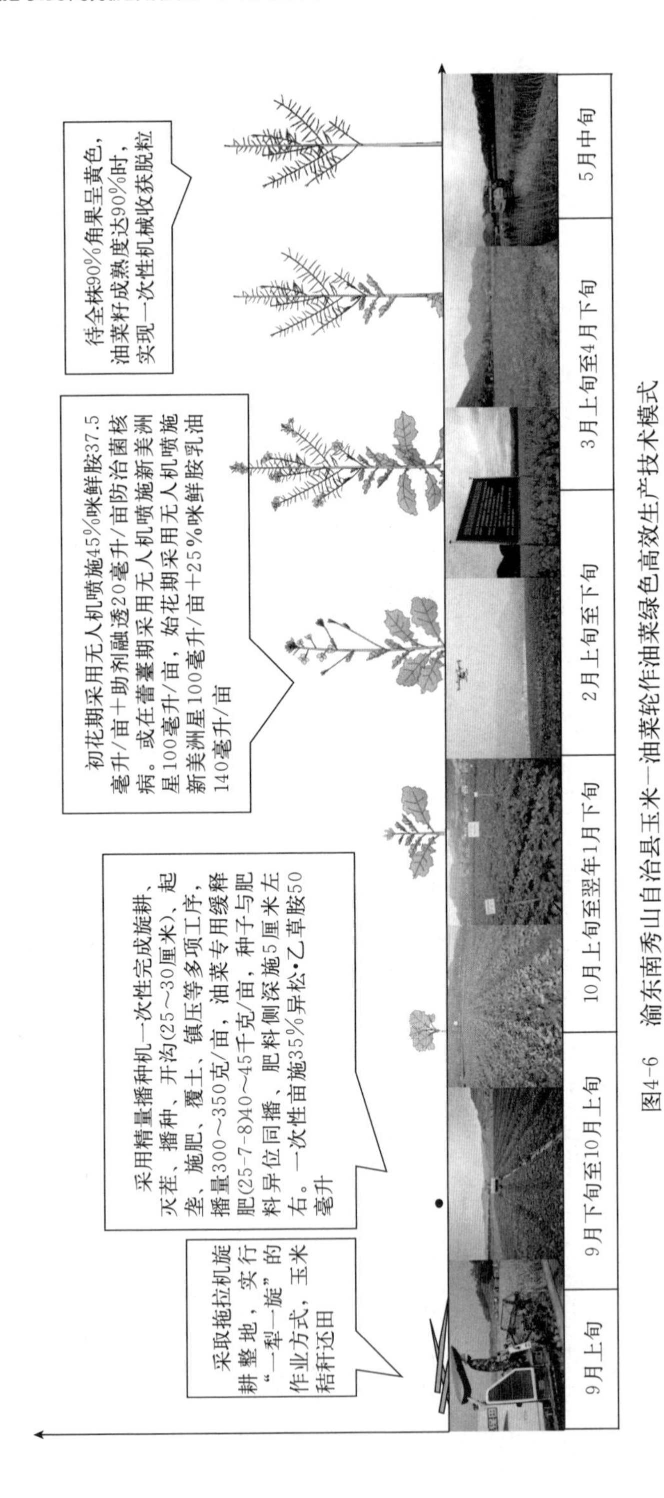

图4-6　渝东南秀山自治县玉米—油菜轮作油菜绿色高效生产技术模式

七、鄂东南双季稻—油菜轮作油菜化肥农药减施增效技术模式验证

（一）背景及针对的主要问题

鄂东南双季稻—油菜轮作种植区具有前季水稻腾茬时间晚、油菜种植时间紧的特点。该区域油菜产量水平较高，但是存在化肥和农药施用量较高、配比不科学等问题。本项技术模式在适应现代油菜产业发展要求前提下，以绿色、高产、高效为核心，组装集成了“稻草还田、适时播种、以密补迟、种肥同播、肥药减量、全程机械轻简化种植”等关键技术，实现油菜化肥农药减量20%以上，油菜籽亩产200千克的目标。

（二）关键技术组成及操作方法

1. 播前准备

前季作物为晚稻。10月5—10日采用履带收割机收割水稻，稻草全量覆盖还田，稻桩留茬高度30厘米左右，稻草粉碎长度10厘米左右，起到稻草还田抑草、冬季保温保墒的作用。

2. 品种选择

选用宜迟播、耐密植、抗裂荚、株高适中、茎枝结构平衡的适合机械化生产的油菜品种，如阳光2009、华早291等。

3. 种子处理

根据当地蚜虫发生情况预测判断。当蚜虫危害为中等偏重年份，使用70%吡虫啉进行种子包衣处理（每300克油菜种子使用10毫升70%吡虫啉种衣剂）；当蚜虫危害为较轻年份，则不进行种子包衣处理。

4. 播种与施肥

10月10—15日采用油菜精量播种机浅旋播种或免耕直播机械开沟进行播种。

采用精量播种机一次性完成旋耕、灭茬、播种、开沟（25～30厘米）、起垄、施肥、覆土、镇压等多项工序，播量350～400克/亩，油菜专用缓释肥（25-7-8）45～50千克/亩，种子与肥料异位同播、肥料侧深施5厘米。

免耕直播机械开沟：可采用机械播种或人工撒播的方式，播量350～400克/亩，每亩一次性基施油菜专用缓释肥（25-7-8）45～50千克。种子、肥料同时撒播或肥料随多功能播种机播种时一并施用，减少生产环节，提高作业效率。播种后采用35圆盘开沟机开深沟，搭配80马力拖拉机动力，厢宽

1.8～2.0 米、沟宽 25～30 厘米、沟深 25～30 厘米，对厢头不通畅沟系进行人工疏通。

5. 除草化控

每亩施用 10^6 个/毫升盾壳霉孢子液 60 升＋35％异松・乙草胺 50 毫升（或者高效精氟吡甲禾灵乳油 30 毫升）兑水 30 千克左右进行封闭除草并防治菌核病。采用油菜精量播种机可一次性实现封闭除草；采用免耕直播机械开沟播种，则在播后 2～3 天进行封闭除草。2 月下旬至 3 月上旬在初花期采用无人机喷施 45％咪鲜胺 37.5 毫升/亩＋助剂融透 20 毫升/亩防治菌核病。

6. 适期收获

5 月中旬待全株 90％角果呈黄色，油菜籽成熟度达 90％时，为适宜联合机械收获期，实现一次性机械收获脱粒。

（三）验证案例

2017—2018 年度在湖北省武穴市开展了农民习惯种植模式与油菜绿色高效生产技术模式对比试验示范（两种处理的具体操作见表 4－7）。与农民习惯种植模式（水稻秸秆不还田，化肥纯养分投入量 28 千克/亩，农药 390 毫升/亩，人工施肥 3 次、人工施药 3 次）相比，应用本项技术模式（水稻秸秆覆盖还田，化肥纯养分投入量 18 千克/亩，农药 107.5 毫升/亩，人工施肥 0 次、人工施药 0 次、无人机施药 1 次）在化肥总养分投入量减少 35.7％、农药投入量减少 72.4％的基础上，油菜籽产量达到 266.8 千克/亩，比农民习惯种植模式增产 17.79％。从经济效益来看，油菜绿色高效生产技术模式亩成本 305 元，总效益 1 067.2 元，纯效益 762.2 元；农民习惯种植模式亩成本 412 元，总效益 906 元，纯效益 494 元。应用本项技术模式能够达到节肥节药高产高效的目标，节本增收效果显著。

（四）集成模式图

见图 4－7。

（五）适用范围

本技术模式由湖北省武穴市双季稻—油菜轮作油菜化肥农药减施技术产生，适用于湖北省双季稻—油菜轮作种植区，可供其他省份的双季稻—油菜轮作种植区参考。

（六）研发者联系方式

武穴市农业农村局联系人：梅少华，邮箱：wxnyjlyK@163.com。

华中农业大学联系人：丛日环，电话：027－87288589，邮箱：congrh@mail.hzau.edu.cn。

表 4-7 农民习惯种植模式处理与油菜绿色高效生产技术模式处理的具体操作对比

处理	主要操作					
	前季水稻收获	开沟、播种	施肥	除草	防病	收获
油菜绿色高效生产技术模式	10月5日采用履带收割机收割水稻，稻草全量覆盖还田，稻桩留茬高度30厘米左右，稻草粉碎长度10厘米左右	10月13日采用精量直播机一次性完成旋耕、灭茬、播种、开沟、起垄、施肥、覆土、镇压、封闭除草等多项工序，亩播种量350克	10月13日采用精量直播机一次性亩施宜施壮油菜专用缓释肥（25-7-8）45千克，种子与肥料异位同播、肥料侧深施5厘米	10月13日采用精量直播机一次性亩施10^6个/毫升的盾壳霉孢子液60升+35%异松·乙草胺50毫升	初花期采用无人机喷施45%咪鲜胺37.5毫升/亩+助剂融透20毫升/亩防治菌核病	5月16日一次性机械收获脱粒
农民习惯种植模式	10月5日收割机收割水稻，稻草移出农田	10月13日用1KJ-35型开沟机开沟，搭配80马力拖拉机，厢宽1.8米、沟宽30厘米、沟深30厘米。采用人工撒施的方式播种，亩播种量280克	全生育期施N 16千克/亩、P_2O_5 6千克/亩、K_2O 6千克/亩、硼砂1千克/亩；氮肥采用一基二追方式施用，其他养分一次性基施	播后3天用35%异松·乙草胺50毫升/亩进行土壤封闭除草；冬前采用24%烯草酮40毫升/亩处理茎叶	初花期采用25%多菌灵可湿性粉剂300克/亩防治菌核病	5月16日一次性机械收获脱粒

图4-7 鄂东南双季稻—油菜轮作油菜绿色高效生产技术模式

全国农业技术推广服务中心联系人：张哲，电话：010－59194506，邮箱：zhangzhe@agri.gov.cn。

（本节撰稿人：梅少华、夏起昕、鲁剑巍、丛日环、王积军、张哲、陈常兵、刘芳）

八、湘南机械起垄降渍栽培油菜化肥农药减施增效技术模式验证

（一）背景及针对的主要问题

南方三熟区具有晚稻腾茬时间晚、油菜移栽时间紧的特点。本区域油菜产量水平较高，存在化肥和农药施用量较高、配比不科学等问题。本项技术模式在适应现代油菜产业发展要求前提下，以绿色、高产、高效为核心，采用机械起垄、旋耕、开沟、施肥，播种联合作业等关键技术，实现油菜化肥农药减量20%以上，油菜籽亩产200千克的目标。

（二）关键技术组成及操作方法

1. 播前准备

前季作物为晚稻。10月10—15日采用收割机收割水稻，稻草全量覆盖还田，稻桩留茬高度30厘米左右，稻草粉碎长度10厘米左右，起到稻草还田抑草、冬季保温保墒的作用。

2. 品种选择

选用宜迟播、耐密植、抗裂荚、株高适中、茎枝结构平衡的适合机械化生产的油菜品种，如湘杂油787等。

3. 播种与施肥

亩播种量350～400克，所用的种子用新美洲星拌种（400克种子15～20毫升）。

10月12—17日采用机械旋耕、灭茬、开沟、起垄、施肥和播种技术一体化，做到旋耕无死角、无间隔；田块旋耕起垄后，厢面平整，无明显土堆；合理设置围沟、腰沟、厢沟，三沟要求直、平、通，与田外排水沟配套，排水通畅。开沟要求：所有田块需开好环田围沟，沟宽30厘米左右，沟深35厘米以上。环田开一圈围沟后，田块面积大于0.5亩的开“井”字形腰沟，田块面积小于0.5亩的开“十”字形沟或开一条腰沟，沟宽30厘米左右，沟深35厘米以上。要求沟沟相通，沟内无填充物，所开沟与排水渠相对应的田埂需开排水口，排水口宽25～30厘米，保持田间排水通畅不积水。每亩施宜施壮油菜缓释专用肥（25－7－8）45～50千克＋磷酸二铵2千克，油菜缓释专用肥作基肥，磷酸二铵作种肥均随机械操作一次施入。

4. 除草化控

于播种后 2～3 天施用 72%异丙甲草胺乳油 90 克/亩封闭除草。初花期施用 40%菌核净可湿性粉剂 40 克/亩防治菌核病。

5. 适期收获

5 月上旬待全株 90%角果呈黄色，油菜籽成熟度达 90%时，为适宜联合机械收获期，实现一次性机械收获脱粒。

（三）验证案例

2019—2020 年度在湖南省衡阳县开展了农民习惯种植模式与油菜绿色高效生产技术模式对比试验示范（两种处理的具体操作见表 4-8）。与农民习惯种植模式（水稻秸秆不还田，化肥纯养分投入量 28.5 千克/亩，农药 300 克/亩，人工施肥 2 次、人工施药 3 次）相比，应用本项技术模式（水稻秸秆覆盖还田，化肥纯养分投入量 21.3 千克/亩，农药 130 克/亩，人工施肥 1 次、人工施药 2 次）在化肥总养分投入量减少 25.4%、农药投入量减少 56.7%的基础上，油菜籽产量达到 203.6 千克/亩，比农民习惯种植模式增产 18.2%。从经济效益来看，机械起垄降渍栽培冬油菜化肥农药减施技术模式亩成本 330 元，总效益 1 221.6 元，纯效益 891.6 元；农民习惯种植模式亩成本 372.6 元，总效益 1 033.5 元，纯效益 660.9 元，亩平均增加效益 230.7 元。应用本项技术模式能够达到节肥节药高产高效的目标，节本增收效果显著。

（四）集成模式图

见图 4-8。

（五）适用范围

本技术模式由湖南省衡阳县双季稻—油菜轮作油菜化肥农药减施技术产生，适用于湖南省中南部双季稻—油菜轮作种植区，可供其他省份的双季稻—油菜轮作种植区参考。

（六）研发者联系方式

衡阳县农业技术服务中心：肖用煤，邮箱：649585428@qq.com。

华中农业大学联系人：丛日环，电话：027-87288589，邮箱：congrh@mail.hzau.edu.cn。

全国农业技术推广服务中心联系人：张哲，电话：010-59194506，邮箱：zhangzhe@agri.gov.cn。

（本节撰稿人：刘登魁、卢明、陈双、肖剑峰、肖用煤、李洁、王积军、丛日环、张哲）

表 4-8 农民习惯种植模式处理与油菜绿色高效生产技术模式处理的具体操作对比

处理	主要操作					
	前季水稻收获	开沟、播种	施肥	除草	防病	收获
油菜绿色高效生产技术模式	10月10日采用履带收割机收割晚稻，稻草全量覆盖还田，稻桩留茬高度30厘米左右，稻草粉碎长度10厘米左右	10月12日采用精量直播机一次性完成旋耕、灭茬、播种、开沟、起垄、施肥、覆土、镇压等多项工序，亩播种量400克	亩施宜施壮油菜专用缓释肥（25-7-8）50千克＋磷酸二铵2千克，种子与肥料异位同播、肥料侧深施5厘米（与开沟、播种机械联合作业）	播种后3天施用72%异丙甲草胺乳油90克/亩封闭除草	初花期采用40%菌核净可湿性粉剂40克/亩防治菌核病	5月上旬一次性机械收获脱粒
农民习惯种植模式	10月10日收割机收割水稻，稻草移出农田	10月12日用1KJ-35型开沟机开沟，搭配80马力拖拉机，厢宽1.8米、沟宽30厘米、沟深30厘米。采用人工撒施的方式播种，亩播种量400克	全生育期施N 15.03千克/亩、P_2O_5 6.75千克/亩、K_2O 6.75千克/亩、硼砂1千克/亩；氮肥采用一基一追方式施用，其他养分一次性基施	在油菜3～5叶时，用24%烯草酮乳油80毫升喷施进行除草，苗期亩施40%水胺硫磷100毫升防治蝗虫和蚜虫	初花期用40%菌核净可湿性粉剂40克/亩＋50%蚍蚜酮80克/亩兑水喷施	5月上旬一次性机械收获脱粒

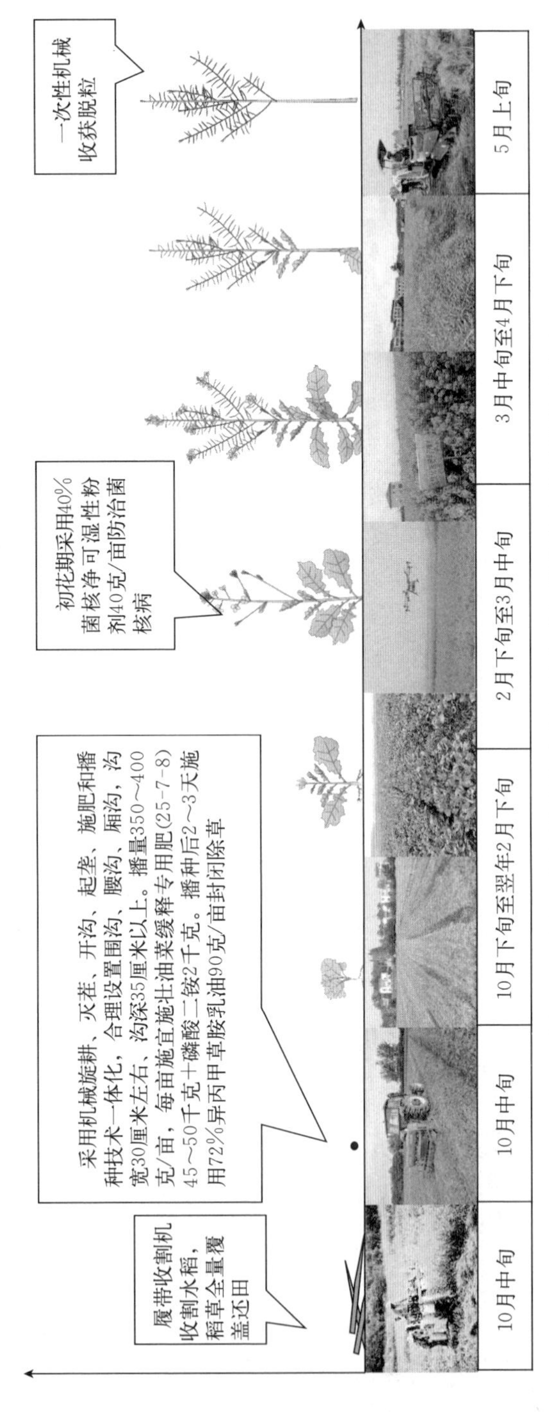

图4-8 南方二熟制机械起垄降渍栽培冬油菜化肥农药减施技术模式

九、赣西南双季稻—油菜轮作油菜化肥农药减施增效技术模式验证

（一）模式的背景及主要针对问题

江西西南部三熟制稻—稻—油轮作种植区具有前茬晚稻收割时间较晚，油菜种植时间紧，并且油菜生长期雨水偏多，土壤养分易流失等，加之晚稻收割时农户普遍焚烧秸秆，既没有合理利用有机秸秆资源，又造成了大气污染。该区域存在化肥和农药用量较高，以至于土壤有机成分逐年降低，土壤酸化和板结日趋严重等问题。开展本项技术模式是在适应现代油菜产业发展的要求下，围绕绿色生产、高产栽培、优质高效、生态优化为核心，组装集成“稻草全量还田，种子包衣或浸种，增加密度控高度，肥药减量，农药雾化使用，全程机械化种植”等关键技术，实现油菜化肥农药使用量较常规习惯用量减少 25% 以上，油菜籽亩产达 130 千克的目标。

（二）模式的关键技术组成及操作方法

1. 播前要求

前茬为双季晚稻，10 月 20—25 日采用履带收割机收割。稻草全量粉碎覆盖还田，稻草粉碎长度 10 厘米左右，稻桩留茬高度 30 厘米左右；稻草还田既可抑制杂草生长减少化肥用量，又可冬季保温保墒增加土壤有机质含量，减少土壤酸化，优化土壤生态结构。

2. 品种选择

根据该地区条件，选用熟期早、抗病虫能力较强、抗倒伏、株型矮状分枝性强、稳产性好且适宜机械化收割的品种，如阳光 131、丰油 730 等。

3. 种子处理

参照当地植物保护部门对蚜虫发生的预测预报选择种子处理方式。当预测蚜虫发生量为偏重年份，则使用种衣剂（有效成分为 600 毫升/升吡虫啉）进行种子包衣处理（每 300 克油菜种子使用 10 毫升种衣剂拌种）；当预测蚜虫发生量为较轻年份时，则不需要进行种子处理。

4. 播种与施肥

10 月 25—30 日，采用油菜精量播种一体机旋耕播种；免耕田采用机械开沟进行直播。采用精量旋耕播种机一次性完成旋耕、灭茬、播种、开沟、起垄、施肥、施药、覆土、镇压等多项工作，亩播种量 350～400 克/亩；亩施油菜专用缓释肥（25 - 7 - 8）35～40 千克，种子与肥料异位同播，肥料采用侧施法，深度为 5 厘米。

免耕直播机开沟：采用机械播种或人工撒播的方式，播量为 350～400 克/亩，一次性亩施油菜专用缓解肥（25 - 7 - 8）35～40 千克作基肥，肥料同时

撒播或肥料随播种机播种时一并施用，减少作业成本增加工作效率。播种后采用35圆盘开沟机开深沟，搭配80～90马力拖拉机动力作业，垄宽1.8～2.0米，沟宽25～30厘米，沟深25～30厘米，对田块四周辅以人工修理做到沟沟相通以利排水。

5. 化学除草

播种时或出苗前每亩用89%乙草胺40毫升+48%异噁草松16毫升兑水30千克进行土壤封闭除草。采用油菜精量播种机的可随种肥同时一次性喷施，实现封闭除草；采用免耕直播机开沟播种的，可在播后2～3天进行人工作业喷施封闭除草。

6. 病虫防治

在苗期如蚜虫发生比较严重时，可针对不同发生程度的田块进行重点防治。在初花期采用无人机按每亩45%咪鲜胺37.5毫升+助剂融透20毫升，采用新型喷头进行雾化防治菌核病，减少农药使用量，提高防治效果。

7. 适时收割

4月下旬等全田植株90%以上角果呈黄色，油菜成熟度达90%以上时，为收割适宜期，可用一次性脱粒收割机收割。对于某些熟期较迟的田块，为了不影响后期早稻生产又便于统一收割，可在收割前10天左右喷施油菜专用催熟干燥剂（立收油），可提前收割。

（三）验证案例

2018—2019年、2019—2020年在江西省安福县开展了南方三熟制晚稻秸秆全量还田下油菜化肥农药减施技术模式与当地农民习惯种植模式相比试验示范（两种处理的具体操作见表4-9）。与农民习惯种植模式（秸秆不还田，化肥纯养分投入量22.6千克/亩，农药投入量326毫升/亩，人工施肥2次、人工施药2次）相比，应用本项技术模式（秸秆全量还田，化肥纯养分投入量15.0千克/亩，农药投入量113.5毫升/亩，人工施肥0次、人工施药0次、无人机施药1次），在化肥总养分投入量年均减少33.6%、农药投入量减少65.2%的基础上，油菜籽年均产量达到138.6千克/亩，相比农民习惯种植模式平均增产8.96%。从经济效益来看，晚稻秸秆全量还田油菜化肥农药减施技术模式年均成本为316元/亩，总效益年均为970.2元/亩，纯收益年均为654.2元/亩；农民习惯种植模式年均成本为505元/亩，总效益年均为890.4元/亩，纯收益年均为385.4元/亩。通过比较，应用本技术模式既能达到节肥减药高产高效的目标，又利于生态环境的改善，节本增效效果明显。

（四）集成模式图

见图4-9。

表 4-9　油菜化肥农药减施技术模式与农民习惯种植模式处理的具体操作对比

处理	主要操作					
	前茬水稻收割	开沟、播种	施肥	除草	病虫害防治	收割
油菜化肥农药减施技术模式	10 月 25—30 日，采用履带式收割机收割水稻，稻草全量覆盖还田，稻桩留茬高度在 30 厘米左右，稻草粉碎长度约 10 厘米	10 月 25—30 日，采用精量直播机一次性完成旋耕、灭茬、播种、施肥、施药、除草、开沟、起垄、覆土、镇压等多次工序，亩播种量为 400 克	10 月 25—30 日，采用精量直播机一次性亩施宜施壮专用油菜缓释肥（25-7-8）37.5 千克，采取侧位 5 厘米施肥	10 月 25—30 日，播种时采用精量直播机一次性亩施 89%乙草胺 40 毫升＋48%异噁草松 16 毫升兑水 30 千克进行封闭除草	初花时（2 月 19 日左右）采用无人机每亩喷施 45%咪鲜胺 37.5 毫升＋助剂融透 20 毫升/亩防治菌核病	4 月 25—30 日采用一次性机械收割脱粒
农民习惯种植模式	10 月 25—30 日，采用收割机收割，水稻秸秆焚烧入田	10 月 25—30 日，一般用开沟机开沟，搭配 80～90 马力的拖拉机耙碎镇土。垄宽 1.8～2.0 米，沟宽 30 厘米，沟深 25～30 厘米，采用人工撒播的方式播种。每亩用种量为 300 克	全生育期施肥 3 次：翻耕时亩施复合肥（15-15-15）40 千克作底肥，苗期亩追尿素 5 千克叶面喷雾，越冬期亩施尿素 5 千克作腊肥	播种后 2～3 天采用人工方式每亩用 89%乙草胺 40 毫升＋48%异噁草松 16 毫升兑水 30 千克进行土壤表土喷雾	苗期亩用 50%多菌灵 100 毫升＋10%吡虫啉 20 克兑水 30 千克喷雾；初花期亩用 50%多菌灵 150 克兑水 30 千克喷施	4 月 25—30 日，采用一次性机械收割脱粒

图4-9 赣西南双季稻—油菜轮作油菜化肥农药减施技术模式

（五）适用范围

本技术模式由江西省安福县三熟制稻—稻—油轮作化肥农药减施技术产生，适用于江西省双季稻—油菜轮作种植区种植，可供其他省份双季稻—油菜种植区参考。

（六）研发者联系方式

江西省农业技术推广总站联系人：孙明珠，邮箱：sunmingzhu518@163.com。

江西省安福县农业技术推广中心联系人：朱智亮，邮箱：13979697976@163.com。

华中农业大学联系人：丛日环，电话：027－87288589，邮箱：congrh@mail.hzau.edu.cn。

全国农业技术推广服务中心联系人：张哲，电话：010－59194506，邮箱：zhangzhe@agri.gov.cn。

（本节撰稿人：曹开蔚、孙明珠、朱智亮、王积军、丛日环、陈常兵、张哲、刘芳）

十、安徽中籼稻—油菜轮作油菜化肥农药减施增效技术模式验证

（一）背景及针对的主要问题

长江下游地形以平原为主，有少量丘陵岗地，属亚热带湿润季风性气候，年平均气温 17.0 ℃左右，为国家长江流域双低油菜优势产区，较适宜种植油菜。目前油菜产量水平较高，但存在化肥和农药投入量较高，养分或药剂配比不科学等问题。本模式旨在改变传统施肥习惯，集成推广“优质高产杂交水稻品种＋中早熟耐密宜机收油菜品种＋机条播＋精量施肥＋安全化学除草＋一促四防＋机械收获（分段收获）”技术模式，实现油菜籽亩产 200 千克，化肥农药减量 25％左右，同时有效改善了环境。

（二）关键技术组成及操作方法

1. 播前准备

前季作物为中籼，稻草全量还田。9 月底至 10 月初用水稻收割机将稻草切成长度小于 10 厘米的碎段均匀抛撒在田间，采用旋耕机正旋或反旋耕，将稻草翻埋于土中。

2. 品种选择

选用中早熟优质、耐密植、抗裂荚、株高适中、角果层集中、成熟度较一致的适合全程机械化生产的双低油菜品种，如浙油 51、宁杂 21、浙油杂 1403 等。

3. 种子处理

播种前在太阳下晒种 4～5 小时，提高种子活力。然后采用吡虫啉（每

300 克油菜种子使用 10 毫升 60%吡虫啉拌种）或噻虫嗪（每 500 克油菜种子使用 10 毫升噻虫嗪拌种）种衣剂进行油菜种子包衣，晾干后使用。

4. 播种与施肥

9 月 25 日至 10 月 20 日播种，适时早播。采用旋耕、播种、施肥、喷药、开沟（25～30 厘米）、覆土于一体的多功能油菜精量播种机播种，播种深度为 1.5～2.0 厘米，播种量 300～400 克/亩（现拌晾干的包衣种子），播量随播期的推迟而增加。底肥用油菜专用缓释肥（25－7－8）50～55 千克/亩＋有机肥 150 千克/亩，种子与肥料异位同播、肥料侧深施 5 厘米，后期不再追肥。油菜蕾薹期视油菜长势，结合菌核病防治可亩喷施 60 毫升新美洲星。

5. 病虫草害防控

每亩采用 96%精异丙甲草胺 60 毫升进行封闭除草。采用油菜精量直播机播种时可一次性完成封闭除草。可在油菜 4～5 叶期、杂草 2～3 叶期采用 50%草除灵 30 毫升＋24%烯草酮 40 毫升＋异丙酯草醚 45 毫升喷雾防治田间杂草。2 月下旬至 3 月上旬在油菜盛花初期采用无人机喷施 8 克/亩啶酰菌胺-氯啶菌酯组合（2∶1），精准施药防治菌核病。

6. 适期收获

油菜收获选用分段收获或一次性联合收获。5 月上中旬待全田油菜有 2/3 角果呈枇杷黄时，采用割晒机或人工割倒，晾晒 5～7 天，再用捡拾脱粒机脱粒；5 月中下旬待全田油菜 95%左右的角果成熟时，采用油菜联合收获机一次性收获。收获后抢晴好天气晾晒至含水量为 10%以下，确保籽粒安全储藏。

（三）验证案例

2018—2019 年度在安徽省当涂县开展了农民习惯种植模式与油菜化肥农药减施技术模式对比试验示范（两种处理的具体操作见表 4－10）。与农民习惯种植模式（水稻秸秆全量还田，化肥纯养分投入量 29 千克/亩，农药 280 毫升/亩，人工施肥 3 次、人工施药 3 次）相比，应用本项技术模式（水稻秸秆全量还田，化肥纯养分投入量 21.8 千克/亩，农药 183 毫升/亩，人工施肥 0 次、人工施药 0 次、无人机施药 1 次）在化肥总养分投入量减少 24.8%、农药投入量减少 34.6%的基础上，油菜籽产量达到 197.9 千克/亩，比农民习惯种植模式增产 4.1%。从经济效益来看，油菜化肥农药减施技术模式亩成本 413.4 元，总效益 989.5 元，纯效益 576.1 元；农民习惯种植模式亩成本 441.0 元，总效益 950.5 元，纯效益 509.5 元。应用本项技术模式能够达到节肥节药高产高效的目标，节本增收效果显著。

（四）集成模式图

见图 4－10。

表 4-10　农民习惯种植模式与油菜化肥农药减施技术模式的具体操作对比

处理	主要操作					
	前季水稻收获	开沟、播种	施肥	除草	防病	收获
油菜化肥农药减施技术模式	10 月 8 日采用履带收割机收割水稻，稻草全量还田，稻桩留茬高度 20 厘米左右，稻草粉碎长度 10 厘米	10 月 11 日采用多功能一体机一次性完成旋耕、灭茬、播种、开沟、起垄、施肥、覆土、镇压、封闭除草等多项工序，亩播种量 400 克	10 月 11 日采用多功能一体机一次亩施宜施壮油菜专用缓释肥（25-7-8）54.5 千克＋有机肥 150 千克/亩，种子与肥料异位同播，肥料侧深施 5 厘米	10 月 11 日采用多功能一体机一次亩施 96%精异丙甲草胺 60 毫升封闭。油菜 5 叶期，采用 50%草除灵 30 毫升＋24%烯草酮 40 毫升＋异丙酯草醚 45 毫升喷雾防治田间杂草	在油菜盛花初期亩选 8 克啶酰菌胺-氯啶菌酯组合（2：1），用无人机精准施药防治菌核病	5 月 18 日采月油菜联合收获机一次性收获脱粒
农民习惯种植模式	10 月 8 日采用履带收割机收割水稻，稻草全量还田，稻桩留茬高度 20 厘米左右，稻草粉碎长度 10 厘米左右	10 月 11 日用东方红 1004 旋耕机旋耕地、开沟，厢宽 1.8 米、沟宽 20 厘米、沟深 30 厘米。采用人工撒施的方式播种，亩播种量 400 克	全生育期施 N 16 千克/亩、P_2O_5 6 千克/亩、K_2O 7 千克/亩；氮肥采用一基二追方式施用，其他养分一次性基施	播后 3 天内亩施 96%精异丙甲草胺 100 毫升封闭；冬前采用 24%烯草酮 40 毫升/亩＋草除灵 30 克处理茎叶	在油菜盛花初期采用 25%咪鲜胺 100 毫升＋43%戊唑醇 10 毫升，人工防治菌核病	5 月 18 日一次性机械收获脱粒

图4-10　安徽中籼稻—油菜轮作化肥农药减施技术模式

（五）适用范围

本技术模式由安徽省当涂县中籼稻—油菜轮作油菜化肥农药减施技术产生，适用于安徽省中籼稻—油菜轮作种植区，可供相邻省份的中籼稻—油菜轮作种植区参考。

（六）研发者联系方式

安徽省农业技术推广总站联系人：刘磊，邮箱：liuleiah@126. com。

当涂县农业农村局联系人：吴金水，电话：0555 - 6797916，邮箱：2679872637@qq. com。

华中农业大学联系人：丛日环，电话：027 - 87288589，邮箱：congrh@mail. hzau. edu. cn。

全国农业技术推广服务中心联系人：张哲，电话：010 - 59194506，邮箱：zhangzhe@agri. gov. cn。

（本节撰稿人：刘磊、吴金水、张元宝、侯树敏、丛日环、王积军、张哲、陈常兵）

十一、江苏大豆—油菜轮作油菜化肥农药减施增效技术模式验证

（一）背景及针对的主要问题

江苏东部旱作地区大豆—油菜轮作种植区，油菜多采用育苗移栽方式、单产水平高，但是存在化肥和农药施用量较高、菌核病发生严重等问题。本项技术模式在适应现代油菜产业发展要求前提下，以绿色、高产、高效为核心，组装集成了“秸秆全量还田、培育壮苗、适时早栽、合理稀植、肥药减量”等关键技术，实现油菜化肥农药减量20%以上、油菜籽亩产220千克以上的目标。

（二）关键技术组成及操作方法

1. 品种选择

以秦油10号、宁杂1818、沣油737、荣华油6号等当地主推品种为主。

2. 育苗

选用土质肥沃、灌排方便的田块，不宜选用重茬口、蔬菜田作苗床。每亩大田的苗床面积为100～120米^2，苗床与大田比例1∶6～7。浅翻碎土，开沟作畦，畦宽1.2～1.5米，四周开排水沟。油菜苗床（100～120米^2）施腐熟有机肥250千克、复合肥（15 - 15 - 15）5千克。肥料均匀施于苗床内，与床土充分拌匀，达到土肥相容、床面平整、土粒均匀。

9月20日前后播种，苗床用种80～100克。将80～100克种子加2千克细土拌匀，均匀撒播于苗床内，用铁锹轻拍，使种子与表土充分接触。如遇干

旱，应先浇透水，待适墒后播种，播后提倡床面覆盖秸秆或遮阳网保湿，待出苗后揭去覆盖物。

2～3叶期间苗，去弱留壮，去病留健，去小留大，去杂留纯。留苗100～120株/米^2。3叶期前勤浇水，每亩追施5千克碳酸氢铵；3叶期后不浇水不施肥，控制幼苗生长。2～3叶期每亩大田苗床（100～120米^2）用油菜矮苗壮10克兑水4～5千克叶面喷施，促苗矮壮。

3. 移栽

10月25—30日为适宜移栽期。移栽时秧苗应达到株型矮壮、根系发达、根茎粗短、颈粗0.6厘米以上，最大叶柄长不超过叶长的1/2；苗龄30～35天，叶龄6～7叶，绿叶数6片，株高18～20厘米；叶色浓绿，老嫩适度，无病虫害。移栽前3天封闭除草，每亩用35%异松·乙草胺50毫升兑水40～50千克，均匀喷雾。

拔秧前1天苗床浇透水，拔秧前先用25%吡蚜酮20克按1∶1 000倍液防治蚜虫等虫害。

等行或宽窄行移栽，每亩移栽4 500～5 500株。等行行距67厘米。宽窄行132厘米组合大行82厘米、小行50厘米。秧苗分级移栽，栽后浇足活棵水。拉绳打穴施基肥，每亩施油菜专用缓释肥（25-7-8）50～60千克+硼肥0.5千克，侧深施5厘米。

4. 大田管理

清沟理墒。高标准高质量开挖、疏浚田间一套排水沟，三沟配套达标率100%。

薹高15～25厘米时酌情追施薹肥，每亩可施复合肥（15-15-15）10千克和尿素5千克。

3月上中旬，在初花期采用无人植保机或人工弥雾机每亩用25%咪鲜胺乳油20毫升兑水30千克或用30% NAU-R1 30克兑水30～50千克喷施防治菌核病。菌核病发病较重时，间隔7～10天再防治一次。

苗期当有蚜株率达10%、虫口密度为每株1～2头，抽薹开花期10%的茎枝花序有蚜虫、每枝有蚜虫3～5头时开始喷药。每亩用10%吡虫啉20克兑水30千克，或用50%抗蚜威可湿性粉剂15～20克兑水45千克喷雾。

5. 适期收获

采用两段收获法。5月中旬在全田油菜85%以上角果成熟时，先人工割倒，间隔3个晴天后，再进行人工脱粒或机械脱粒，秸秆全量还田。

（三）验证案例

2017—2018年度在江苏省启东市开展了农民习惯种植模式与油菜绿色高产高效生产技术模式对比试验示范（两种处理的具体操作见表4-11），与农

表 4-11　农民习惯种植模式处理与绿色高产高效生产技术模式处理的具体操作对比

处理	主要操作					
	前季大豆收获	育苗移栽	施肥	除草	防病	收获
油菜绿色高效生产技术模式	10 月 18—25 日大豆籽粒含水量20%～25%时，进行联合或分段收获，秸秆全量覆盖还田，留茬高度7～10 厘米，秸秆粉碎长度 3～5 厘米	苗床地 9 月 20 日前后播种。苗床大田比例 1∶6～7。苗床地亩用种量 500 克。10 月 25—30 日移栽，移栽密度为 4 500～5 500株/亩	侧深基施宜施壮油菜专用缓释肥（25-7-8）50 千克/亩，薹期每亩施 45%复合肥 10 千克和尿素 5 千克	移栽前 3 天用 35%异松·乙草胺 50 毫升/亩兑水 40～50 千克进行土壤封闭	油菜初花期、盛花期喷施 30% NAU-R1（30 克/亩兑水 30～50 千克）防治菌核病	5 月 25 日前后人工割倒，3～5 天后机械或人工脱粒
农民习惯种植模式	10 月 18—25 日大豆籽粒含水量20%～25%时，进行联合或分段收获，秸秆全量覆盖还田，留茬高度7～10 厘米，秸秆粉碎长度 3～5 厘米	苗床地 9 月 20 日前后播种。苗床大田比例 1∶6～7。苗床地亩用种量 500 克。10 月 25—30 日移栽，移栽密度为 4 500～5 500株/亩	全生育期施 N 19.6 千克/亩、P_2O_5 9 千克/亩、K_2O 9 千克/亩、硼砂 1 千克/亩；氮肥采用一基三追方式施用，其他养分一次性基施	移栽前 3 天用 35%异松·乙草胺 50 毫升/亩兑水 40～50 千克进行土壤封闭	油菜初花后进行 2 次防治，用 40%多酮可湿性粉剂 160 克或 25%增效多菌灵可湿性粉剂 200 克交替使用	5 月 25 日前后人工割倒，3～5 天后机械或人工脱粒

民习惯种植模式（化肥纯养分投入量 37.6 千克/亩、农药投入量 410 毫升/亩，人工施肥 4 次）相比，应用本项技术模式（化肥纯养分投入量 26.8 千克/亩，农药投入量 110 毫升/亩，人工施肥 2 次）在总养分投入量减少 28.72%、农药投入量减少 73.17%的基础上，油菜籽亩产达到 255.8 千克，比农民习惯种植模式增产 12%。从经济效益来看，油菜肥药减量绿色高产高效生产技术模式亩总成本 630 元，总效益 1 023.2 元，纯效益 393.2 元；农民习惯种植模式亩总成本 700 元，总效益 913.6 元，纯效益 213.6 元。应用本项技术模式能够达到节肥节药高产高效的目标，节本增收效果显著。

（四）集成模式图

见图 4 - 11。

（五）适用范围

本技术模式由江苏省启东市大豆—油菜轮作油菜化肥农药减施技术推广产生，适用于江苏沿江旱旱轮作区油菜种植，可供其他省份旱作油菜种植区参考。

（六）研发者联系方式

启东市农业技术推广中心：顾圣林，邮箱：qdzzz@126.com。

江苏省农业技术推广总站：陈震，电话：025 - 86263332，邮箱：jsszzzcz@163.com。

江苏省农业科学院：高建芹，电话：025 - 84390364，邮箱：chinagjq@163.com。

华中农业大学联系人：丛日环，电话：027 - 87288589，邮箱：congrh@mail.hzau.edu.cn。

全国农业技术推广服务中心联系人：张哲，电话：010 - 59194506，邮箱：zhangzhe@agri.gov.cn。

（本节撰稿人：顾圣林、陈震、高建芹、彭琦、王积军、丛日环、陈常兵、张哲）

十二、江苏沿海地区稻油轮作油菜化肥农药减施增效技术模式验证

（一）背景及针对的主要问题

江苏水稻—油菜轮作种植区具有前茬水稻腾茬时间晚、油菜种植季节紧张的特点，为了追求较高的目标产量，生产上普遍存在化肥和农药施用量较高、配比不科学等问题。苏中沿海地区是江苏油菜集中种植优势区，该地区土壤盐分相对偏高，推行水稻—油菜轮作，可以有效降低盐碱度，改良土壤，实现粮油双丰收，保障有效供给。本项技术模式在适应现代油菜产业发展要求前提下，以绿色、高产、高效为核心，组装集成了“稻草全量还田、适时播种、以密补迟、一次

图4-11　江苏大豆—油菜轮作油菜绿色高产高效生产技术模式

性基施控释肥（或种肥同播）、肥药减量、减工节本、全程机械轻简化种植”等关键技术，实现油菜化肥农药减量20%以上、油菜籽亩产210千克左右的目标。

（二）关键技术组成及操作方法

1. 播前准备

前茬作物为水稻。10月25日前后采用大型水稻联合收割机收获，稻草全量粉碎耕翻还田，埋茬深度20～30厘米。然后撒施基肥、机械耙整均匀，使稻草全部覆埋与泥土融合，既保证还田效果，又不影响油菜出苗生长。或者水稻收获后不进行耕翻，稻草全量粉碎免耕覆盖还田。

2. 品种选择

选用宜迟播、耐密植、耐裂荚、株高适中、高含油、抗病防倒的适合机械化生产的双低杂交油菜品种，如宁杂1818、宁杂559、中油杂19等。

3. 播种与施肥

耕翻整地机械播种：稻草耕翻还田后，每亩采用抛肥机一次性撒施油菜专用控释肥（25-7-8）70～75千克作基肥，耙整均匀，做到田面平整，再采用油菜精量播种机进行播种、开沟、镇压。亩播种量300～350克，播种期偏迟可适当增加播种量。

旋耕灭茬机械播种：采用精量播种机一次性完成旋耕、灭茬、播种、开沟（25～30厘米）、施肥、覆土、镇压等多项工序，播种量300～350克/亩，播种期偏迟可适当增加播种量。每亩一次性基施油菜专用控释肥（25-7-8）70～75千克，种子与肥料异位同播、肥料侧深施5厘米。

4. 除草化控

在油菜播种前或播种后出苗前施药，每亩用96%精异丙甲草胺100毫升兑水30千克左右喷施进行土壤封闭。3月上中旬，在初花期采用大型植保机每亩用25%咪鲜胺乳油20毫升兑水30千克或用30%NAU-R1 30克兑水30～50千克喷雾防治菌核病，也可用无人植保机进行飞防。菌核病发病较重时，间隔7～10天再防一次。

5. 适期收获

5月下旬至6月初，待全田油菜90%以上角果呈枇杷黄、油菜籽成熟度达90%时，为适宜联合机械收获期，实现一次性机械收获脱粒，也可进行机械或人工分段收获。

（三）验证案例

2017—2018年度在江苏省东台市金东台农场开展了农民习惯种植模式与油菜绿色高效生产技术模式对比试验示范（两种处理的具体操作见表4-12）。与农民习惯种植模式（水稻秸秆还田，化肥纯养分投入量34.6千克/亩，

表 4-12　农民习惯种植模式处理与油菜绿色高产高效生产技术模式处理的具体操作对比

处理	主要操作					
	前季水稻收获	施肥	播种	除草	防病	收获
油菜绿色高效生产技术模式	10 月 25 日前后，采用大型水稻联合收割机收获，稻草全量粉碎耕翻还田，深度 20～30 厘米。或稻草全量粉碎免耕覆盖还田	采用抛肥机一次性基施油菜专用控释肥（25-7-8）70 千克/亩	稻草耕翻还田、施肥耙整均匀，再采用精量播种机播种、开沟、镇压，亩播种量 300 克	油菜播种前或播后苗前，每亩用 96% 精异丙甲草胺 100 毫升兑水 30 千克进行土壤封闭	3 月上中旬，油菜初花后每亩用 30% NAU-R1 30 克/亩兑水 30～50 千克用大型植保机防治菌核病	6 月初，一次性机械收获脱粒；或 5 月下旬至 6 月初分段收获
农民习惯种植模式	10 月 25 日前后，采用大型水稻联合收割机收获，稻草全量粉碎耕翻还田，深度 20～30 厘米。或稻草全量粉碎免耕覆盖还田	全生育期施 N 21.9 千克/亩、P_2O_5 12.65 千克/亩、硼砂 1 千克/亩；氮肥采用一基二追方式施用，其他养分一次性基施	采用精量直播机一次性完成旋耕、灭茬、播种、开沟、施肥、覆土、镇压等多项工序，亩播种量 300 克	油菜播种前或播后苗前，每亩用 96% 精异丙甲草胺 100 毫升兑水 30 千克进行土壤封闭	3 月上中旬，油菜初花后用 40% 多酮可湿性粉剂 160 克兑水 40 千克用大型植保机进行喷雾，防治菌核病	6 月初，一次性机械收获脱粒；或 5 月下旬至 6 月初分段收获

人工施肥 3 次、机械施药 2 次）相比，应用本项技术模式（水稻秸秆粉碎还田，化肥纯养分投入量 28.0 千克/亩，人工施肥 1 次、人工施药 0 次、机械施药 2 次）在养分投入量减少 18.96%、农药投入量减少 50.0%的基础上，油菜籽产量达到 227 千克/亩，与农民习惯种植模式（229 千克/亩）相当。从经济效益来看，油菜绿色高效生产技术模式亩成本 435 元，总效益 976.1 元（按每千克油菜籽 4.3 元计算），纯效益 541.1 元；农民习惯种植模式亩成本 502 元，总效益 984.7 元（按每千克油菜籽 4.3 元计算），纯效益 482.7 元。应用本项技术模式能够达到节肥节药高产高效的目标，节本增收 12.1%，效果明显。

（四）集成模式图

见图 4 - 12。

（五）适用范围

本技术模式由江苏省东台市水稻—油菜轮作油菜肥药减施推广形成，适用于江苏省苏中沿海地区水稻—油菜轮作种植区，可供其他地区或省份高产油菜参考。

（六）研发者联系方式

东台市农业技术推广中心：王国平，电话：0515 - 68961403，邮箱：541949233@qq.com。

江苏省农业技术推广总站：陈震，电话：025 - 86263332，邮箱：jsszzzcz@163.com。

江苏省农业科学院：高建芹，电话：025 - 84390364，邮箱：chinagjq@163.com。

华中农业大学联系人：丛日环，电话：027 - 87288589，邮箱：congrh@mail.hzau.edu.cn。

全国农业技术推广服务中心联系人：张哲，电话：010 - 59194506，邮箱：zhangzhe@agri.gov.cn。

（本节撰稿人：王国平、陈震、高建芹、彭琦、王积军、丛日环、陈常兵、张哲）

十三、浙江迟直播油菜化肥农药减施增效技术模式验证

（一）背景及针对的主要问题

浙江单季稻—油菜轮作种植区具有前季单季稻生育时间长，油菜种植时间紧的特点。该区域油菜产量水平较高，但是存在化肥和农药施用量较高、配比不科学等问题。本项技术模式在适应现代油菜产业发展要求前提下，以化肥、农药减量为基础的绿色生产为核心，组装集成了“免耕直播、适当迟播、以密补迟、肥药减量、轻简化种植”等关键技术，实现油菜化肥农药减量 20%以上，

图4-12　江苏沿海地区稻油轮作油菜绿色高产高效技术模式

油菜籽亩产200千克的目标。

（二）关键技术组成及操作方法

1. 播前准备

前茬单季稻收获前5～7天灌一次“跑马水”，以湿润土壤，有利于油菜籽播后出苗。10月25—30日采用收割机收割水稻，稻草全量覆盖还田，稻桩留茬高度30厘米左右，稻草粉碎长度10厘米左右，起到稻草还田抑草、冬季保温保墒的作用。

2. 品种选择

选用宜迟播、耐密植、抗裂荚、抗倒伏、株高适中、茎枝结构平衡的适合机械化生产的油菜品种，如越优1203、越优1401等。

3. 种子处理

根据当地蚜虫发生情况预测判断，当蚜虫危害为中等偏重年份，使用种衣剂（有效成分为600毫克/升吡虫啉）进行种子包衣处理（每300克油菜种子使用10毫升种衣剂拌种）；当蚜虫危害为较轻年份，则不进行种子包衣处理。

4. 播种与施肥

11月1—5日免耕直播机械开沟进行播种。采用机械播种或人工撒播的方式，播种量300～350克/亩，每亩采用一基一追，基施油菜专用缓释肥（25-7-8）45～50千克/亩，油菜主茎抽薹5～10厘米时视苗情施尿素4～5千克/亩。种子、肥料同时撒播或肥料随多功能播种机播种时一并施用，减少生产环节，提高作业效率。播种后及时进行机械开沟覆土，每隔1.6～1.8米（包括沟在内）用开沟机开一条宽20～25厘米、深15～20厘米的畦沟，两端应开好横沟，以确保沟沟相通，以利排除田间积水。

5. 除草化控

每亩施用10^6个/毫升盾壳霉孢子液60升+35%异松·乙草胺50毫升兑水30千克左右进行封闭除草并防治菌核病。采用油菜精量播种机可一次性实现封闭除草；采用免耕直播机械开沟播种，则在播后1～2天进行封闭除草。2月下旬至3月上旬在初花期采用高效植保机或无人机喷施50%腐霉利50克/亩防治菌核病。

6. 适期收获

5月中旬待全株90%角果呈枇杷黄，油菜籽成熟度达90%时，为适宜联合机械收获期，实现一次性机械收获脱粒。

（三）验证案例

2018—2019年度在浙江省开化县开展了农民习惯种植模式与油菜化肥农药减施技术模式对比试验示范（两种处理的具体操作见表4-13）。与农民习

表 4-13 农民习惯种植模式处理与油菜绿色高效生产技术模式处理的具体操作对比

处理	主要操作					
	前季水稻收获	开沟、播种	施肥	除草	防病	收获
油菜绿色高效生产技术模式	10月25日采用收割机收割水稻，稻草全量覆盖还田，稻桩留茬高度30厘米左右，稻草粉碎长度10厘米左右	11月2日采用机械播种，播种量300克/亩，播种后及时进行机械开沟覆土，每隔1.8米左右开一条宽25厘米、深20厘米的畦沟	11月2日一次性亩施宜施壮油菜专用缓释肥（25-7-8）45千克；油菜主茎抽薹5～10厘米时追施（薹肥）尿素5千克/亩	11月2日亩施10^6个/毫升盾壳霉孢子液60升+35%异松·乙草胺50毫升进行土壤封闭除草	初花期采用无人机喷施50%腐霉利50克/亩防治菌核病	5月22日一次性机械收获脱粒
农民习惯种植模式	10月25日收割机收割水稻，稻草移出农田	11月2日用小型开沟机开沟，厢宽1.6米、沟宽25厘米、沟深20厘米。采用人工撒施的方式播种，亩播种量250克	全生育期施N 16千克/亩、P_2O_5 6千克/亩、K_2O 6千克/亩、硼砂1千克/亩；氮肥采用一基二追方式施用，其他养分一次性基施	播后2天用35%异松·乙草胺50毫升/亩进行土壤封闭除草；冬前用烯草酮+草除灵+氨氯·二氯吡50克/亩除草	初花期采用40%菌核净可湿性粉剂150克/亩防治菌核病	5月22日一次性机械收获脱粒

惯种植模式（水稻秸秆不还田，化肥纯养分投入量 28 千克/亩，农药 250 毫升/亩，人工施肥 3 次、人工施药 3 次）相比，应用本项技术模式（水稻秸秆覆盖还田，化肥纯养分投入量 20.3 千克/亩，农药 100 毫升/亩，人工施肥 1 次、人工施药 1 次、无人机施药 1 次）在化肥总养分投入量减少 27.5%、农药投入量减少 60%的基础上，油菜籽产量达到 204.5 千克/亩，比农民习惯种植模式增产 14.37%。从经济效益来看，油菜绿色高效生产技术模式亩成本 530 元，总效益 1 227 元，纯效益 697 元；农民习惯种植模式亩成本 642 元，总效益1 073元，纯效益 431 元。应用本项技术模式能够达到节肥节药高产高效的目标，节本增收效果显著。

（四）集成模式图

见图 4 - 13。

（五）适用范围

本技术模式由浙江开化单季稻—油菜轮作迟直播油菜化肥农药减施技术产生，适用于浙江省单季稻—油菜轮作种植区，可供其他省份的单季稻—油菜轮作油菜播期较晚地区参考。

（六）研发者联系方式

浙江省农业技术推广中心联系人：怀燕，邮箱：592778787@qq. com。

开化县农业技术推广中心联系人：汪明德，邮箱：87174226@qq. com。

华中农业大学联系人：丛日环，电话：027 - 87288589，邮箱：congrh@mail. hzau. edu. cn。

全国农业技术推广服务中心联系人：张哲，电话：010 - 59194506，邮箱：zhangzhe@agri. gov. cn。

（本节撰稿人：怀燕、汪明德、王积军、丛日环、张哲、陈常兵）

十四、呼伦贝尔免耕春油菜化肥农药减施增效技术模式验证

（一）背景及针对的主要问题

春油菜是我国主要的经济作物和特色作物。呼伦贝尔市作为内蒙古自治区主要的春油菜产区，常年种植面积 240 万亩左右，油菜籽产区集中在温带北部，大兴安岭及岭西的森林与草原过渡地区，大陆性气候显著，昼夜温差大，有效积温利用率高，无霜期短，日照丰富，降水量差异大，降水多集中在7—8 月，有利于油料作物脂肪的积累，非常适宜油菜的生长发育。但由于春季干旱风大，后期雨热同期，田间杂草迅速蔓延，保苗难与控制杂草的问题日益凸显。本技术采用全程机械化，通过化肥农药减量、改进喷药设备、增加喷

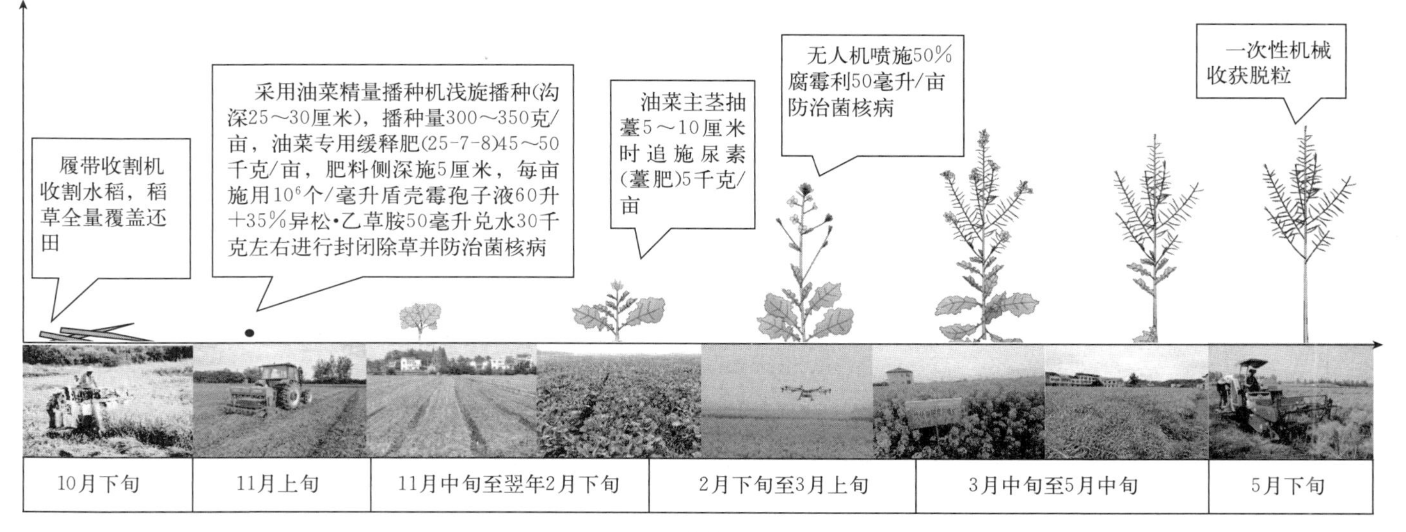

图4-13 浙江迟直播油菜化肥农药减施技术模式

药助剂的方式，结合当地气候条件、地理环境和现阶段生产实际，推广春油菜免耕高效生产技术模式，达到节本增效的目的。

（二）关键技术组成及操作方法

1. 农机具选择

播种机：CPH－2010 型、2BMG－18 型免耕播种机、2BF－24C 型播种机。

喷药机：高地隙自走式喷药机（3185 型、3230 型、3330 型）、自走喷药机（4720 型、4730 型、4930 型）、3880 型喷药机。

2. 品种选择

选用抗病高产的油菜品种青杂 5、三丰 66、陇油 10 号、秦杂油 19 等。

3. 种子处理

每 400 克种子用 2.5％咯菌腈 2 毫升（种子量 0.5％的多福合剂）和增产菌 5 毫升拌种。

4. 播种与施肥

4 月底至 5 月中旬（日平均气温为 6～8 ℃）进行播种，采用免耕播种机一次完成破茬、开沟、播种、施肥、覆土、镇压等。亩用种量 400～450 克，行距 30 厘米，播种深度 2～3 厘米。每亩一次性施用磷酸二铵 10～11 千克、尿素 4～5 千克、硫酸钾 3～4 千克、硼砂 200 克；蕾薹期后期（6 月下旬至 7 月初）追施尿素 3～4 千克/亩。

5. 病虫害防控

（1）草害防控。播前每亩用 50％乙草胺乳油 100 毫升兑水 15 千克喷施。在苗期，杂草 4～5 叶期，亩用 10％精喹禾灵乳油 30 毫升＋0.136％赤・吲乙・芸可湿性粉剂 4 克＋有机硅 2 克，兑水 10 千克喷施。

（2）虫害防治。春油菜子叶期至一叶期，每亩用 2.5％高效氟氯氰菊酯乳油 20 毫升兑水 15 千克喷雾防治跳甲一次。

（3）病害防治。苗期持续低温高湿时需防治霜霉病，每亩用 69％烯酰・锰锌可湿性粉剂 30 克＋80％代森锰锌可湿性粉剂 15 克＋有机硅 2 克，兑水 25 千克喷施。花期田间湿度较大，需防治菌核病，每亩用 80％多菌灵可湿性粉剂 50 克＋有机硅 2 克，兑水 25 千克喷施一次。

（三）验证案例

2019 年度在呼伦贝尔市陈巴尔虎旗、牙克石市和额尔古纳市开展了农民习惯种植模式与油菜免耕与减药生产技术模式对比试验示范（两种处理的具体操作见表 4－14）。与农民习惯种植模式（化肥纯养分投入量 13.8 千克/亩，农药 349 克/亩，施肥 2 次、施药 4 次）相比，应用本项技术模式（化肥纯养

表 4-14 农民习惯种植模式处理与油菜免耕高效生产技术模式处理的具体操作对比

处理	主要操作						
	种子处理	播种	施肥	除草	防虫	防病	收获
油菜免耕高效生产技术模式	用2.5%咯菌腈2毫升和增产菌5毫升拌种	采用免耕播种机一次性完成开沟、播种、施肥、覆土、镇压等多项工序，播种量400克/亩	一次性施用磷酸二铵10千克+尿素5千克+硫酸钾4千克+硼砂200克；6月25日追施尿素3千克/亩	5月10日，播前灭草，每亩用50%乙草胺乳油100毫升兑水15千克喷施 6月6日，亩用10%精喹禾灵乳油30毫升+0.136%赤·吲乙·芸可湿性粉剂4克+有机硅2克，兑水10千克喷施	每亩用2.5%高效氟氯氰菊酯乳油20毫升兑水15千克喷雾防治跳甲一次	每亩用69%烯酰·锰锌可湿性粉剂30克+80%代森锰锌可湿性粉剂15克+有机硅2克，兑水25千克喷施防治霜霉病一次。花期田间湿度较大，使用化学药剂防治菌核病，每亩用80%多菌灵可湿性粉剂50克+有机硅2克，兑水25千克喷施一次	8月26日割晒 9月13日拾禾
农民习惯种植模式	用2.5%咯菌腈2毫升和增产菌5毫升拌种	常规播种，种肥同播后镇压。播种量400克/亩	一次性施用磷酸二铵12千克+尿素6千克+硫酸钾4千克+硼砂200克；6月25日追施尿素3千克/亩	5月10日，播前灭草，每亩用50%乙草胺乳油100毫升兑水15千克喷施；6月6日，每亩用10%精喹禾灵乳油40毫升+0.136%赤·吲乙·芸可湿性粉剂5克，兑水12千克喷施；6月12日每亩用5%精喹禾灵乳油60毫升+75%二氯吡啶酸可溶性粒剂8克+30%氨氯吡啶酸水剂18毫升+0.136%赤·吲乙·芸可湿性粉剂3克，兑水15千克喷施	每亩用2.5%高效氟氯氰菊酯乳油20毫升兑水15千克喷雾防治跳甲一次	每亩用69%烯酰·锰锌可湿性粉剂30克+80%代森锰锌可湿性粉剂15克，兑水30千克喷施防治霜霉病，喷施一次 花期多雨年份，春油菜蕾薹期和初花期，使用化学药剂防治菌核病，每亩用80%多菌灵可湿性粉剂50克，兑水30千克喷施	8月26日割晒 9月13日拾禾

分投入量12.1千克/亩，农药249克/亩，施肥2次、施药3次）在化肥总养分投入量减少12.6%、农药投入量减少28.7%的基础上，油菜籽产量达到172.5千克/亩，比农民习惯种植模式增产8.4%。从经济效益来看，油菜绿色高效生产技术模式亩成本330元，总效益776元，纯效益446元；农民习惯种植模式亩成本408元，总效益716元，纯效益308元。应用本项技术模式能够达到节肥节药高产高效的目标，节本增收效果显著。

（四）集成模式图

见图4-14。

（五）适用范围

本技术模式由内蒙古自治区呼伦贝尔市春油菜化肥农药减施技术产生，适用于内蒙古春油菜种植区，可供其他省份相似生态区参考。

（六）研发者联系方式

呼伦贝尔市农业技术推广服务中心联系人：王丽君，邮箱：wlj177@126.com。

华中农业大学联系人：丛日环，电话：027-87288589，邮箱：congrh@mail.hzau.edu.cn。

全国农业技术推广服务中心联系人：张哲，电话：010-59194506，邮箱：zhangzhe@agri.gov.cn。

（本节撰稿人：王丽君、魏晓军、王积军、丛日环、张哲、陈常兵）

十五、青海高海拔农业区早熟春油菜化肥农药减施增效技术模式验证

（一）背景及针对的主要问题

青海省高海拔农业区，气候冷凉干燥，光照充足，昼夜温差大。农作物春种秋收，冬季土壤晒垡养息，作物生长季短。该区域油菜产量水平较低，存在化肥和农药施用量较大、利用率不高、配比不科学等问题。近年来，本区域紧紧围绕“绿色高质高效”这个主题，结合青海省化肥农药减量增效行动，在油菜主产区以油菜机械覆膜穴播技术为基础，示范推广以春油菜缓释专用肥高效施用技术、油菜病虫害绿色防控技术为重点的绿色高质高效技术集成与应用，积极推进规模化、机械化、轻简化、标准化生产，为油菜主产区提质增效提供了良好的技术支撑。示范推广“优质品种＋机械覆膜穴播＋推广应用油菜专用肥或油菜缓释肥＋绿色防控＋机械联合收获”组合而成的“青海省高海拔农业区早熟春油菜化肥农药减施技术模式”。实现油菜化肥农药减量25%以上，生产优质油菜籽亩产150千克的目标。

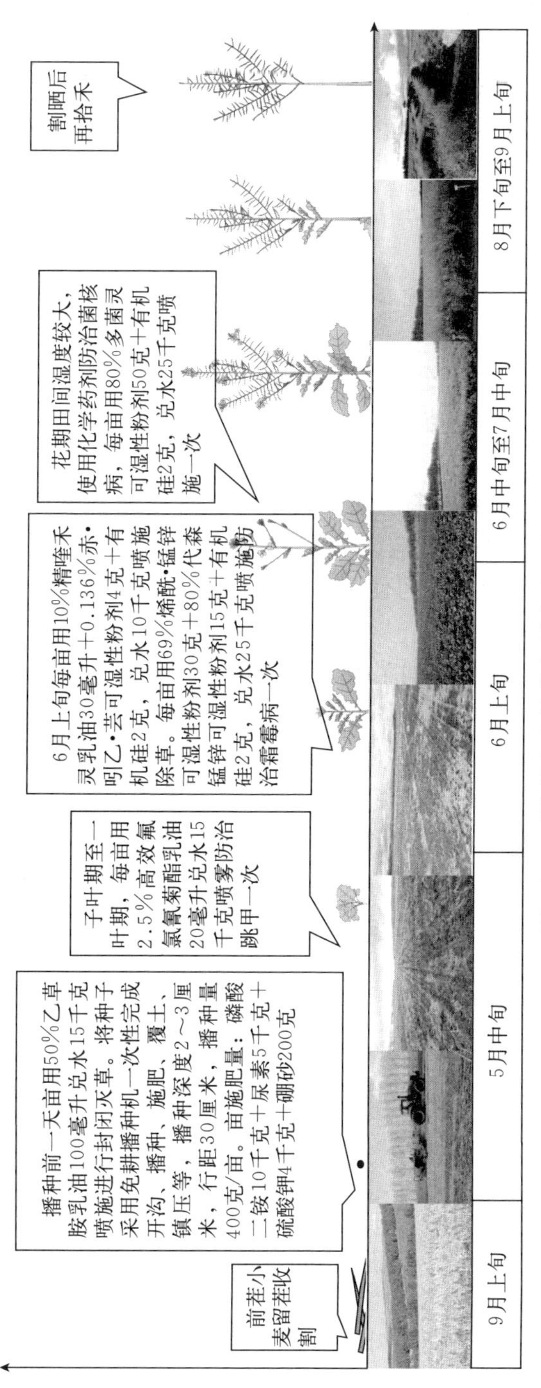

图4-14　呼伦贝尔春油菜免耕高效生产技术模式

（二）关键技术组成及操作方法

1. 播前准备

选择土层厚实、地势平坦、适宜机械耕作的地块。前茬作物为小麦、马铃薯和蚕豆等，切忌油菜作物重茬。播前旋地后耙平地表，清除根茬和杂草，达到地表土壤细碎、上虚下实、田面平整，确保覆膜穴播机作业顺畅。每亩用48%氟乐灵乳油200毫升兑水15千克，封闭除草。

2. 品种选择

选择品质优良、抗逆性强的早熟杂交双低品种青杂7号、青杂11等。

3. 种子处理

播前选用70%锐胜可分散性粉剂和2.5%咯菌腈悬浮种衣剂，或35%毒氟种衣剂进行拌种，防止苗期春油菜虫害的发生。

4. 地膜选择

选用展铺性好的黑色聚乙烯塑料地膜，每幅地膜宽度120厘米，厚度0.01毫米。聚乙烯塑料地膜应符合GB 13735的相关规定。

按照播种要求调试后方可使用。

5. 施肥与播种

4月上旬，播前选用春油菜缓释专用肥（28-12-8）30～35千克/亩一次性施于土壤耕作层，施肥深度为5～7厘米。根据当地气候和土壤墒情适时调整播期，选用2MBT-1/4型号的春油菜覆膜穴播机，施肥后当天或翌日完成覆膜播种，播种量350～400克/亩。每副地膜播种4行，宽窄行播种，窄行30厘米、宽行40厘米。每穴下种2～3粒，株距10厘米，播种深度3～4厘米。地膜覆盖平整，紧贴地面，膜边覆土0.5～1.0厘米，膜与膜间距40厘米。同一膜同方向播种，以避免苗孔错位。膜上每隔2米人工打土腰带，防止被风吹起。

6. 补苗、间苗与定苗

机械覆膜播种后15天左右春油菜开始出苗，待播后30天苗出齐时，及时查苗。穴苗错位、膜下压苗应及时放苗。春油菜幼苗真叶展开，长到2～3片真叶时，进行间苗、定苗，保证每穴1～2株，保苗密度每亩2.5万～3.0万株。

7. 病虫害防控

（1）油菜黄条跳甲、茎象甲防治。

化学防治：5月上旬至下旬视田间黄条跳甲、茎象甲危害情况，分别于油菜子叶期、3叶期用35%毒氟微乳剂每亩50毫升兑水15千克或48%毒死蜱乳油50毫升兑水15千克进行叶面喷防。

物理防治：待油菜出苗，监测虫害发生初期，每亩悬挂规格为25厘米×

30厘米的黄色诱虫板15～20张，防治油菜黄条跳甲、茎象甲。

（2）油菜露尾甲防治。6月上旬油菜现蕾开花期每亩地悬挂规格为25厘米×30厘米的蓝色诱虫板15～20张，物理防治油菜露尾甲。

（3）油菜菌核病防治。初花期采用无人机喷施50%咪鲜胺锰盐50克/亩+助剂10毫升/亩兑水15千克防治菌核病。

8. 适期收获

田间油菜角果90%成熟时，主要采用联合收割机一次性机械收获脱粒。

9. 残膜处理

春油菜收获后，人工或机械及时回收地膜，防止残膜对当地环境和土壤造成污染。

（三）验证案例

2018—2019年度在青海省互助土族自治县开展了农民习惯种植模式与油菜绿色高效生产技术模式对比试验示范（两种处理的具体操作见表4-15）。与农民习惯种植模式（化肥纯养分投入量22.0千克/亩，农药590毫升/亩，人工施肥1次、人工施药6次）相比，应用本项技术模式（化肥纯养分投入量14.4千克/亩，农药400毫升/亩，人工施肥1次、人工施药5次），油菜籽产量达到161.5千克/亩，比农民习惯种植模式增产7.0%。从经济效益来看，农民习惯种植模式亩成本为275.4元（其中化肥成本116.2元、农药成本159.2元），总效益664.4元（油菜籽单价按每千克4.4元计），纯效益389元；油菜绿色高效生产技术模式亩成本219.0元（其中化肥成本78元、农药成本141元），总效益710.6元（油菜籽单价按每千克4.4元计），纯效益491.6元。与农户习惯种植模式相比，每亩增产10.5千克，新增纯收益102.6元；同时每亩减少间苗、定苗用工6个。应用本项技术模式能够达到节肥、节药、高产、高效的目标，节本增收效果显著。

（四）集成模式图

见图4-15。

（五）适用范围

本技术模式由青海省高海拔农业区早熟春油菜化肥农药减施技术产生，适用于青海省春油菜高海拔种植区，可供其他省份相似生态区参考。

（六）研发者联系方式

互助土族自治县农业技术推广中心联系人：王发忠，邮箱：qhhzwfz@yeah.net。

华中农业大学联系人：丛日环，电话：027-87288589，邮箱：congrh@mail.hzau.edu.cn。

表 4-15　农民习惯种植模式与绿色高效生产技术模式的具体操作对比

处理	主要操作						
	播前处理	施肥	播种	防虫	除草	防病	收获
油菜绿色高效生产技术模式	35%毒氟种衣剂（种子量1：100）种子包衣 48%氟乐灵乳油200毫升兑水15千克，毒土处理封闭除草	4月16日人工一次性亩施祥云油菜专用缓释肥（28-12-8）30千克，肥料撒施于土壤表层后，用35马力以上拖拉机完成旋耕作业，作业深度为20厘米	4月16日采用2MBT-1/4型春油菜覆膜穴播机，一次性完成起垄、播种、覆土、镇压、覆膜、膜上压土。亩播种量350克	油菜子叶期喷施一次35%毒氟微乳剂（50毫升/亩），防治油菜跳甲 油菜子叶期悬挂黄蓝板（每亩30张）防治油菜跳甲和茎象甲 油菜3叶期喷施一次35%毒氟微乳剂（50毫升/亩），防治油菜茎象甲	黑膜覆盖，具体操作见播种	油菜初花期、盛花期各叶面喷施一次50%咪鲜胺锰盐可湿性粉剂50克	10月上旬一次性机械收获脱粒
农民习惯种植模式	油菜播前用70%锐胜可分散性粉剂和2.5%适乐时悬浮种衣剂 48%氟乐灵乳油200毫升兑水15千克，毒土处理封闭除草	全生育期施N 11千克/亩、P_2O_5 10千克/亩、K_2O 1千克/亩；所有养分一次性基施。用35马力以上拖拉机完成旋耕作业，作业深度为20厘米	4月16日用条播机进行播种。亩播种量350克	油菜子叶期至油菜3叶期叶面喷施2次毒死蜱乳油（每次50毫升/亩）防治油菜跳甲 油菜3叶期至油菜蕾薹期喷施1次毒死蜱乳油（每次50毫升/亩）防治油菜茎象甲 油菜初花期防治油菜露尾甲1次，按每亩150毫升的用药量叶面喷施5%氯氰菊酯乳油	三叶期结合间、定苗进行人工除草。油菜5叶期每亩10%高效精氟吡甲禾灵乳油40毫升+50毫升氨氯吡啶酸+二氯吡啶酸兑水15千克茎叶处理		10月上旬一次性机械收获脱粒

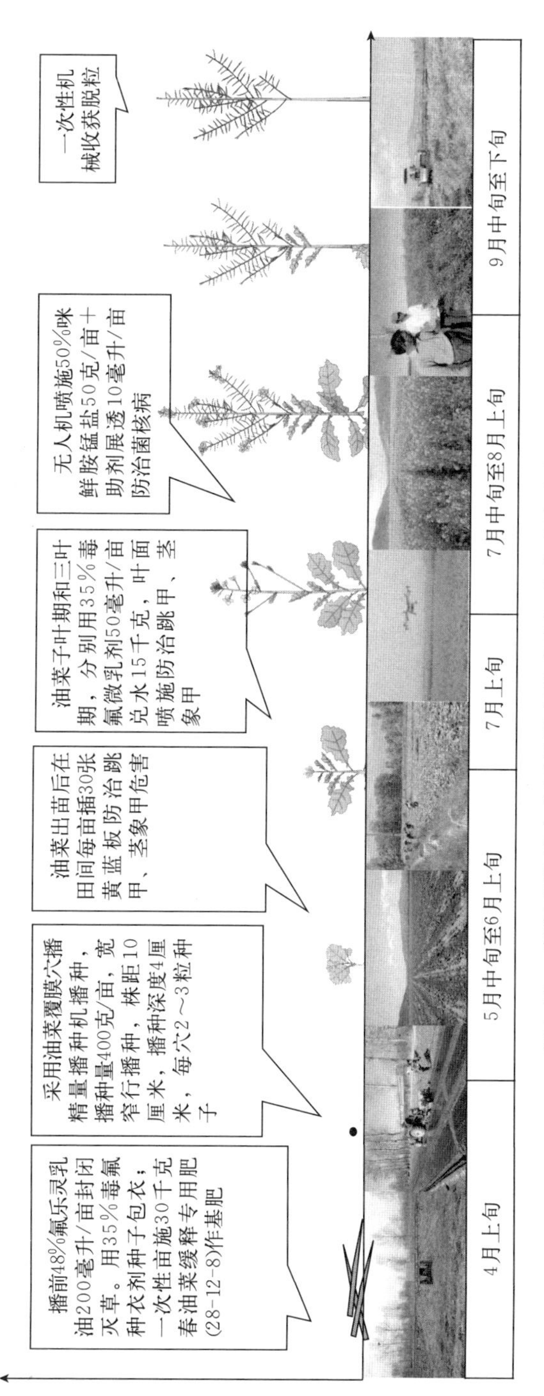

图4-15 青海高海拔农业区早熟春油菜化肥农药减施综合技术模式

全国农业技术推广服务中心联系人：张哲，电话：010－59194506，邮箱：zhangzhe@agri.gov.cn。

（本节撰稿人：王发忠、史瑞琪、王宗昌、杨超、王积军、丛日环、张哲、陈常兵）

图书在版编目（CIP）数据

油菜化肥农药高效施用技术与集成模式 / 王积军等著. —北京：中国农业出版社，2021.6
（绿色农业·化肥农药减量增效系列丛书）
ISBN 978-7-109-28229-2

Ⅰ.①油… Ⅱ.①王… Ⅲ.①油菜—农药施用 Ⅳ.①S634.36

中国版本图书馆 CIP 数据核字（2021）第 094874 号

中国农业出版社出版
地址：北京市朝阳区麦子店街 18 号楼
邮编：100125
责任编辑：魏兆猛 史佳丽
版式设计：杜 然 责任校对：吴丽婷
印刷：北京通州皇家印刷厂
版次：2021 年 6 月第 1 版
印次：2021 年 6 月北京第 1 次印刷
发行：新华书店北京发行所
开本：720mm×960mm 1/16
印张：14.75
字数：260 千字
定价：60.00 元
